HISTOIRE NATURELLE

DE LA

FRANCE

17ᵉ PARTIE

CŒLENTÉRÉS

ÉCHINODERMES, PROTOZOAIRES

AVEC 187 FIGURES DANS LE TEXTE

PAR

Albert GRANGER

MEMBRE DE LA SOCIÉTÉ LINNÉENNE DE BORDEAUX

PARIS

MAISON ÉMILE DEYROLLE

LES FILS D'ÉMILE DEYROLLE, ÉDITEURS

46, RUE DU BAC

HISTOIRE NATURELLE

DE LA

FRANCE

——

17ᶜ PARTIE

CŒLENTERES

ÉCHINODERMES, PROTOZOAIRES

HISTOIRE NATURELLE

DE LA
FRANCE

17e PARTIE

COELENTÉRÉS
ÉCHINODERMES, PROTOZOAIRES

AVEC 187 FIGURES DANS LE TEXTE

PAR

Albert GRANGER

MEMBRE DE LA SOCIÉTÉ LINNÉENNE DE BORDEAUX

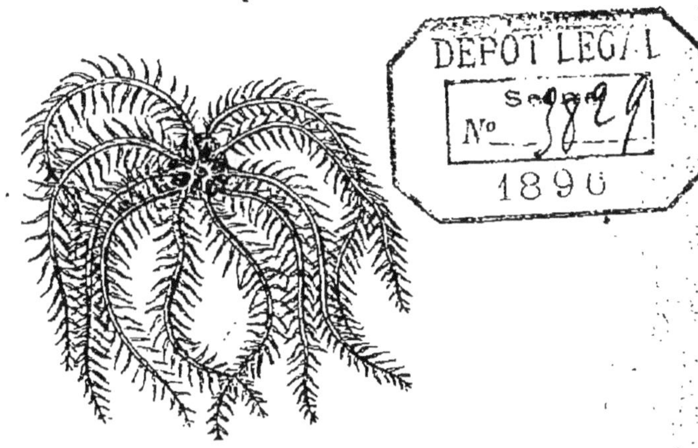

PARIS

MAISON ÉMILE DEYROLLE

LES FILS D'ÉMILE DEYROLLE, ÉDITEURS

16, RUE DU BAC

INTRODUCTION

Tous ceux qui ont parcouru les bords de la mer
ont remarqué, parmi les nombreuses épaves que le
flot abandonne sur la plage, ces formes bizarres :
*Oursins, Etoiles et Anémones de mer, Méduses, Poly-
piers, Spongiaires*, etc., et beaucoup ont cherché
vainement à connaître les noms et les mœurs de
ces animaux si intéressants. Il existe, en effet,
peu d'ouvrages spéciaux sur ces embranchements
de l'histoire naturelle, et le plus souvent ces traités
ne sont consacrés qu'aux détails de la classification
et de l'anatomie. Nous avons essayé dans ce volume
de combler cette lacune et, en élaguant les détails
trop scientifiques, d'intéresser les débutants à l'étude
de trois classes d'animaux : *Echinodermes*, — *Cœlentérés*, — *Spongiaires*, dont les mœurs et l'organisation sont si intéressantes et généralement si peu
connues.

Dans ce but nous avons puisé dans les meilleurs
ouvrages les renseignements les plus précis et les
plus exacts, que nous avons complétés par nos

observations personnelles faites pendant vingt années de recherches persévérantes sur les côtes de France.

Enfin nous avons complété ce volume par les *Protozoaires*, ces organismes microscopiques qui forment la limite extrême du règne animal.

A. G.

Les nombreuses figures qui accompagnent cet ouvrage, ont été dessinées par S. Hugard; presque toutes ont été faites d'après nature; toutefois certains types, dont les échantillons naturels faisaient défaut, ont été exécutées d'après les auteurs, tels Agassiz, Bremh, Claus, Cuvier, Perrier, etc...

LES ÉDITEURS.

ÉCHINODERMES, CŒLENTÉRÉS, SPONGIAIRES, PROTOZOAIRES

GÉNÉRALITÉS

Les *Échinodermes*, les *Cœlentérés* et les *Spongiaires*, que nous réunissons dans ce volume, étaient désignés autrefois sous le nom général de *Zoophytes* (animaux-plantes); cette dénomination assez vague avait l'inconvénient de n'être pas applicable à tous les animaux de cet embranchement : en effet, si beaucoup d'entre eux (*Coralliaires, Zoanthaires*) peuvent, par leur forme, être rapprochés des plantes, d'autres en diffèrent sensiblement (*Oursins, Etoiles de mer, Holothuries*). Aussi le mot *Zoophyte* n'a-t-il été admis par Lamarck et G. Cuvier que comme synonyme d'*animal rayonné* ou *radiaire*. Grâce aux recherches d'éminents naturalistes : de Blainville, Ehrenberg, Milne-Edwards, d'Orbigny, Dujardin, etc., et aux récents travaux de M. le professeur Perrier, les Zoophytes ont été mieux connus et une classification rationnelle a pu être établie ; toutefois il reste encore bien des découvertes à faire dans ces embranchements, dont l'étude était autrefois si négligée.

Les Zoophytes constituant, avec les Protozoaires, les formes les plus simples et les plus inférieures des Invertébrés, il existe dans la Nature un enchaînement tel que plus on descend l'échelle des organismes, plus on voit s'augmenter les difficultés pour séparer ces Animaux des Végétaux, et on arrive à un degré où il n'est plus possible d'établir de limites certaines entre le commencement du règne végétal et la fin de la vie animale ; nous n'en citerons qu'un exemple : la place des *Desmidiées* et des *Diatomées* est encore incertaine pour beaucoup de naturalistes.

Les *Spongiaires* ne sont séparés du règne végétal que par les Protozoaires ; et le zoologiste, s'il poursuit le cours de ses investigations, ne rencontre plus ensuite qu'une forme primitive, une substance fondamentale (*sarcode* ou *protoplasma*) qui est l'expression la plus simple de la vie. Pour les disciples de l'école matérialiste le protoplasma est l'origine de la création, que d'autres attribuent à des pouvoirs surnaturels. Nous n'avons pas à discuter ici ces différentes théories et nous laisserons à l'appréciation de chacun la solution de ce problème si complexe qui n'est pour beaucoup de naturalistes qu'un *article de foi*.

Nous avons divisé ce volume en quatre parties :

ÉCHINODERMES.

CŒLENTÉRÉS.

SPONGIAIRES.

PROTOZOAIRES.

Chacune de ces divisions comprend les renseignements indispensables sur l'organisation, les mœurs et les particularités les plus remarquables des animaux qui composent cet embranchement, ainsi que l'énumération des espèces appartenant à la faune Française.

CLASSIFICATION

Les premiers essais d'une classification de ces animaux ont été tentés par Linné, qui les plaçait dans sa classe des Vers (*Vermes*). En 1812 Georges Cuvier établit une classification plus rationnelle en créant pour les Zoophytes un embranchement spécial : *Animaux rayonnés*, qu'il divisa en 5 classes :

Échinodermes.
Vers intestinaux.
Acalèphes.
Polypes.
Infusoires.

La classification de Cuvier subit plus tard de nombreuses modifications : les Infusoires furent séparés et placés parmi les *Protozoaires*, tandis que les *Rayonnés* étaient divisés en *Cœlentérés* et *Echinodermes*.

De Blainville, en 1834, éloigna du type des Zoophytes certains animaux et partagea ses *Actinozoaires* en cinq classes ; Milne-Edwards subdivisa l'embranchement des Zoophytes en deux sous-embranchements :

Les **Radiaires**	*Echinodermes.* *Acalèphes.* *Polypes.*
Les **Globuleux** ou **Hétéromorphes**	*Infusoires.* *Spongiaires.*

Les Infusoires constituent aujourd'hui l'embranchement des Protozoaires, avec les *Rhizopodes* (Foraminifères) et les *Grégarines*.

Nous adoptons pour ce volume la classification de Claus (1), en séparant toutefois les Spongiaires des Cœlentérés pour en former, d'après l'exemple de M. le professeur Perrier, un embranchement spécial.

ÉCHINODERMES

1re CLASSE : *Crinoïdes*.............	Tessellés. Articulés.
2e CLASSE : *Astéroïdes* (Etoiles de mer)...............	Stellérides. Ophiurides.
3e CLASSE : *Echinoïdes* (Oursins)...	Oursins réguliers. Clypéostroïdes. Spatangoïdes.
4e CLASSE : *Holothuries*...........	Holothuries ambulantes (*pedata*). Holothuries apodes (*apoda*).

CŒLENTÉRÉS (*Zoophytes*).

1re CLASSE : *Anthozoaires* = *Coralliaires.*	1er ORDRE Alcyonaires. 2e ORDRE Zoanthaires.
2e CLASSE : *Hydroméduses*.......	1er ORDRE Hydroïdes. 2e ORDRE Siphonophores. 3e ORDRE Acalèphes.

(1) CLAUS. — Traité de Zoologie. — 2e édition, par Moquin-Tandon, 1884.

CŒLENTÉRÉS *(Zoophytes)* *(suite)*

3ᵉ CLASSE : *Cténophores*..............
{
1ᵉʳ ORDRE
Eurystomés.
2ᵉ ORDRE
Globuleux.
3ᵉ ORDRE
Rubanés.
4ᵉ ORDRE
Lobaires.
}

SPONGIAIRES *(Porifères)*.

1ᵉʳ ORDRE
Eponges fibreuses
(Fibrospongies)
{
1ᵉʳ SOUS-ORDRE : Eponges gélatineuses (*Myxospongies*).
2ᵉ SOUS-ORDRE : Eponges cornées (*Céraos-
pongies*).
3ᵉ SOUS-ORDRE : Eponges gommeuses (*Hali-
condries*).
4ᵉ SOUS-ORDRE : Eponges pierreuses (*Lithospongies*).
5ᵉ SOUS-ORDRE : Eponges vitreuses (*Hyalospongies.*
}

2ᵉ ORDRE
Eponges calcaires (Calcispongies).

PROTOZAIRES

1ʳᵉ CLASSE : *Infusoires.*
2ᵉ CLASSE : *Rhizopodes.*
3ᵉ CLASSE : *Grégarines, Schizomycètes.*

PRINCIPAUX OUVRAGES

UTILES A CONSULTER

Nous donnons la liste des principaux ouvrages concernant les Echinodermes, les Cœlentérés, les Spongiaires et les Protozoaires, ainsi que l'indication des faunes locales malheureusement peu nombreuses, mais qui pourront néanmoins renseigner les naturalistes sur la faune de quelques parties de la France (1).

Agassiz. — Echinodermes vivants et fossiles.
— Monographies d'Echinodermes.
Agassiz et Desor. — Catalogue raisonné des familles, des genres et des espèces de la classe des Echinodermes.
Bary (de). — Leçons sur les Bactéries.
Blainville (de). — Manuel d'Actinologie et de Zoophytologie.
— Faune française : Zoophytes et Néréides.
Brehm. — Merveilles de la nature : les Vers, Mollusques, Echinodermes, Zoophytes, etc. (édition française par de Rochebrune).
Cailliaud. — Observations sur les Oursins perforants de Bretagne.
Chenu. — Encyclopédie d'histoire naturelle : Crustacés, Mollusques et Zoophytes.
Claus. — Traité de Zoologie. — 2ᵉ édition française, par G. Moquin-Tandon.
Cuénot (L.). — Organisation des Echinodermes.
Cuvier (G.) — Les Vers et les Zoophytes décrits et figurés d'après la classification de G. Cuvier.
— Iconographie du règne animal : Zoophytes.
Dardenne. — Les Microbes, les Miasmes et les Septicémies.

(1) Les Fils d'Emile Deyrolle, libraires-éditeurs, 46, rue du Bac, à Paris, se chargent de procurer tous ceux de ces ouvrages qui ne sont pas épuisés.

DESMOULINS (Ch.). — Catalogue descriptif des Stellérides vivants et fossiles.

— Études sur les Echinides.

DUJARDIN et HUPÉ. — Histoire naturelle des Zoophytes, Echino-dermes, Crinoïdes, Ophiurides, Astérides, Echinides et Holothurides.

FISCHER (P.). — Contribution á l'Actinologie française. (*Archives de Zoologie expérimentale*, vol. V, 1887.)

— Nouvelle contribution à l'Actinologie française. (*Actes de la Société Linnéenne de Bordeaux*, vol. XLIII, 1889.)

FRÉDOL (Moquin-Tandon). — Le Monde de la mer.

GADEAU DE KERVILLE. — Les animaux lumineux : Protozoaires, Cœlentérés, Echinodermes, etc.

HOLLARD. — Organisation des Actinies.

LACAZE-DUTHIERS. — Histoire naturelle du Corail.

LAMARCK. — Histoire naturelle des animaux sans vertèbres.

— 2e édition. Tomes II et III. (*Polypiers et Ra-diaires.*)

LAMOUROUX. — Histoire des polypiers coralligènes flexibles vul-gairement nommés Zoophytes.

LANESSAN (de). — Traité de Zoologie. Protozoaires.

LESSON. — Histoire naturelle des Zoophytes-Acalèphes.

MILNE-EDWARDS et HAINE. — Coralliaires ou Polypes proprement dits (Coraux, Eponges, Gorgones, etc).

PERRIER (E.). — Les colonies animales et la formation des orga-nismes.

PERRON et LESUEUR. — Histoire générale et particulière de tous les animaux qui composent la classe des Méduses.

FAUNES LOCALES

BELTREMIEUX. — Faune vivante de la Charente-Inférieure.

BERTHELIN. — Liste des Foraminifères recueillis dans la baie de Bourgneuf. — Manière de récolter des Microzoaires marins.

CAILLAUD. — Catalogue des Radiaires, Annélides et Mollusques de la Loire-Inférieure.

FISCHER (P.). — Echinodermes des côtes de la Gironde et du Sud-Ouest de la France. (*Actes de la Société Linnéenne de Bordeaux*, t. XXVII.)

— Anthozoaires du département de la Gironde et des côtes du Sud-Ouest de la France. (*Actes de la Société Linnéenne de Bordeaux*, t. XXX.)

JOURDAN. — Zoanthaires du golfe de Marseille.

Kœhler. — Recherches sur les Echinides des côtes de Provence. (*Annales du Musée d'histoire naturelle de Marseille*, t. I.)

Marion. — Esquisse d'une topographie zoologique du golfe de Marseille. (*Annales du Musée d'histoire naturelle de Marseille*, t. I.)

— Dragages au large de Marseille.

Topsent. — Catalogue des Eponges recueillies sur les côtes du Calvados.

— Distribution des Eponges de la Manche.

— Faune des Spongiaires du Luc.

ÉCHINODERMES

Ces animaux étaient déjà connus dans l'antiquité : Aristote et Pline les confondaient avec les Mollusques ; c'est Rondelet qui le premier démontra leurs affinités avec les Zoophytes ou animaux Rayonnés ; Linné les plaça dans l'ordre des Mollusques de sa classe des *Vers* ; enfin Bruguière leur donna le nom d'*Echinodermes* (animaux à peau épineuse), dénomination qui a été conservée par les naturalistes modernes.

Un des caractères distinctifs les plus importants de l'embranchement des Echinodermes est la *symétrie rayonnée* que présente le corps de ces animaux : c'est cette considération qui avait déterminé Cuvier à réunir dans un même embranchement : *Rayonnés*, tous les animaux dont le corps avait une disposition *radiaire* (Zoophytes et Échinodermes). Beaucoup plus tard Leuckart appela l'attention des naturalistes sur les grandes différences existant entre les *Méduses*, les *Anthozoaires* et les *Echinodermes*, se basant sur leur organisation interne et sur le fait que la symétrie *rayonnée* et la symétrie *bilatérale* ne sont pas si distinctes l'une de l'autre. Réunissant les premiers dans un embranchement spécial : les *Cœlentérés*, il forma des seconds un embranchement indépendant composé des *Encrines* (Crinoïdes), des *Oursins*, des *Etoiles de mer* et des *Holothuries*. Le caractère tiré de la symétrie rayonnée ne doit pas, en effet, être considéré comme le plus important : car les larves d'Echinodermes présentent la symétrie bilatérale et offrent même quelques points de ressemblance avec celles des Vers, notamment des *Siponcles*. Enfin les Echinodermes s'éloignent principalement des Cœlentérés par la séparation des systèmes vasculaire et digestif.

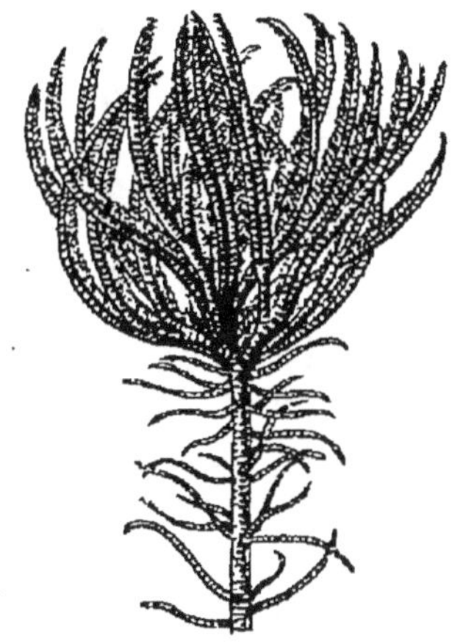

Fig. 1. — Crinoïde
(Pentacrine)

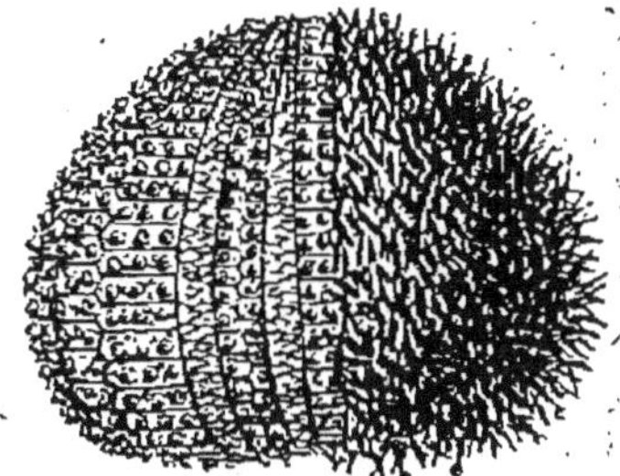

Fig. 2. — Echinide
(Oursin)

Aujourd'hui les Radiaires comprennent quatre types principaux : *Encrine*, *Oursin*, *Astérie*, *Holothurie*, qui ont donné leurs noms aux quatre classes :

Crinoïdes,
Echinides,
Stellérides,
Holothurides.

Si on compare entre eux les divers types des Echinodermes, on s'étonne de voir réunis dans un même embranchement des animaux aussi différents ; mais, après un examen plus approfondi, on remarquera que la forme qu'affecte le corps des Echinodermes peut être ramenée à une forme fondamentale, sphérique et aplatie (*Oursins*), pouvant par le raccourcissement de l'axe n'être plus qu'un disque (*Astéries*) ou par son grand al-

Fig. 3. — Stelléride
(Etoile de mer).

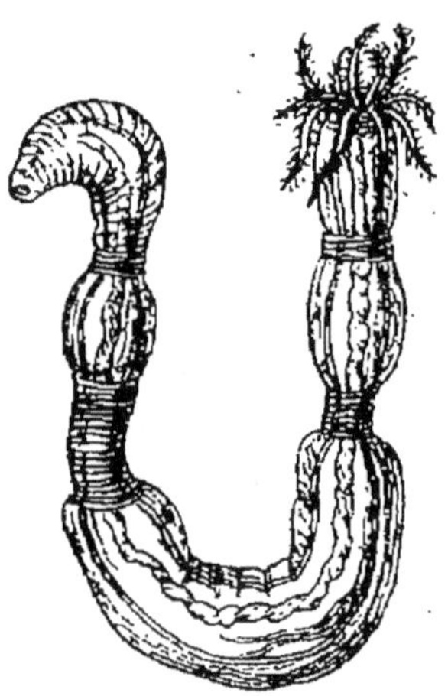

Fig. 4. — Holothuride
(Synapte).

longement devenir un cylindre plus ou moins long (*Holothuries*). De même l'allongement plus ou moins grand des rayons produit la forme étoilée avec les bras plus ou moins longs, nombreux et ramifiés. Enfin l'analogie entre les Oursins et les Etoiles de mer devient frappante si on recourbe en dessous les cinq rayons d'une Etoile de mer, de façon que les pointes de ces rayons se touchent : on obtient alors un véritable Oursin. Les Holothuries seules présentent une disposition toute différente ; néanmoins leur corps est sillonné par trois rayons auxquels Müller a donné le nom de *trivium* et qui sont disposés à côté les uns des autres sur la face ventrale.

Fig. 5. — Psychropotes buglossa.

« Les formes des Echinodermes sont multiples, depuis le Crinoïde, ce calice calcaire porté sur une tige flexible,

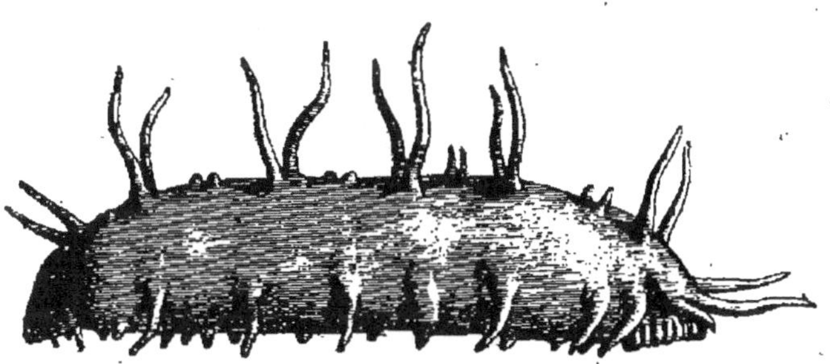

Fig. 6. — Oneirophanta mutabilis.

jusqu'à l'Oursin à l'aspect globuleux, depuis l'Etoile de mer aux divisions rigides jusqu'à l'Ophiure aux bras mobiles et à l'Holothurie semblable à un ver indolent, tous les passages se rencontrent; tous, malgré ces différences extérieures, peuvent être facilement rapprochés et fournir des caractères propres à marquer

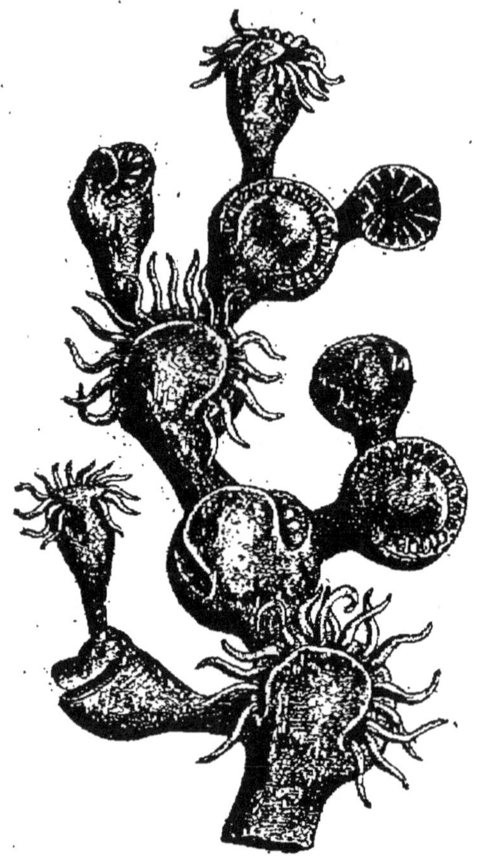

Fig. 7. — Cryptohelia pudica.

des chaînons qui les relient les uns aux autres. » (Brehm.)

Si les Echinodermes des côtes de France présentent des types d'un aspect différent, les Echinodermes des grandes profondeurs, comme ceux récoltés lors des expéditions du *Travailleur* et du *Talisman*, offrent les formes les plus bizarres. Nous citerons seulement, à titre curieux, puisque ces espèces ne font pas partie de la faune française, les espèces suivantes :

Les *Psychropotes* (fig. 5) sont des Holothuries qui peuvent atteindre jusqu'à 65 centimètres de long; on les rencontre sur les fonds vaseux à 4,000 mètres de profondeur. Les *Oneirophanta* (fig. 6) sont aussi des Holothurides de grande taille, dont le corps est couvert

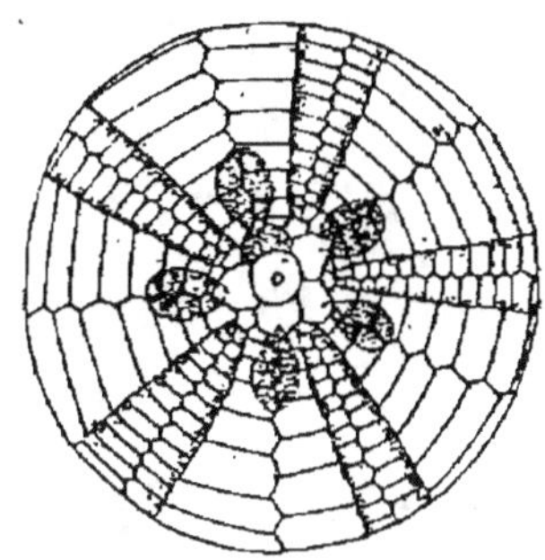

Fig. 8. — Région apicale du test d'un oursin.

de longs appendices en forme de doigts de gant. Les *Cryptohelia* (fig. 7) sont des coraux branchus du plus curieux effet.

Organisation des Echinodermes. — « Il y a peu de groupes, dit M. Perrier, qui présentent dans leur étude anatomique des difficultés aussi grandes que les Echinodermes. Sur presque tous les points de leur organisation il s'est élevé des discussions importantes, souvent très vives, entre les nombreux auteurs qui se sont occupés de l'anatomie de ces animaux. Il en est résulté une confusion assez grande, et une obscurité presque complète entoure l'histoire de ces êtres. »

Nous résumons ici les particularités les plus remarquables de l'organisation des Echinodermes d'après les travaux les plus récents de MM. Perrier, Kœhler, Prouho et Cuénot.

On trouve dans tous les Echinodermes un caractère commun qui consiste dans la faculté qu'a leur peau de sécréter un squelette dermique calcaire formé de petites plaques plus ou moins régulières ou de corpuscules de

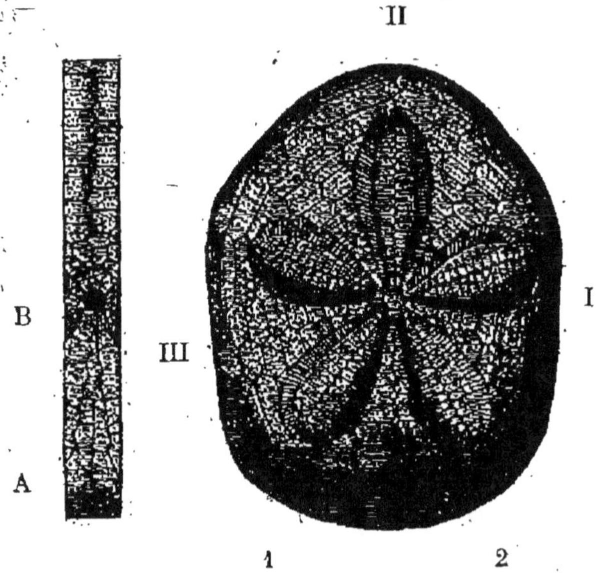

Fig. 9. — A droite, portion dorsale du test ; I, II, III, ambulacres du trivium ; 1, 2, ceux du bivium. — A gauche, portion médiane de la face ventrale, B, bouche ; A, anus.

formes caractéristiques. Chez l'Oursin, ces plaques calcaires forment des rangées réunies entre elles par des sutures et constituent un test épais et continu. Ce test, dans l'Oursin comestible (*Sphærechinus esculentus*), est composé d'au moins 10.000 pièces distinctes, admirablement assemblées et si solidement unies que l'ensemble paraît former un seul corps.

Si on examine un jeune Oursin dépouillé de ses piquants, on constatera sur la face dorsale une plaque penlagonale qui occupe le centre et est entourée par une rangée de cinq plaques ; plus en dehors une deuxième rangée de cinq plaques alterne avec les premières.

Chez les *Astéries* (Etoiles de mer), les bras présentent un squelette dermique mobile composé de segments calcaires externes et internes réunis entre eux, et la peau est souvent remplie de lamelles calcaires. Les plaques restent petites et imperforées, à l'exception de l'une des

Fig. 10. — Corpuscules de la peau des Holothuries.

plaques basales qui prend un grand développement et constitue la *madréporite*. Gaudry a évalué à plus de 11.000 les pièces solides qui se trouvent dans une espèce commune de nos côtes : l'*Asteracanlion rubens*.

Les Crinoïdes seuls possèdent, outre le squelette dermique du disque, un pédoncule formé de plaques calcaires pentagonales, qui part du pôle apical et se fixe sur les corps solides. (Claus.)

Enfin chez les Holothuries les téguments contiennent un certain nombre de corpuscules calcaires affectant des formes variées, disséminés et n'ayant entre eux aucune connexion.

Piquants. — Nous avons dit que les Echinodermes avaient été ainsi nommés parce que leur peau est recouverte d'épines ; ce caractère n'est cependant pas général, et si les Oursins sont tellement recouverts de piquants qu'ils présentent à nos yeux l'apparence d'une châtaigne dans son enveloppe, beaucoup d'animaux de cet embranchement en sont dépourvus (*Crinoïdes, Holothurides*). Chez les Astéries les piquants sont peu importants et de formes variées, depuis le simple mamelon calcaire jusqu'à la *paxille*, réunion de piquants formant un véritable parasol que l'animal peut abaisser comme un toit impénétrable au-dessus du point attaqué. Enfin chez quelques Holothuries ils sont remplacés par une peau épineuse.

« Les piquants constituent chez les Oursins et les Ophiures l'agent principal de la locomotion et du tact, surtout chez ces derniers, où ils renferment un gros nerf qui va jusqu'au sommet. » (Cuénot.) Ce sont en même temps des organes de protection et de mouvement. Sur un Oursin dépouillé de ses piquants on remarque que les plaques composant le test sont entièrement recouvertes de tubercules très variables sous le rapport du nombre, de la grosseur et de la disposition ; chaque tubercule est constitué par un mamelon lisse dont la base est entourée d'une partie en relief. Ces mamelons sont destinés à servir de supports aux épines qui ont reçu les dénominations de *piquants, radioles* ou *baguettes*. Ces piquants, qui diffèrent selon les genres, sont tantôt de simples épines, tantôt de véritables baguettes qui paraissent taillées grossièrement. On rencontre dans des espèces exotiques des piquants de grande taille. Les uns sont subulés et pointus, d'autres cylindriques ou obtus, quelquefois aplatis et même tranchants sur les bords.

Ils sont généralement très nombreux et recouvrent si complètement le test qu'ils ont fait donner aux Oursins les noms vulgaires de *Hérissons* et de *Châtaignes de mer.* On a compté dans une espèce jusqu'à 2,000 piquants; l'Oursin comestible en possède au moins 3,000 !

Chez les *Spatangues*, ces piquants sont remplacés par des soies lisses toutes inclinées dans le même sens et qui ressemblent au poil de petits Mammifères.

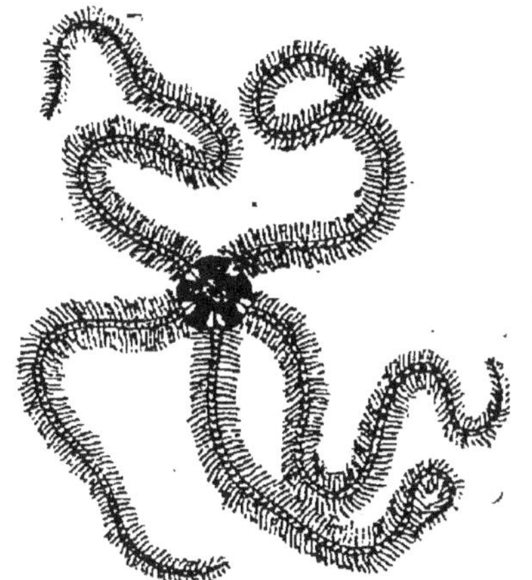

Fig. 11. — Ophiure.

Fig. 12. — Pédicellaire d'oursin.

Chaque épine offre à sa base une petite tête lisse séparée par un étranglement ; la face inférieure de cette tête est creusée d'une facette concave qui s'articule sur le tubercule ou mamelon. Sous l'effort de muscles de la couche cutanée superficielle, l'Oursin fait jouer ce curieux mécanisme et peut à volonté coucher ou redresser ses épines pour faciliter sa locomotion.

Crochets. — Les *Ophiures* (fig. 11) possèdent de petits organes particuliers auxquels on donne le nom de *crochets*, et qui ont moins de 1 millimètre. « Ils n'existent que sur

les bras des espèces habitant les fonds rocheux et sont
toujours dirigés la pointe vers l'extrémité du bras. Ils
ont évidemment pour but d'aider la marche de l'animal
en s'accrochant dans les aspérités du sol. » (Cuénot.)

Pédicellaires. — En examinant un Oursin avec une forte
loupe, on remarque entre les épines du test un grand
nombre de filaments extrêmement fins, terminés par
une sorte de tenaille à deux ou trois branches. On a
donné le nom de *pédicellaires* à ces organes (fig. 12) qui
n'existent que chez les Astéries et chez quelques Oursins
et sont tantôt disposés autour de la bouche, tantôt à la
face dorsale.

« On peut distinguer à première vue un pédicellaire
d'Astérie de celui d'un Oursin : le premier est inséré
presque directement sur le tégument, le second est toujours porté au bout d'une longue tige moitié charnue,
moitié calcaire, et c'est sur la hampe calcaire que s'attachent les mors du pédicellaire. Les pédicellaires sont
des organes de préhension, cela est certain ; ils sont toujours ouverts sur le vivant, se ferment au moindre attouchement pour se rouvrir aussitôt qu'ils n'ont rien
saisi. On a émis beaucoup d'hypothèses plus ou moins
vraisemblables sur leurs fonctions ; les travaux les plus
récents sont d'accord pour leur assigner un rôle dé-
fensif ; lorsqu'un petit animal, Annélide, Crustacé, arrive sur la peau d'une Astérie, il est immédiatement
frappé par les pédicellaires ; le mucus qu'ils sécrètent
l'immobilise et la mort survient rapidement, puis
lorsque tout mouvement a cessé, l'animal est rejeté. On
a fait des observations analogues chez les Oursins : les
pédicellaires gemmiformes se détachent même de leur

hampe très facilement lorsqu'ils ont ainsi harponné un animal vigoureux. » (Cuénot.)

Les pédicellaires sont un des organes des Echinodermes dont les fonctions, et même l'existence, ont été vivement discutées.

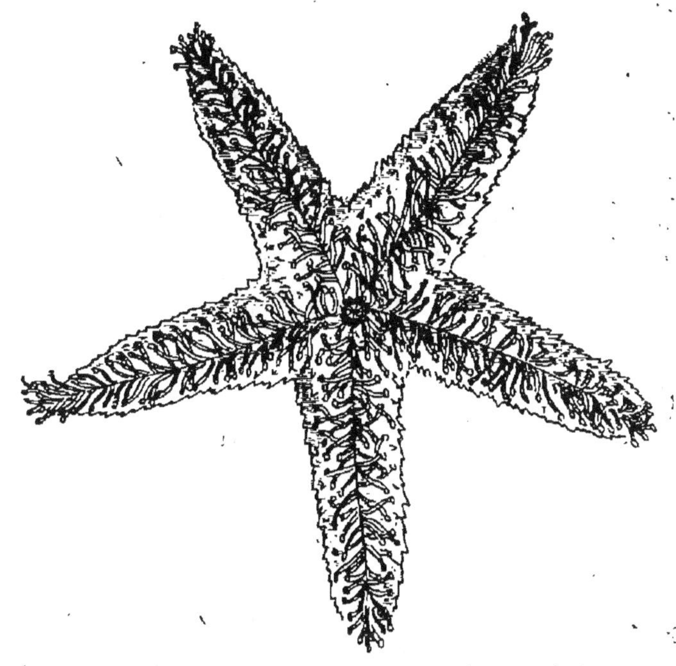

Fig. 13. — Etoile de mer montrant les tubes ambulacraires.

Locomotion. — Un caractère général commun à tous les Echinodermes est la présence d'une multitude de tiges tentaculaires qui sortent de la peau et traversent le test pour former des pieds comparables aux petits tentacules qui bordent le manteau des Mollusques bivalves. En examinant le test d'un Oursin, on peut facilement constater la présence de plusieurs séries régulières d'innombrables petits trous destinés à donner passage à ces pieds tubuleux susceptibles de s'allonger au delà des épines pour se fixer aux corps solides par leur extrémité creusée en ventouse, ou de pouvoir se rétracter complètement dans l'intérieur du test. Ces organes, qui ont reçu le nom d'*ambulacres*, sont de petits cylindres creux, très extensibles, renflés à leur extrémité par une ventouse et contractiles dans toutes leurs parties. Les rangées de plaques du test sont disposées en deux groupes : les unes sont percées de pores pour laisser passer les ambulacres, ce sont les *plaques* ou *aires ambulacraires* ; d'autres sont dépourvues de pores et portent le nom de *plaques* ou *aires interambulacraires*. Les ambulacres ont pour base dans l'intérieur du corps de l'animal une sorte de vésicule où s'épanche un liquide que l'Echinoderme peut à son gré projeter dans la portion cylindrique extérieure, qui se trouve ainsi tendue, ou bien rentrer dans l'intérieur, et alors la première portion s'affaisse et redevient inerte. On a comparé le mécanisme de ces organes aux doigts d'un gant qui se gonflent et se raidissent lorsqu'on souffle dans l'intérieur et s'affaissent dès qu'on cesse de souffler. C'est au moyen de ces ambulacres, étendus ou rétractés à volonté par l'animal, que s'opère la locomotion, aidée en même temps par les mouvements des épines.

Les ambulacres sont très nombreux dans l'Oursin ordinaire (au moins 1400) et dans l'Oursin melon environ 4,300 (Cailliaud). Au moyen des mouvements combinés des pieds ambulacraires et des épines ces animaux peuvent marcher assez rapidement : Forbes en a vu grimper sur les parois verticales d'un verre très lisse. « Les Oursins, dit Moquin-Tandon, peuvent voyager sur le dos comme sur le ventre. Quelle que soit leur posture, il y a toujours un certain nombre de piquants qui les portent et de suçoirs qui les fixent. Dans certaines circonstances, l'animal marche en tournant sur lui-même comme une roue. » Chez les Oursins à longues baguettes (*Cidaris*), celles-ci étant beaucoup plus longues que les ambulacres, elles sont seules chargées de la locomotion à la manière des béquilles ; l'animal s'en sert assez habilement pour pouvoir grimper sur une corde verticale. (Prouho.)

Chez les Astéries on constate la présence des ambulacres à la face inférieure des rayons : on remarque, en effet, que chaque rayon est divisé dans toute sa longueur par une rainure de chaque côté de laquelle sont deux rangées de petites ouvertures qui donnent passage aux tentacules ambulacraires. L'Étoile de mer rampe lentement sur le sable et les pierres, avançant un de ses bras avec prudence, l'accrochant aux corps étrangers au moyen de ses pieds ambulacraires, puis se contractant et se poussant en avant. Ces mouvements successifs constituent sa progression ; elle parvient ainsi, non seulement à franchir les inégalités de terrain, à descendre ou à monter verticalement, mais encore à s'insinuer dans d'étroits passages en disposant deux de ses rayons en avant et rapprochant les trois autres en arrière. « Si on renverse une Astérie sur le dos, elle reste d'abord immobile, les pieds enfermés. Bientôt elle fait sortir ces derniers semblables à autant de petits vers : elle les porte en avant et en arrière, comme pour reconnaître le terrain ; elle les incline vers le fond du vase et les fixe les uns après les autres. Quand il y en a un nombre suffisant d'attachés, l'animal se retourne. » (Moquin-Tandon.)

Système digestif. — Si on brise l'enveloppe calcaire d'un Oursin, on trouve immédiatement au-dessous une membrane tendue qui relie et maintient les organes de l'animal. Le cadre de cet ouvrage ne nous permet pas de décrire entièrement l'organisme des Echinodermes, qui ont un système aquifère, un système nerveux et un système circulatoire très difficile à étudier, mais nous consacrons ce chapitre à la description du système di-

Fig. 14. — Lanterne d'Aristote.

gestif si curieux chez les Echinodermes : tous les animaux de cet embranchement ont une bouche et un tube digestif distincts de la cavité viscérale ; ce tube est partagé en œsophage, estomac et rectum, débouche au dehors par un orifice situé au centre de la face ventrale et se termine quelquefois en cul-de-sac. Ce tube digestif varie selon les groupes ; chez les *Echinides* (Oursins), la bouche est située au-dessous du corps, le plus ordinairement vers le centre ; elle est entourée de tentacules charnus et palmés qui sont les organes de la préhension alimentaire. Le système digestif est formé par un appareil osseux très compliqué, de forme bizarre et connu sous le nom de *Lanterne d'Aristote* (fig. 14). Cet appareil se compose de cinq parties que l'on désigne sous les noms de : *dents, plumules, pyramides, faux* et *compas.*

« Les dents sont au nombre de cinq ; elles ont une base prolongée et dilatée qui constitue la *plumule ;* elles

sont contenues dans une gouttière résultant de l'assemblage des *pyramides*. Celles-ci, au nombre de dix, sont
réunies par deux ; leur partie inférieure est consolidée
par les cinq *faux* et les cinq *compas* ; ce qui fait que, en
résumé, l'appareil dentaire présente trente pièces. Il
faut beaucoup de bonne volonté pour lui trouver le
moindre rapport avec une lanterne. »(Moquin-Tandon.)
En divisant en deux parties égales une coque d'Oursin,
il est facile à l'observateur de se rendre compte de ce
curieux appareil, dont les pyramides se séparent facilement ; on peut alors examiner les dents qui font saillie
au dehors de l'orifice buccal (fig. 14) ; elles sont longues,
aiguës et d'une dureté qui leur permet d'entamer les
rochers les plus résistants ; nous donnerons quelques
indications relativement à ces perforations dans le chapitre des *Echinides*. Ces dents, malgré la dureté de leur
émail, seraient vite usées si elles ne possédaient la faculté de croître par la base à mesure qu'elles s'usent
par la pointe, comme les dents des Mammifères rongeurs :
elles sont ainsi toujours maintenues aiguisées et en bon
état.

Chez les Astéries, la bouche correspond presque directement avec l'estomac, qui forme un grand sac ayant
des ramifications dans l'intérieur de chaque bras. Ces
animaux sont très voraces et avalent quelquefois des
Mollusques bivalves relativement énormes en comparaison du peu d'extension de leur bouche : dans ce cas,
ils ont la faculté de faire saillir à l'extérieur la membrane de leur estomac, en enveloppent leur victime et
la font ainsi pénétrer intérieurement ; après avoir di-
géré leur proie, ils rejettent les coquilles.

« En peu de jours, dit le docteur Fischer, une centaine
de *Donax anatinum* vivants ont été mangés par cinq ou
six Astéries.

Fig. 15. — Psolus squamatus, vu par sa face dorsale.

« Celles-ci entourent la coquille du *Donax* de telle sorte
que son bord extérieur corresponde à leur bouche ; la
partie centrale du corps de l'Astérie se moule en quelque

Fig. 16. — Psolus squamatus, vu par sa face ventrale.

sorte sur le *Donax* et présente une saillie extérieure,
arrondie, qui permet de reconnaître que l'animal prend
son repas. La plupart des ambulacres fixent solidement
les rayons de l'Astérie au sol, tandis que ceux de la base
des rayons sont appliqués solidement sur les valves de
la coquille, les écartent et les tiennent bâillantes. La

membrane interne de l'estomac est boursouflée ; elle s'insinue entre les valves et se place en contact avec les viscères du *Donax*, qui sont rapidement digérés. Presque toujours l'épiderme de l'extrémité postérieure de la coquille est enlevé. Le procédé employé par les Astéries

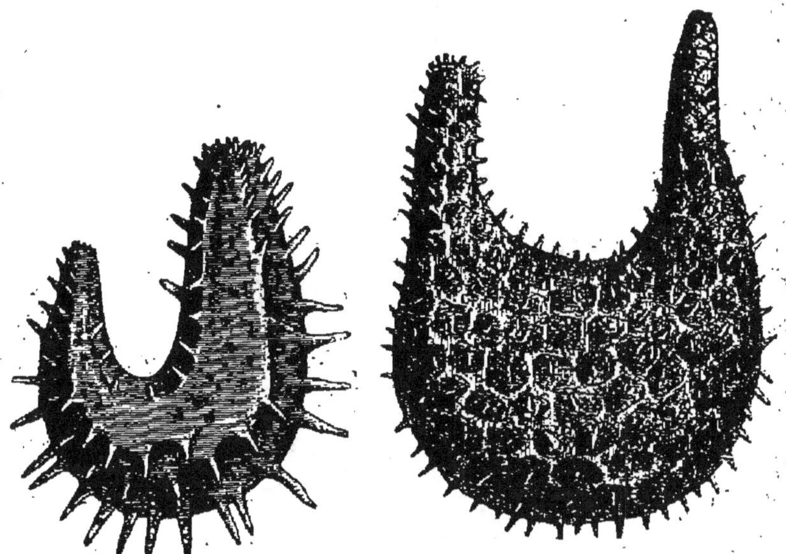

Fig. 17. — Siphothuria.   Fig. 18. — Ypsilothuria.

pour ouvrir les Mollusques nous semble identique avec celui que les Poulpes mettent en œuvre pour arriver au même but. »

Chez les Holothurides la bouche est placée à l'une des extrémités du cylindre et entourée d'une couronne de tentacules lobés, pinnés ou ramifiés, le plus souvent rétractiles. Dans l'intérieur de la bouche on remarque un anneau osseux, composé de dix à douze pièces calcaires, qui remplit les mêmes fonctions que l'appareil buccal de l'Oursin ; l'anus est terminal chez certaines espèces exotiques comme les *Psolus* (fig. 15 et 16), qui se meuvent toujours sur la même face ; cette dernière se différencie et forme une sole ventrale adaptée à la locomotion. La bouche devient alors dorsale pour permettre à l'animal de prendre au passage les petits êtres qui

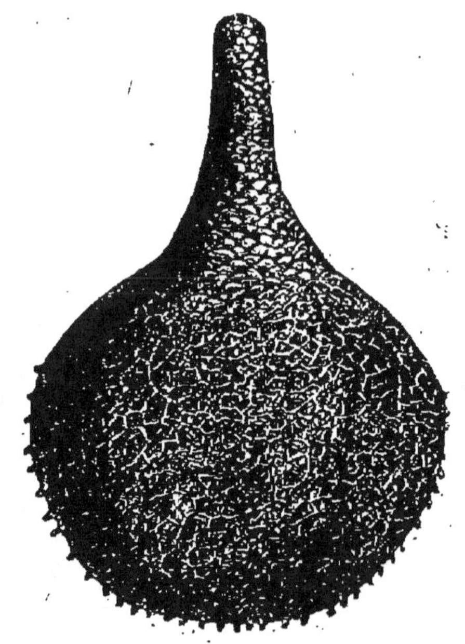

Fig. 19. — Rhopadolina.

nagent au-dessus de lui. Chez d'autres espèces qui vivent dans la vase, le corps se recourbe en **V** de manière que la bouche et l'anus sortent seuls de la vase (Voir fig. des *Siphothuria, Ypsylothuria*) ; chez les *Rhopadolina* (fig. 19), les deux tubes de la bouche et de l'anus se soudent et l'animal prend la forme d'une bouteille.

Respiration. — Les Echinodermes ne possèdent pas d'organe particulier pour la respiration ; l'eau pénètre à travers les pores du test des Oursins ou à travers la plaque madréporique des Astéries dans la cavité où des cils vibratiles la maintiennent en mouvement ; les organes internes sont, de cette façon, continuellement baignés par l'eau. Les appendices ambulacraires de certains Oursins sont aussi considérés comme organes respiratoires.

« Chez les Holothuries la portion terminale du tube digestif s'élargit et sert de vestibule à un système de tubes membraneux qui se ramifie dans la cavité viscérale comme un arbre touffu, et qui reçoit dans son intérieur l'eau du dehors par l'intermédiaire de l'anus. L'animal peut, à volonté, remplir ce réservoir branchu ou le vider, et c'est par ces mouvements alternatifs d'inspiration et d'expiration qu'il renouvelle la provision d'oxygène nécessaire à l'entretien de sa respiration. » (Milne-Ewards.)

Développement. — Métamorphoses. — Le développement des animaux Radiaires présente les phénomènes les plus curieux pour l'observateur. « Très rarement les Echinodermes se développent d'une façon directe, c'est-à-dire qu'ils présentent des métamorphoses de plus en plus compliquées et passent par des états larvaires dont la forme bilatérale est caractéristique. » (Claus.)

Si on ouvre un Oursin, on remarque au centre de la cavité cinq traînées d'une substance rouge qui sont les ovaires de l'Oursin. Au printemps ces ovaires grossissent et se remplissent d'œufs qui seront fécondés après leur sortie du corps de l'animal. Lorsque l'embryon éclôt, il commence par nager librement au dehors par un mouvement oscillatoire ; son corps est recouvert de cils vibratiles et a d'abord une forme sphérique qui sera remplacée successivement par d'autres

formes bizarres et arrivera finalement de la symétrie bilatérale à l'état parfait : la symétrie rayonnante. Dans
une de ces métamorphoses la larve affecte une forme
singulière, qui ressemble grossièrement à un éteignoir
dont les bords se prolongeraient en quatre pointes ob-
tuses ; c'est sous cette apparence qu'elle fut considérée

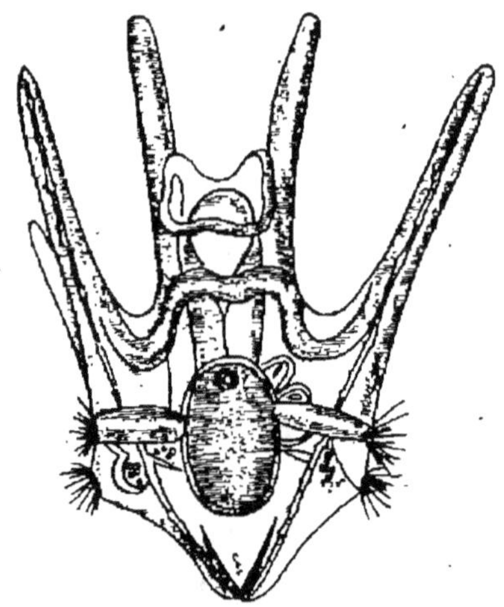

Fig. 20. — Larve Pluteus de Strongylocentrotus lividus.

autrefois comme un animal distinct auquel Müller avait
donné le nom de *Pluteus paradoxus*. La dénomination de
Pluteus a été conservée aujourd'hui pour désigner cette
forme larvaire (fig. 20). Plus tard la larve allonge ses quatre
bras, se garnit de quatre touffes de cils vibratiles et se
fortifie au moyen de longues baguettes calcaires disposées à la façon du trépied d'un appareil de photographie,
C'est la forme en *chevalet*, qui précède immédiatement
la métamorphose définitive.

« A ce moment il n'y a encore aucun indice de piquants. La larve nage ayant son sommet tourné en bas
et les pieds du chevalet en haut. Entre la paroi du corps

et l'estomac se trouve une cavité remplie de liquide : c'est là que l'Oursin définitif se développe comme un bourgeon qui s'étend peu à peu dans la cavité, entourant l'estomac et envahissant le reste du corps de la larve. Celle-ci se fond pour ainsi dire autour du jeune Oursin, et finalement il n'en reste que quelques débris qui disparaissent également, laissant la forme adulte comme produit définitif après l'avoir nourri littéralement de sa substance. Pourvu d'une bouche et d'organes digestifs, l'Oursin se suffit dès lors à lui-même. » (Capus) (1).

Chez les Astéries le développement présente un autre phénomène non moins curieux : les œufs et les jeunes larves ne quittent pas la mère dès la ponte ; ils demeurent enfermés dans une sorte de chambre incubatrice formée par la mère en rapprochant étroitement ses rayons à la face ventrale autour de la bouche. Ce rapprochement, en fermant complètement la bouche, a pour conséquence d'empêcher l'animal de prendre toute nourriture pendant les onze jours d'incubation. On ne connaît pas d'autre exemple d'un pareil dévouement maternel ! Les larves subissent ensuite des métamorphoses analogues à celles des Oursins, et les larves ciliées de certaines Astéries ont été prises autrefois, comme le *Pluteus*, pour des espèces distinctes et désignées sous les noms de *Bipinnaria* et de *Brachiolaria*.

Chez les Holothurides on retrouve les mêmes phénomènes, et les larves, qui ont des expansions en forme d'oreilles, ont été nommées *Auricularia*. Ces larves sont

(1) CAPUS. — *L'Œuf chez les plantes et les animaux.*

caractérisées en outre par la présence de plusieurs petites roues calcaires fort élégantes. Leur dernière forme, avant l'état parfait, est une sorte de chrysalide qui ressemble à un tonneau cerclé de cinq bandes ciliées.

Indépendamment des moyens de reproduction que nous venons d'indiquer, les Astéries et les Holothuries possèdent à un haut degré la faculté de reproduire les

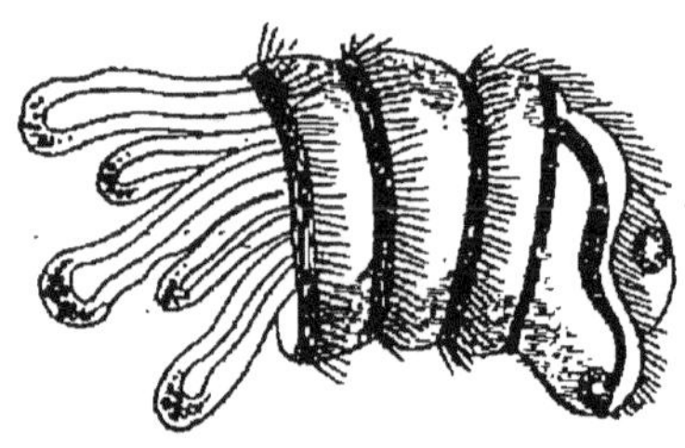

Fig. 21. — Larve d'Holothurie.

parties de leur corps qui leur ont été enlevées. Si une Astérie a perdu accidentellement un de ses rayons, cette partie peut se reconstituer assez rapidement. Un seul rayon, pourvu qu'il soit détaché assez près de la base, est même capable de reconstituer tout un animal ! Chez les *Brisingides*, le disque privé de bras reconstitue des bras nouveaux et chacun des bras primitivement détaché du disque reforme un disque autour duquel naissent de nouveaux bras.

Ces phénomènes de revivification sont encore plus extraordinaires chez les Holothurides, qui ont la faculté de détacher leur tube digestif et de l'expulser au dehors; ce tube digestif se restaure et développe un nouvel individu complet !

Enfin les Holothuries, indépendamment du mode de

régénération que nous venons de décrire, possèdent encore la faculté de se reproduire, comme beaucoup d'animaux inférieurs, par *scissiparité* (1) : certaines Holothuries, les *Synaptes* principalement, peuvent, quand on les tourmente, morceler leur corps en plusieurs parties par des contractions musculaires énergiques ; chacune de ces parties reproduira ensuite un nouvel animal. Souvent cette division se produit graduellement : « Lorsque l'on conserve pendant quelque temps des Synaptes vivantes dans un vase d'eau de mer, on les voit se morceler d'elles-mêmes. Il se forme un étranglement dans une partie du corps et la séparation s'opère brusquement. On dirait que l'animal, sentant qu'il ne peut se nourrir tout entier, supprime successivement les parties dont l'entretien coûterait trop à l'ensemble, à peu près comme on chasse les bouches inutiles d'une ville assiégée. Au bout de quelques jours il ne reste souvent qu'un petit ballon sphérique couronné de tentacules. » (Quatrefages.)

Distribution des Echinodermes. — On trouve des Echinodermes dans les formations les plus anciennes du globe : les premiers, qui apparaissent dès l'époque silurienne, sont les *Crinoïdes* (fig. 1) ; ce sont les types véritablement caractéristiques de l'époque paléozoïque. Quelques *Stellérides* se montrent aussi à la même époque, mais en moins grand nombre. Quant aux *Echinides*, déjà très communs dans les terrains jurassiques, on les

---

(1) On donne le nom de *scissiparité* à la faculté qu'ont un certain nombre d'animaux inférieurs de se multiplier par division, leur corps se partageant en plusieurs fragments, chacun de ceux-ci reproduit un nouvel individu semblable au premier.

retrouve dans tous les étages des terrains tertiaires et leurs formes sont très variées, mais ont toujours une tendance à se rapprocher insensiblement des formes actuellement vivantes.

Tous les Echinodermes sont des animaux marins, surtout abondants dans les mers des contrées chaudes, tandis que les espèces et les individus vont en diminuant de nombre à mesure qu'on s'avance vers les pôles. On en connaît aujourd'hui un grand nombre d'espèces vivantes, et depuis quelques années les explorations scientifiques françaises, anglaises et américaines ont, par des dragages à toutes les profondeurs, considérablement augmenté la liste des espèces connues. Le littoral français possède un certain nombre d'Echinodermes dont nous indiquerons les mœurs en décrivant chaque classe.

RECHERCHE DES ÉCHINODERMES

Les procédés pour la recherche des Echinodermes varient selon les diverses classes de cet embranchement. Ces animaux étant tous marins et vivant à des profondeurs plus ou moins considérables, les engins pour les capturer sont ordinairement la drague, les filets ou le troubleau. On peut aussi s'en procurer par l'intermédiaire des pêcheurs qui en capturent fréquemment, et en se faisant admettre sur les bateaux de pêche on peut recueillir soi-même les nombreux individus ramenés dans les filets.

Crinoïdes. — Les Crinoïdes vivants aujourd'hui sont très rares et habitent à des profondeurs considérables ;

toutefois on peut se procurer sur les côtes de France des *Comatules*, qui vivent à une profondeur de 12 à 20 brasses sur les plantes marines ; mais elles sont d'une grande fragilité et exigent de grandes précautions pour être conservées en bon état.

Astéroïdes (Etoiles de mer). — Ces animaux vivent à toutes les profondeurs et sont faciles à capturer : ils s'at-

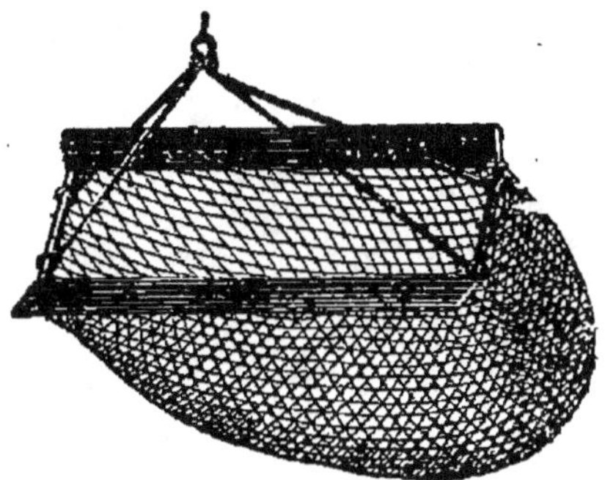

Fig. 22. — Drague de Ball.

tachent aux pierres, aux coquilles, etc.. Excessivement voraces, ils sont souvent pris sur les appâts que les pêcheurs attachent à leurs lignes. On peut aussi les capturer au moyen de la drague (fig. 22); on en trouve également plusieurs espèces au bord de la mer, dans les flaques d'eau où elles rampent lentement ; quelques-unes sont fréquemment rejetées par le flot sur les plages ; il est difficile de reconnaître à première vue si les Astéries sont mortes ou vivantes, à cause de leur complète immobilité : généralement, si les rayons sont rigides, l'animal est encore vivant ; s'ils sont, au contraire, flasques et pendants, on peut être certain que l'animal a cessé de vivre. Il ne faut, autant que possible, choisir que des individus dont les rayons sont bien complets et bien égaux et ne pas recueillir ceux dont certains rayons ont été détruits accidentellement et sont en voie de restauration, ce qui donne à l'Astérie une apparence difforme.

Pour recueillir ces animaux, il est préférable de les déposer dans un seau rempli d'eau de mer. On doit surtout éviter de les placer dans des boîtes qui les déformeraient et de les envelopper dans du papier qui s'at-

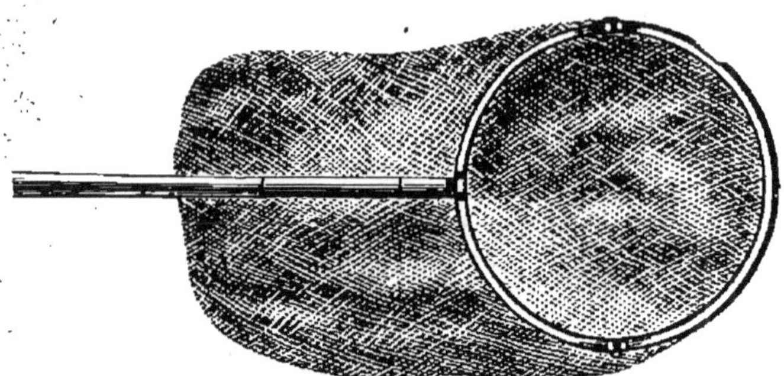

Fig. 23. — Filet troubleau.

tacherait à leur corps visqueux et épineux et serait fort difficile ensuite à enlever.

Les *Ophiures* se rencontrent fréquemment dans les Varechs, dans les Eponges, dans les fissures des rochers; mais leur capture exige de grandes précautions; car ces animaux sont d'une extrême fragilité et leurs bras se détachent au moindre contact : il faut donc les enlever rapidement et les jeter dans le seau d'eau de mer en évitant toute convulsion de l'animal. L'*Ophiure fragile* est très commune sur nos côtes; et si l'on emploie la drague, on est certain, en la remontant, d'en trouver toujours un certain nombre dans la vase.

Échinoïdes (Oursins). — Les Oursins sont de tous les Echinodermes les plus faciles à recueillir : pour les grosses espèces qui vivent dans les bas-fonds, on peut s'adresser aux pêcheurs qui les capturent dans leurs dragues ou leurs filets et les apportent fréquemment sur les marchés. Les petites espèces ne s'éloignent guère des côtes : on les trouve, à marée basse, sous les pierres, dans les flaques d'eau entourées de rochers formant des bassins qui ne tarissent jamais au retrait de la mer. Quelques espèces se creusent des retraites dans les rochers où il est facile de les capturer. L'eau généralement peu profonde dans les endroits où ils s'installent permet de les prendre avec la main, qu'il faut avoir soin de protéger avec un gant, afin de ne pas se blesser à leurs piquants; ceux-ci se brisent facilement dans l'épiderme et peuvent causer une inflammation passagère. Il est plus simple de les capturer au moyen d'un troubleau (fig. 23), ou par le procédé employé par les habitants du littoral et consistant en une longue tige de roseau terminée par une pointe, ce qui permet de les piquer dans leurs retraites plus ou moins profondes.

On les place ensuite dans une boîte d'excursion sur une couche d'Algues, en les séparant entre eux, de manière qu'ils ne se détériorent pas par le contact.

Les *Spatangues* sont très communs sur une partie de nos côtes, où quelques espèces sont fréquemment déposées par la vague; mais le test de ces animaux est si fragile qu'il est fort difficile d'en trouver en bon état; Il vaut toujours mieux recueillir des individus vivants.

Holothurides. — Ces animaux vivent généralement à d'assez grandes profondeurs : on peut toutefois les capturer au moyen des filets et de la drague.

PRÉPARATION ET CONSERVATION
DES ÉCHINODERMES

Les Échinodermes sont composés d'animaux si différents que les mêmes procédés ne peuvent être employés pour la conservation de tous : nous indiquons
ceux qui concernent spécialement chaque classe.

Etoiles de mer. — Le moyen le plus simple consiste à
laver les Etoiles de mer à l'eau douce, puis à les placer
sur une planche l'ouverture de la bouche dirigée en
dessous : elles étendent leurs bras dans cette position et
on peut toujours fixer les rayons au moyen d'attaches
pour éviter toute contraction de l'animal. On les laisse
ainsi jusqu'à ce qu'elles soient mortes, puis on les détache pour les faire sécher. On peut alors les suspendre
à l'ombre, dans un grenier, dans un courant d'air, jusqu'à ce que la rigidité de leur corps indique une dessiccation complète. Toutefois on ne devra les placer
dans la collection que lorsqu'on aura acquis la certitude qu'elles ne conservent plus la moindre trace d'humidité.

Les Ophiures se préparent de la même manière et se
dessèchent très facilement.

Oursins. — L'opération la plus importante pour leur
préparation consiste à laver les Oursins dans l'eau
douce ; sans cette précaution, le sel dont le test est im-
prégné donnerait naissance à la moisissure et leurs piquants se détacheraient facilement. Il est nécessaire,
pour les conserver, d'extraire tous les organes intérieurs :
cette opération est facile à faire en détachant l'appareil

buccal qui n'est retenu au test que par une membrane mince ; par cette ouverture on introduit un fil de fer au moyen duquel on extrait tous les organes intérieurs. On peut conserver l'appareil digestif ou *Lanterne d'Aristote* pour le joindre, dans la collection, à l'échantillon préparé. Au moyen d'un pinceau rude attaché à l'extrémité d'une tige flexible on lave intérieurement la coque, puis on la baigne dans l'eau que l'on a soin de renouveler. On place ensuite l'Oursin à l'ombre dans un local aéré pour le faire sécher, ou on le suspend au-dessus d'un poêle ou dans un courant d'air chaud. Lorsque le test est complètement sec, il convient de l'arroser avec de l'alcool faiblement pourvu de sublimé corrosif, ce qui contribue beaucoup à une parfaite conservation des piquants. On ne doit jamais faire sécher les Oursins au soleil, parce que leurs teintes rouges ou violettes se décolorent complètement. Lorsqu'ils ne conservent plus aucune trace d'humidité, on les renferme dans des boîtes jusqu'au moment de les déposer dans la collection. On doit toujours placer les Oursins dans des tiroirs ou des meubles fermant hermétiquement, pour éviter la poussière, qu'il serait fort difficile d'enlever ensuite sans endommager les piquants.

Les Holothuries et les Comatules ne peuvent être conservées que dans l'alcool ou la glycérine.

Emballage et expédition des Echinodermes. — Lorsque, pendant un séjour momentané sur les côtes, on ne peut préparer les animaux recueillis, il suffit de les placer dans des boîtes remplies de sel marin ; on dispose les sujets entre deux couches de sel en les superposant selon leur poids et leurs dimensions ; on ferme hermétiquement ces boîtes et on les dépose dans un local très sec afin que le sel ne puisse pas se dissoudre ; on peut, par ce moyen, conserver pendant un certain temps les animaux capturés ou les expédier à des correspondants.

FAUNE FRANÇAISE DES ÉCHINODERMES

Première classe. — CRINOÏDES

Les Crinoïdes, en général, se caractérisent par la présence d'une tige articulée naissant au pôle apical de l'individu et fixée par son extrémité inférieure aux objets sous-marins. Le corps est sphérique, en forme de coupe ou de calice, entouré de bras portant des *pinnules* ; le test est composé de plaques polygonales, à tubes ambulacraires ayant la forme de tentacules et situées dans les sillons ambulacraires, parfois aussi sur les bras. (Claus.)

Les Crinoïdes (*animaux en forme de lis*) ont été ainsi nommés à cause de leur forme bizarre qui ressemble à celle d'une fleur placée à l'extrémité de sa tige : on peut comparer ces singuliers animaux à des Étoiles de mer fixées sur de longs pédoncules : aussi les naturalistes du XVIIe siècle les nommaient-ils *lis des eaux*.

Ces animaux, si rares aujourd'hui à l'état vivant, étaient très nombreux dans les mers paléozoïques : « Ils tapissaient, dit M. le professeur Perrier, leurs profondeurs de prairies animées et présentaient alors une immense variété de formes souvent d'une extrême élégance. Presque tous étaient fixés au sol ; une longue tige flexible formée d'articles nombreux supportait une touffe d'appendices également articulés, souvent ramifiés à l'infini, et qui pouvaient s'étaler au-dessus de la tige comme les feuilles pennées de certains Palmiers, ou se resserrer frileusement les uns contre les autres, s'enroulant de mille façons comme les pétales d'une fleur durant son sommeil. Quelques-uns de ces Crinoïdes avaient plus d'un mètre de longueur ; on en connaît dont la tige dépassait 50 pieds. »

On retrouve des Crinoïdes fossiles dans toutes les formations anciennes du globe : déjà très nombreux pendant la période silurienne, ils diminuent dans les terrains plus récents et ne se rencontrent plus de nos jours, à l'état vivant, que dans des profondeurs considérables.

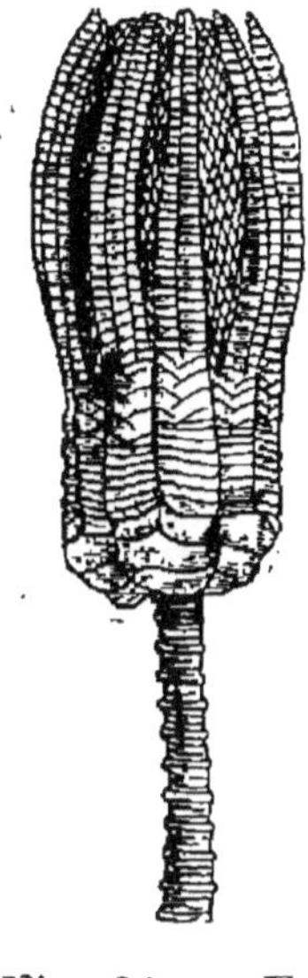

Fig. 24. — Encrinus liliiformis.

Les premiers naturalistes qui étudièrent ces formes singulières les nommèrent *Encrines* et les rapportèrent tantôt à des Végétaux, tantôt à des Etoiles de mer ou à des Polypes. Guettard, en 1761, fixa le premier la véritable nature de ces animaux qu'il put étudier sur un exemplaire vivant de *Pentacrine tête de Méduse* : cette curieuse espèce, qui habite les mers des Antilles, avait reçu primitivement le nom de *Palmier marin*.

Les espèces vivantes ont été longtemps très rares ; on n'en connaissait que quelques-unes localisées dans les mers chaudes : les récentes explorations scientifiques ont permis, par des dragages profonds, de constater la présence des Crinoïdes dans toutes les mers ; le *Penta-*

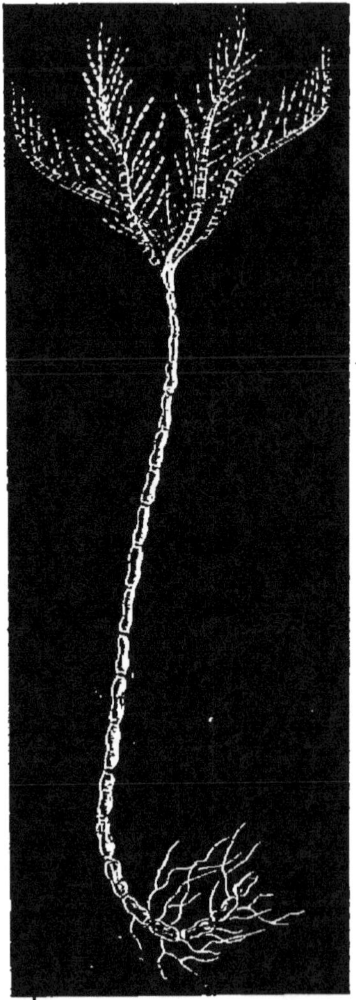

Fig. 25. — Rhizocrinus Lofotensis.

crinus Wyville Thompsoni, l'une des espèces découvertes pendant la croisière du *Porcupine*, forme de vastes prairies dans les abysses mêmes du golfe de Gascogne, où l'expédition du *Talisman* en a capturé de splendides exemplaires à 1,480 mètres de profondeur !

1er *Ordre*. — TESSELLÉS.

Cet ordre ne renferme que des espèces fossiles de

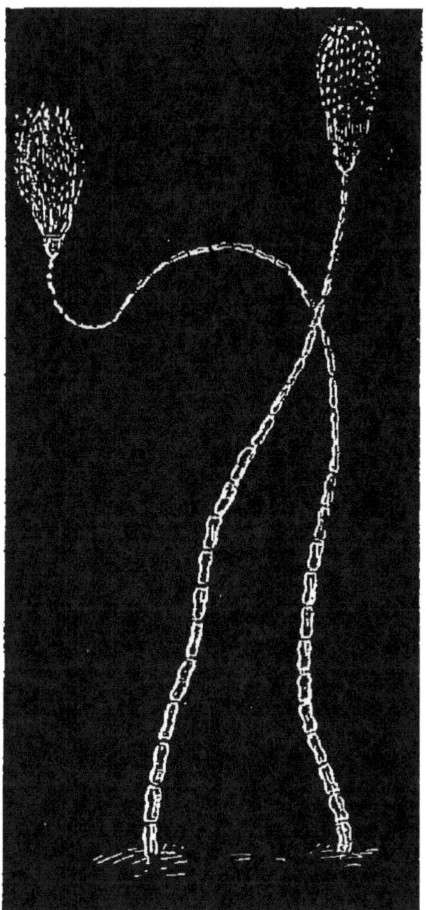

Fig. 26. — Bathycrinus gracilis.

formes très variées qui ont été divisées en trois sections :

Pentamères.
Tétramères.
Trimères.

2ᵉ *Ordre.* — Articulés.

Les espèces actuellement vivantes et beaucoup d'es-

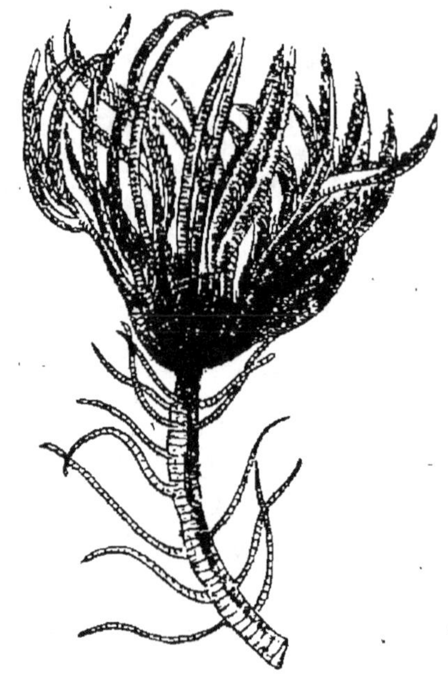

Fig. 27. — Pentacrinus caput medusæ.

pèces fossiles ont été réunies dans cet ordre qui comprend quatre familles :

Encrinidés.
Apiocrinidés.
Pentacrinidés.
Comatulidés.

La famille des *Encrinidés* ne se compose que de genres fossiles, parmi lesquels une espèce bien connue, l'*Encrinus liliiformis* (fig. 24), qui caractérise le calcaire coquillier et se rencontre à Draguignan, à Lunéville, etc.

Les *Apiocrinidés* atteignent leur plus grand développement pendant la période jurassique et ont plusieurs représentants actuellement vivants, mais n'appartenant pas à la faune française, tels que le *Rhizocrinus Lofotensis* (Sars) (fig. 25), qui vit dans les grands fonds de la mer du Nord, fixé sur des pierres ou des Mollusques au moyen des cirres de la base du pédoncule, et le *Bathycrinus gracilis* (W. Thomp.) (fig. 26), qui vit dans la baie de Biscaye (5,500 brasses).

Dans la famille des *Pentacrinidés*, les articles du pédoncule, qui est généralement pentagonal, ne forment pas de coupe entourant la base du calice. Plusieurs espèces de Pentacrines vivantes sont bien connues : la *Pentacrine tête de Méduse* (fig. 27) et le *Pentacrinus Wyville Thompsoni*, que nous avons déjà citées ; quant à la Pentacrine d'Europe (*Pentacrinus Europœus*), elle n'est que le jeune âge de la Comatule de la Méditerranée, ainsi que nous l'indiquons en décrivant cette espèce.

La famille des *Comatulidés* est seule représentée sur notre littoral.

FAMILLE DES COMATULIDÉS.

Les *Comatules* diffèrent essentiellement des autres Crinoïdes par leur mode de développement : elles ne sont, en effet, pédonculées que dans le jeune âge ; la larve ciliée se développe progressivement sur son pédoncule, et ce n'est que lorsqu'elle est complètement adulte qu'elle s'en sépare pour nager librement ; la face dorsale de ces animaux est munie de cirres articulés au moyen desquels ils s'accrochent aux corps sous-marins.

Un seul genre vit sur les côtes de France :

Genre Comatula (Lam.) = **Antedon** (Frémin) **Comatule.**

Le corps est supporté par un système de pièces osseuses internes, composé d'un disque pentagonal bombé à la face dorsale et convexe à la face ventrale : autour de ce disque s'articulent cinq bras ramifiés.

Fig. 28. — Comatule rosacée.

Comatula Mediterranea (Lam) = *Antedon rosacea.* — Comatule de la Méditerranée.

Cette espèce (fig. 28) possède cinq bras qui émergent de la face dorsale et se bifurquent dès leur origine, en sorte que l'animal, vu par la face ventrale, semble posséder dix bras.

« Le corps est en forme de calice dont la paroi se compose de plusieurs cercles calcaires et dont le couvercle est de constitution molle. L'orifice buccal occupe le centre de ce couvercle ; l'anus est situé excentriquement sur le sommet d'une saillie dont l'aspect a été comparé à celui d'un tuyau de cheminée. Les bras sont munis de deux séries d'appendices, disposés les uns en face des autres et alternant ; ces appendices ou *pinnules* sont portés par l'animal tantôt gracieusement ployés,

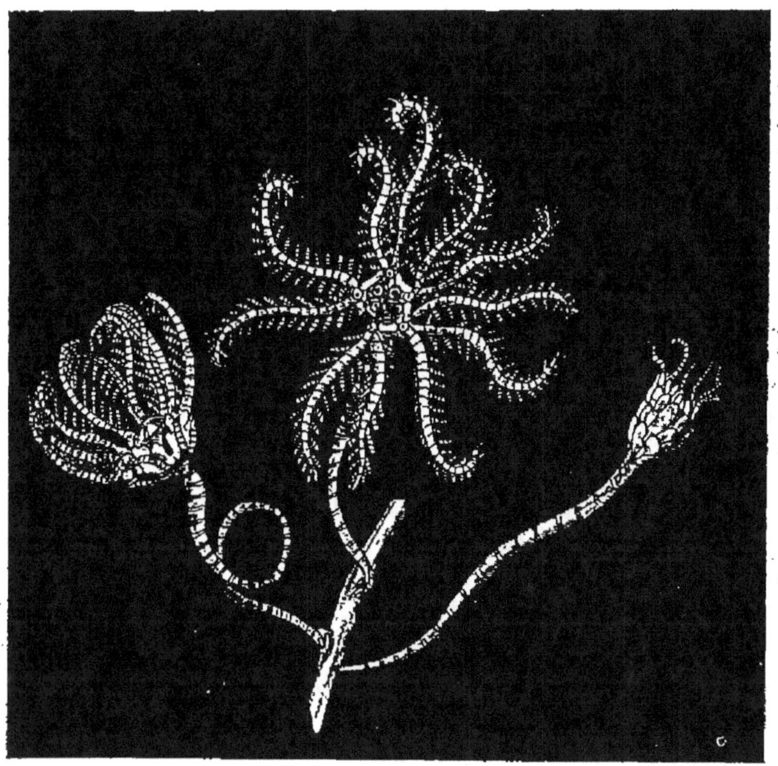

Fig. 29. — Groupe de jeunes Comatules à l'état où elles furent décrites sous le nom de Pentacrinus europæus (d'après Perrier).

tantôt enroulés en spirales. » (Brehm.) Ces pinnules constituent des organes de tact ; cinq sillons partent de la bouche et se bifurquent suivant les dix bras où ils forment des gouttières tapissées de cils vibratiles qui produisent un courant d'eau dirigé vers la bouche ; les bras, en s'étendant, conduisent par ce sillon dans la bouche les animalcules microscopiques qui servent à la nourriture de la Comatule.

Ces animaux peuvent grimper facilement en s'accrochant aux corps sous-marins ou se déplacer en nageant; mais ils sont assez sédentaires, ne changeant de place que pour chercher une installation commode où ils guettent leurs aliments, la surface buccale dirigée de côté ou en haut et les bras légèrement récourbés.

Thompson a décrit en 1823 sous le nom de Pentacrine d'Europe (*Pentacrinus Europæus*) (fig. 29) une jeune Comatule de la Méditerranée, fixée sur son pédoncule et qu'il avait considérée comme une espèce nouvelle.

Il faut aussi réunir à la même espèce la *Comatula brachiolata*, indiquée par M. Beltremieux sur les côtes de la Rochelle.

On trouve la Comatule de la Méditerranée sur une partie de nos côtes, mais généralement à une assez grande profondeur : elle vit sur tout le littoral du Sud-Ouest. M. Marion l'a draguée au large de Marseille, principalement dans les sables vaseux au sud de Maïré (65 à 70 mètres). On la trouve également sur les côtes de Port-vendres.

Une espèce voisine, l'*Antedon phalangium* (Mar.), Comatule faucheur, s'y rencontre également à partir de 75 mètres. Elle a été ainsi nommée à raison de la longueur de ses rayons qui ressemblent à des pattes de faucheur.

Deuxième classe. — ASTÉROÏDES (Étoiles de mer).

Les Etoiles de mer sont caractérisées au premier abord par la forme discoïde régulière, d'ordinaire pentagonale ou étoilée du corps, dont la face ventrale porte des pieds ambulacraires, tandis que la face dorsale en est complètement dépourvue. (Claus.)

Nous avons décrit au commencement de ce volume l'organisation de cette classe d'Echinodermes. Les Etoiles de mer ont généralement cinq rayons ; ce nombre n'est cependant pas constant et peut varier d'un genre à l'autre, ou même d'une espèce à l'autre. Nous avons dit que ces animaux possédaient à un très haut degré la faculté de *rédintégration*, c'est-à-dire de reproduire les organes perdus accidentellement ; il en résulte que l'on trouve très fréquemment des Astéroïdes dont les bras sont iné-gaux. Mais ces animaux possèdent également une fa-culté bien plus surprenante, à laquelle on a donné le nom d'*autotomie* (1) et qui consiste à sacrifier la partie saisie par un ennemi et à s'en séparer par un mouve-ment volontaire, de même que le Crabe brise la patte par laquelle on le tient. « Le bras se détache soit à sa base, soit entre deux vertèbres quelconques, et le reste de l'animal fuit avec rapidité, quitte à bourgeonner plus tard la partie perdue. Il y a ainsi des espèces (*Ophiures*) qu'on ne peut presque jamais avoir entières, vu leur grande fragilité. » (Cuénot.) Ce *suicide partiel*, dans le but de défendre sa vie, ne constitue pas, en résumé, un grand sacrifice chez l'Etoile de mer, puisque les parties détachées se reproduiront plus tard. On constate, du reste, la même faculté chez d'autres animaux (*Lézards, Orvets, Crustacés*). Il est toutefois une particularité

(1) Ce mot a été employé pour la première fois en 1882 par M. Frédéricq, pour exprimer l'acte au moyen duquel beaucoup d'a-nimaux peuvent provoquer activement la rupture d'un membre par lequel ils sont attachés ou retenus.

digne de remarque : c'est que ces bras qui, à l'état vivant, se détachent volontairement avec tant de facilité, présentent, au contraire, une assez grande solidité après la mort de l'animal.

Nous avons dit que ces Echinodermes étaient d'une voracité excessive. Ils dévorent non seulement un grand nombre de Mollusques bivalves, mais encore toutes les matières animales en décomposition.

La plupart vivent à de petites profondeurs ; cependant certaines espèces, principalement les *Brisinga*, ne se rencontrent que dans les grands fonds.

Les Etoiles de mer offrent les couleurs les plus variées : gris, jaune orangé, rouge, grenat, violet ou brun. Leurs formes sont aussi très diverses.

Le frai de ces Echinodermes passe pour un poison violent, et plusieurs cas d'empoisonnement par les Moules ont été attribués au frai des Etoiles de mer dont ces Mollusques se seraient nourris.

1ᵉʳ *Ordre*. — STELLÉRIDES.

Ces animaux sont munis le plus souvent de larges bras et remarquables par la mobilité de leurs plaques ambulacraires.

« Les genres sont principalement fondés sur les caractères tirés des téguments. Leur réunion en famille laisse encore bien à désirer ; car dans l'état actuel de nos connaissances on a été forcé de se baser pour l'établissement de ces groupes sur la structure extérieure plutôt que sur l'ensemble de l'organisation. Jadis on s'appuyait surtout sur le nombre des rangées de pieds ambulacraires, ainsi que sur la présence ou l'absence de l'anus. Dans ces derniers temps on a attaché plus d'importance à la conformation du corps, au squelette dermique, ainsi qu'aux pédicellaires. » (Claus.)

L'ordre des Stellérides comprend neuf familles :

Astéridés. *Goniastridés.*
Solastéridés. *Oréastéridés.*
Ophidiastridés. *Astropectinidés.*
Astérinidés. *Brisingidés.*
Culcitidés.

Les familles des *Ophidiastridés*, *Culcitidés*, *Goniastridés* et *Oréastéridés* n'ont pas de représentants sur le littoral français.

FAMILLE DES ASTÉRIDÉS.

Pieds ambulacraires cylindriques, terminés par une large ventouse et formant le plus souvent quatre séries dans chaque sillon ambulacraire. — Squelette dorsal ordinairement réticulé.

Genre Asteracanthion (Müll et Tr.) — **Astéracanthion.**

Dans ce genre, le squelette dorsal est recouvert de piquants.

Asteracanthion glacialis (Müll.) — Astérie glaciale.

Cette espèce est la plus grande et la plus belle de nos côtes : elle atteint jusqu'à 35 centimètres de diamètre ; sa peau est épineuse ; sa coloration est très variable : on trouve des individus roses, gris bleuâtre ou presque blancs.

On la trouve sur toutes nos côtes de l'Océan : dans la Manche, sur les côtes de la Rochelle, sur celles de la

Gironde (pointe du Sud), à Arcachon sur les bancs de l'embouchure du bassin, à Cap-Breton et à Biarritz; mais elle est plus commune sur tout notre littoral de la Méditerranée.

Les *Astérias angulosa* (Müll.) et *echinophora* (Delle Chiaje) doivent être rapportées à cette espèce.

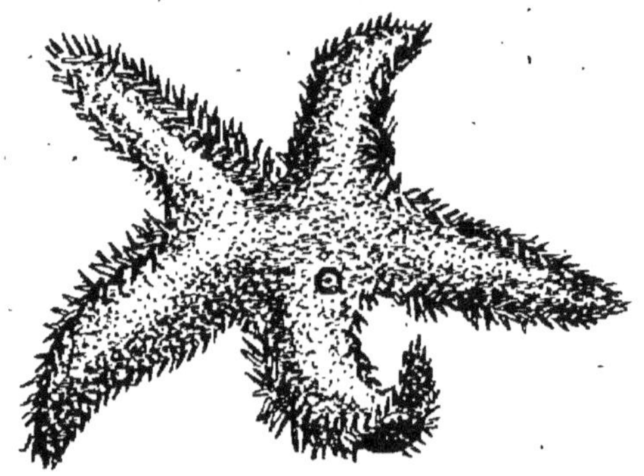

Fig. 30. — Asteracanthion rubens.

Asteracanthion rubens (Lin.) — Astérie commune.

Cette Astérie (fig. 30), dont la peau est moins épineuse que celle de l'espèce précédente, est d'une coloration rougeâtre; son diamètre ordinaire est de 10 à 12 centimètres. On en trouve fréquemment des anomalies à 4, 6 ou 7 rayons. Cette espèce est si commune sur tout notre littoral Océanique que sur certaines parties de ces côtes les riverains recueillent ces animaux en grande quantité pour les répandre sur les terres comme engrais. On trouve aussi cette Astérie dans le bassin d'Arcachon, sur les plages vaseuses. Risso et Requien l'ont signalée dans la Méditerranée, mais elle n'a pas été trouvée dans tous les dragages pratiqués sur les côtes de Provence.

Asteracanthion violaceus (Gmel). — Astérie violette.

Cette espèce, qui est toujours d'une coloration violette, offre de grands rapports avec l'espèce précédente, dont elle n'est peut-être qu'une variété ; néanmoins ses tubercules sont plus petits, ses bras plus étroits, sa consistance moins charnue. On la trouve sur nos côtes de l'Océan où elle n'est pas commune ; elle manque dans la Méditerranée.

Asteracanthion tenuispinus (Lam.). — Astérie à petites épines.

Toute sa surface dorsale est recouverte d'épines courtes et fines ; les rayons sont étroits et munis de côtes très épineuses. Cette espèce, qui n'a pas été trouvée sur nos côtes de l'Océan, est commune sur celles de la Méditerranée.

FAMILLE DES SOLASTÉRIDÉS.

Squelette dorsal le plus souvent réticulé, formé d'un réseau de petites plaques portant des piquants. — Bras ordinairement très longs.

Genre Cribella (*Agassiz*) = Echinaster (MÜLL. ET TR.)

Ces Echinodermes ont généralement cinq longs bras coniques ou cylindriques. Les petites plaques dermiques ne portent chacune qu'un seul piquant.

Cribella seposita (Gmel) — Astérie réseau.

Cette espèce, qui a beaucoup d'analogie avec l'*Asteracanthion rubens*, est facile à distinguer à la forme de ses rayons qui sont longs et étroits, à surface réticulée. Sa coloration est brune ou rougeâtre. Assez commune sur notre littoral de la Méditerrannée, elle s'avance jusque dans le golfe de Gascogne et on la trouve sur les côtes de Saint-Jean-de-Luz et de Biarritz.

Cribella oculata (Link) — Astérie oculée.

Dans cette espèce (fig. 31), voisine de la précédente,

Fig. 31. — Cribella oculata.

les plaques dermiques portent des groupes de petits piquants.

Cette Astérie habite le littoral de la Manche; on la trouve sur les côtes d'Ille-et-Vilaine, à Cancale.

Genre Solaster (*Forbes*) Solaster.

Ces animaux ont le disque très développé, les bras nombreux, la face dorsale couverte d'appendices en pinceau (*paxilles*).

Solaster papposus (Retz) — Astérie à aigrettes.

Cette belle espèce (fig. 32) se compose d'un disque entouré de 11 à 14 bras aplatis, pointus à leur extrémité et moins longs que le diamètre du disque, ce qui lui donne l'aspect de la fleur du Soleil (*Helianthus annuus*) et lui a valu le nom de *Soleil de mer*. Sa couleur est d'un rouge sanguin très vif en dessus : le centre plus foncé est entouré d'une bande circulaire plus claire.

Cette Astérie, qui vit dans les mers septentrionales de

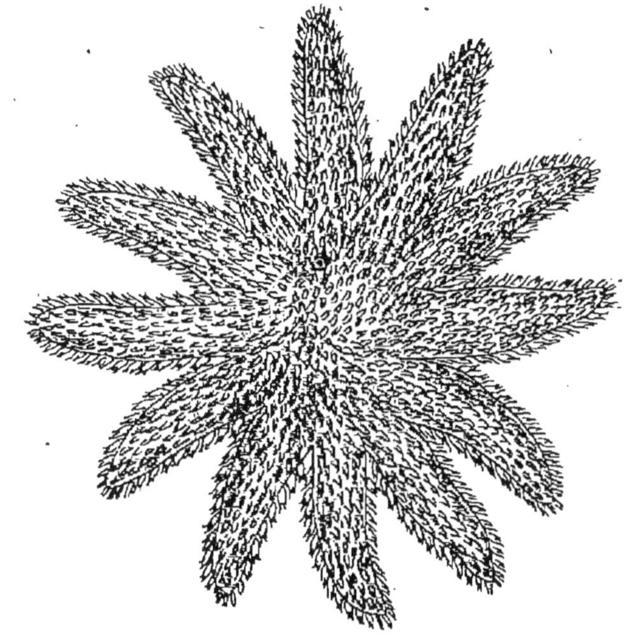

Fig. 32. — Solaster papposus.

l'Europe, n'a été trouvée que sur les côtes du Nord de la France et ne paraît pas dépasser celles d'Ille-et-Vilaine ; elle manque dans la Méditerranée.

FAMILLE DES ASTÉRINIDÉS.

Ces Echinodermes ont les bras courts ; les plaques sont ordinairement disposées comme les tuiles d'un toit.

Genre Asterina (*Nardo*) = **Asteriscus** (Müll. et Tr.) — *Astérine.*

Dans ce genre, le corps est plat en dessous, bombé en

dessus, les bras tellement courts que le corps a une forme pentagonale ; les bords sont tranchants.

Asterina gibbosa (Forbes) — Astérine bossue.

Cette espèce (fig. 33) a cinq bras, rarement six, dont les intervalles sont arrondis et l'extrémité pointue ; la face dorsale relevée vers le milieu s'abaisse brusquement vers les bords ; les plaques du dos portent de huit à dix piquants très courts et groupés transversalement. Sa coloration est verdâtre ou rougeâtre ; son diamètre ordinaire est de 3 à 4 centimètres.

Elle vit à de petites profondeurs sur les Algues où elle est

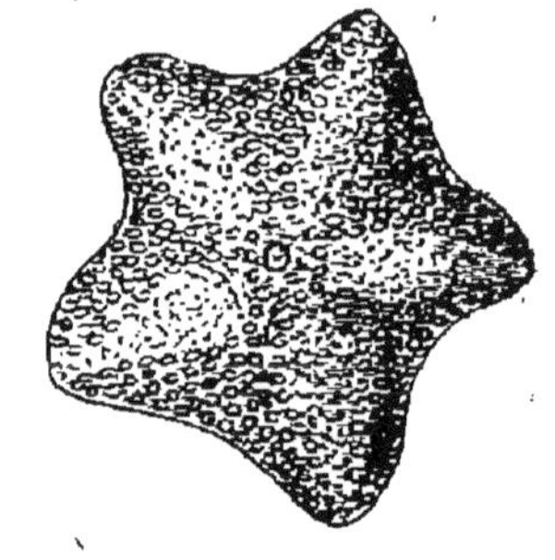

Fig. 33. — Asterina gibbosa.

très abondante. On la trouve sur toutes nos côtes de l'Océan, dans le bassin d'Arcachon et sur tout le littoral de la Méditerranée ; elle est commune dans l'étang de Thau.

L'*Asteriscus verruculatus* (Duj. et Hupé) et l'*Asterias exigua* (Beltrémieux) doivent être rattachés à cette espèce.

Genre Palmipes (*Agassiz*) Palmipes.

Ces Astéries sont caractérisées par la forme de leur corps aplati sur ses deux faces.

Palmipes membranaceus (Gmel). — Astérie patte d'oie.

Cette espèce (fig. 34), qui a de grands rapports avec l'*Asterina gibbosa*, est facile à reconnaître à sa forme déprimée et à son peu d'épaisseur ; le corps très déprimé est membraneux sur les bords ; sa coloration est rougeâtre.

On la trouve sur nos côtes de l'Océan, à Saint-Vaast-

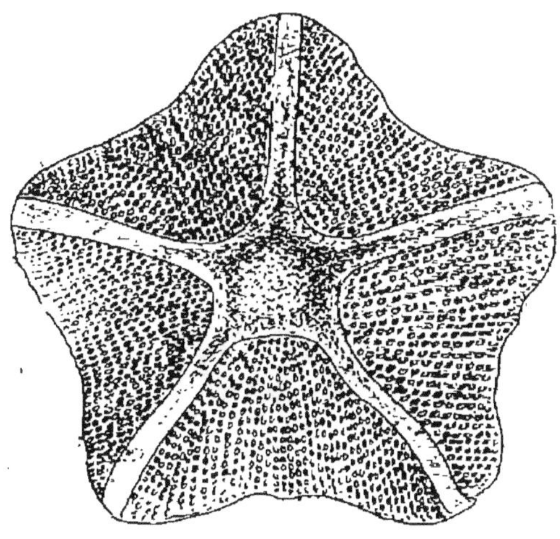

Fig. 34. — Palmipes membranaceus.

la-Hougue, à la Rochelle. Elle n'est pas rare sur notre littoral de la Méditerranée.

FAMILLE DES ASTROPECTINIDÉS.

Dans cette famille, le squelette dorsal est formé de paxilles ; les pieds ambulacraires sont coniques et dépourvus de ventouses.

Genre Astropecten (*Linck*) Astropecten.

Ces Astéries ont le corps plat, les bras allongés, deux rangées de grandes plaques marginales.

Astropecten Aurantiacus (Müll.) — Astérie frangée.

= *Astropecten irregularis* (Duj. et Hupé).

Cette belle espèce (fig. 35) a le disque assez large

avec cinq rayons lancéolés, marginés et frangés : les bords semblent articulés par les sillons transverses qui les divisent : les épines sériales dont ils sont garnis constituent une véritable frange sur tout le pourtour.

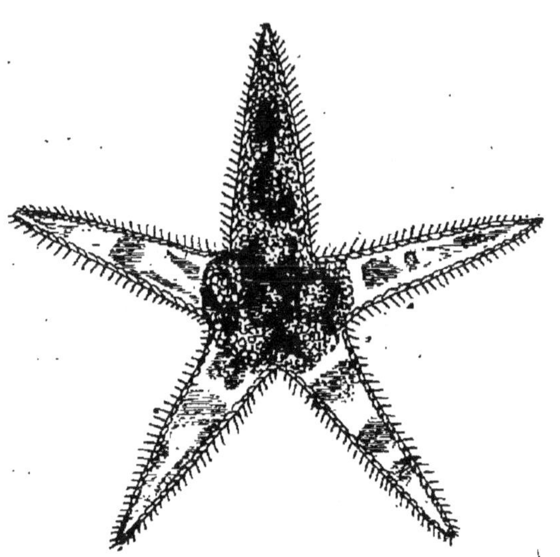

Fig. 35. — Astropecten aurantiacus.

Sa coloration est orangée ou violacée ; son diamètre est généralement de 8 à 10 centimètres ; on trouve des anomalies de cette espèce à quatre rayons.

Cette Astérie se meut avec rapidité ; elle possède, comme les Ophiures, la faculté de l'*autotomie* et peut amputer spontanément ses rayons.

Elle est assez commune sur nos côtes de l'Océan : Charente-Inférieure, Gironde (Cordouan, Soulac, bassin d'Arcachon), Biarritz. Elle est très commune sur le littoral de la Méditerranée.

L'*Astropecten crenaster* (Duj. et Hupé), la plus grande espèce des mers d'Europe, a été signalé sur notre littoral, mais probablement par suite d'une confusion avec l'espèce précédente.

M. Marion a dragué sur les côtes de Marseille (plage du Prado) l'*Astropecten squamatus* (Müll. et Tr.) = *A. Aster* (Philippi), espèce de la mer du Nord, assez rare dans la Méditerranée, et l'*Astropecten spinulosus* (Müll. et Tr.), qui vit principalement dans la zone des prairies littorales, de l'anse de Maldormé au Roucas blanc (de 5 à 10 mètres de profondeur). Cette espèce, dont la longueur des bras égale quatre fois et demie le plus petit rayon du disque, est d'une couleur jaune orangé.

Genre Luidia (*Forbes*) — Luidie.

Ce genre est caractérisé par ses bras très allongés et ses plaques ventrales surmontées de piquants.

Luidia ciliaris (Phil.) = *L. fragilissima* (Forbes) — Luidie ciliaire.

Cette Astérie (fig. 36) est facile à reconnaître à son disque petit, à ses six rayons très allongés, étroits et déprimés, dont les bords sont garnis de petites épines très nombreuses. Elle atteint jusqu'à 37 centimètres de diamètre. Sa fragilité est extrême et elle peut offrir un exemple remarquable d'autotomie : « La première fois, dit Forbes, que je pris une de ces créatures, je réussis à la placer entière dans mon bateau. N'en ayant jamais eu auparavant et ignorant tout à fait ses facultés de suicide, j'étalai l'animal sur le rivage, afin de mieux admirer sa forme et ses couleurs. Au moment où je cherchai à le reprendre pour le conserver, ô horreur et désenchantement ! je ne trouvai plus qu'un assemblage de membres détachés. Mes préparatifs de naturaliste se trouvèrent entièrement neutralisés par cette destruction soudaine et l'animal est à présent mal représenté dans mon cabinet par un disque sans bras et des bras sans disque. »

On trouve cette espèce sur nos côtes de l'Océan ; elle

Fig. 36. — Luidia ciliaris.

n'est pas rare sur celles de la Méditerranée, mais elle vit toujours à une certaine profondeur.

FAMILLE DES BRISINGIDÉS.

Les *Brisingidés* établissent une transition naturelle entre les Stellérides et les Ophiurides ; la conformation de leur corps est semblable à celle de ces derniers ; le disque est petit, les bras sont distincts du disque, creusés d'une cavité formant un canal très étroit et garnis de piquants flexibles et allongés.

Nous ne mentionnerons dans cette famille qu'une seule espèce : la Brisinga couronnée (*Brisinga coronata* Sars), qui vit sur nos côtes à une profondeur souvent considérable (fig. 37). Cette belle Astérie est composée d'un disque plat, arrondi, entouré de longs bras de couleur orange et couverts de nombreuses épines ; ces bras sont

Fig. 37. — Brisinga.

lumineux dans l'obscurité. Elle vit à de grandes profondeurs et a été recueillie sur plusieurs points du golfe de Gascogne pendant l'exploration scientifique du *Travailleur*. M. Marion a dragué cette espèce dans le golfe de Marseille, au pied de la falaise Peyssonnel, par une profondeur de 500 à 700 mètres ; mais les échantillons méditerranéens de cette remarquable Etoile de mer sont loin d'atteindre la taille des individus atlantiques.

2e *Ordre*. — OPHIURIDES.

Les Ophiurides (*queue de serpent*) ont été ainsi nommés à cause de leurs longs bras cylindriques, flexibles, semblables à des Serpents et nettement distincts du disque aplati. Les Ophiures diffèrent des Astéries par la forme de leur corps qui est déprimé, orbiculaire, et par leurs bras qui ne renferment pas un prolongement de la cavité viscérale et sont de simples organes locomoteurs. Quelques espèces sont vivipares ; les larves passent par les métamorphoses que nous avons indiquées dans un chapitre spécial ; plusieurs espèces sont phosphorescentes : la phosphorescence a son siège dans le tégument dorsal des bras.

Tous les animaux de cet ordre sont doués d'autotomie et peuvent se séparer de leurs bras avec une si grande facilité qu'il est fort difficile de trouver des échantillons complets dans les collections.

« Quelques espèces jouissent d'une faculté de locomotion assez rapide et se font remarquer par leur agilité ; d'autres se tiennent enlacées dans les rameaux des Gorgones et paraissent vivre là fixées par leurs bras pendant un temps plus ou moins long, saisissant au passage les animaux dont elles font leur proie à la manière des Araignées au milieu de leurs toiles ; la plupart habitent dans les anfractuosités de rochers, d'autres sur les fonds sablonneux. » (Dujardin.)

Trois familles ont des représentants dans la faune française :

> *Ophiodermatidés.*
> *Amphiuridés.*
> *Ophiothrichicés.*

FAMILLE DES OPHIODERMATIDÉS.

Disque recouvert de granules. — Bras garnis de courts

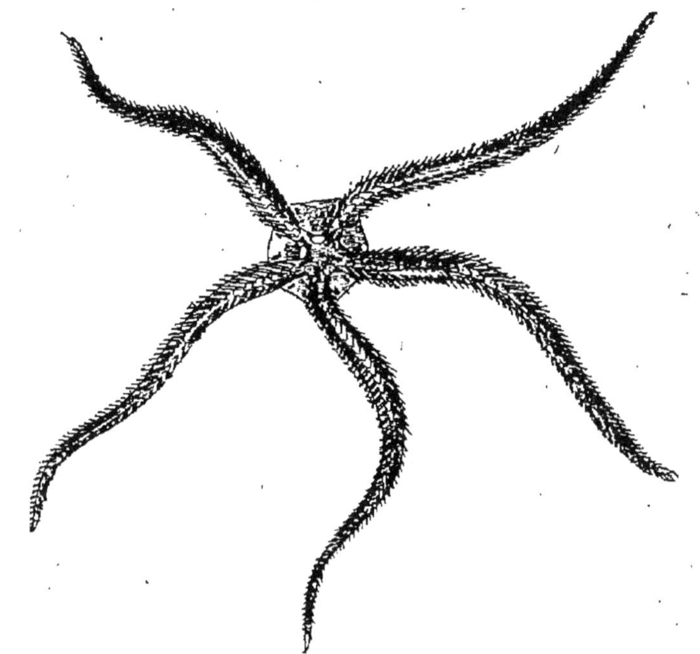

Fig. 38. — Ophioderma longicauda.

piquants situés sur le bord externe des plaques latérales.

Genre *Ophioderma* (Müll. et Tr.).

Dans ce genre, les animaux ont le disque granuleux, les bras longs, déliés et offrant une grande ressemblance avec la queue des Lézards.

Ophioderma lacertosa (Lam) — Ophiure lézardelle.

Cette belle espèce, dont le diamètre ordinaire est de 10 à 12 centimètres, est très variable dans sa coloration : on trouve des individus entièrement gris, d'autres maculés de noir sur un fond cendré. Les rayons sont recouverts de petites écailles imbriquées. Cette Astérie vit sur les rochers généralement à une faible profondeur ; elle est commune sur toutes nos côtes ; on la trouve en grand nombre sur le banc rocheux du Portel près Boulogne et sur tout le littoral de l'Océan jusqu'à Biarritz et Saint-Jean-de-Luz, ainsi que dans la Méditerranée à Port-Vendres, Cette, Marseille, etc.

L'*Ophioderma longicauda* (Müll. et Tr.) (fig. 38) peut être considérée comme une variété de cette espèce. Sa coloration est d'un brun verdâtre ; le corps est quelquefois taché de jaune.

Ophioderma texturata (Lam) — Ophiure nattée.

Cette Ophiure est plus petite que la précédente ; ses rayons sont peu allongés et présentent sur la face ventrale l'apparence de petites tresses. Sa coloration est verdâtre, avec des bandes transversales plus obscures.

L'*O. albida* en est une variété.

Cette Astérie vit sur nos côtes de l'Océan : île de Ré, la Rochelle, le Verdon, Soulac, Arcachon, Biarritz ; elle est plus commune sur le littoral de la Méditerranée : elle abonde à Marseille sur la plage du Prado et fourmille dans les fonds sablo-vaseux au large de l'Estaque et de Saint-Henry (Marion).

FAMILLE DES AMPHIURIDÉS.

Disque recouvert d'écailles nues. — Bras garnis de piquants très courts.

Genre Amphiura (*Forbes*) Amphiure.

Dans ce genre, les bras sont minces et plus ou moins aplatis.

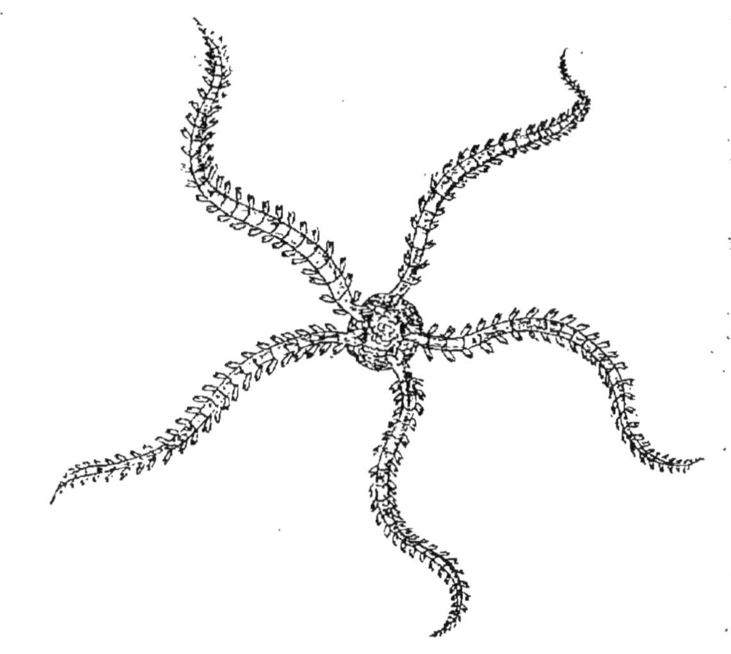

Fig. 39. — Amphiura squamata.

Amphiura squamata (Lym.) = *Amphipholis neglecta* (Johnston) — Amphiure écailleuse.

Cette espèce (fig. 39) est d'une coloration blanchâtre ; ses rayons sont larges, très écailleux : les écailles du dessous des rayons sont petites et quadrangulaires. Elle est phosphorescente et vit au niveau du balancement des marées. M. Lyman, qui l'a étudiée à Arcachon, a constaté qu'elle était vivipare : des individus qu'il avait capturés ont rejeté de leur disque des petits vivants colorés en jaune orangé.

« Sa distribution géographique est très étendue : on l'a signalée dans la Méditerranée, sur toutes les côtes de l'Ouest et du Nord de l'Europe, sur la côte Ouest de l'Afrique jusqu'au cap de Bonne-Espérance, enfin sur les rivages Atlantiques de l'Amérique du Nord. » (Fischer.)

Elle vit sur tout notre littoral de l'Océan : à Noirmoutiers (Vendée), à Cordouan, sur le plateau sous-marin de Rochebonne, à Arcachon (dans les coquilles d'Huîtres et sur les Zostères) et sur toutes les côtes de la Méditerranée.

L'*Asterias filiformis* (Müll.) est peut-être une variété de cette espèce.

Amphiura Neapolitana (Sars) = *Ophiocnida brachiata* (Mont.). — Amphiure napolitaine.

Cette belle espèce, remarquable par la longueur de ses bras, est assez rare sur nos côtes : on la trouve à l'embouchure du bassin d'Arcachon, dans les bancs de sable qui ne découvrent qu'aux plus basses marées.

« Elle s'enfonce à une assez grande profondeur dans le sable, et ses longs bras s'y meuvent sans se briser, malgré leur extrême fragilité. » (Fischer.) Elle vit également dans la Méditerranée.

FAMILLE DES OPHIOTRICHIDÉS.

Fentes buccales nues, dépourvues de papilles. — Plaques radiales très grandes.

Genre Ophiotrix (MÜLL. ET TR.). — Ophiotrix.

Les écailles du disque sont ou granuleuses, ou recouvertes de poils mobiles ou de piquants très grêles. Les bras sont garnis de piquants.

Ophiotrix fragilis. (Müll.) — Ophiothrix fragile.

Cette espèce a le disque brunâtre ou verdâtre légèrement tacheté. Ses bras, qui sont de même couleur avec des bandes transversales orangées, sont huit fois environ aussi longs que le diamètre du disque, hérissés de piquants aplatis, disposés par six ou sept pour chacune des plaques latérales. Cette Astérie, ainsi que son nom l'indique, est une des espèces les plus fragiles et qu'il est difficile de conserver en bon état.

« Ces animaux, craintifs et farouches, se dérobent en grimpant ou en glissant avec une habileté extrême dans les fentes des rochers, parmi les branches de Corail, les Vers tubulaires, les racines, bref sur les sols les plus impraticables. Ils n'emploient pour cela leurs pattes-ventouses que d'une manière passagère ; en revanche ils s'assujettissent à l'aide de leurs bras qui s'enlacent comme autant de queues prenantes autour des objets indifféremment minces ou épais. Lorsqu'on saisit par un de ses bras un de ces fuyards sur le point de s'éclipser dans quelque cachette étroite et tortueuse, ce bras vous reste entre les doigts, tandis que l'Ophiure se met parfaitement à l'abri sans se soucier de cette mutilation qui paraît lui causer en réalité peu de douleur. » (O. Schmit.)

Cette espèce est très commune sur tout notre littoral de l'Océan ; elle est tellement abondante dans les chenaux du bassin d'Arcachon qu'on peut en recueillir une centaine à chaque coup de drague.

Sa coloration est très variable, ainsi que sa forme, et plusieurs de ses variétés ont reçu des noms spécifiques : *Ophiura echinata, pentagona*, etc.

Elle est aussi commune sur nos côtes de la Méditerranée, où on trouve également deux espèces voisines : l'*Ophiotrix alopecurus* (Norm.) d'une coloration rougeâtre et l'*Ophiopsila aranea* (Forbes), dont les bras sont longs, grêles et pourvus de plaques dorsales quadrangulaires.

Troisième classe. — ÉCHINOÏDES (Oursins).

En décrivant l'organisation des Oursins, nous avons dit que ces animaux étaient caractérisés par leur enveloppe calcaire composée de plaques polygonales non mobiles, divisées ordinairement en plusieurs rangées disposées par paires. Pour se rendre compte de l'accroissement de cette enveloppe solide il suffit de comparer des individus de différents âges : on peut ainsi s'assurer que les jeunes individus n'ont qu'un petit nombre de plaques dans chaque rangée principale. « Ces plaques, dit Agassiz, s'accroissent au moyen d'une sécrétion calcaire qui s'opère lentement sur leur périphérie, jusqu'à ce que celles qui entourent la bouche aient acquis leur taille définitive et soient entièrement adhérentes entre elles. Pendant ce temps les plaques supérieures continuent à grandir et à augmenter en nombre, en sorte que le test de l'animal s'accroît de bas en haut, et de déprimé qu'il était devient de plus en plus globuleux. »

Chez les Oursins les pédicellaires remplissent des fonctions extrêmement curieuses : on sait que, chez ces animaux, l'anus a son orifice en haut, sur le sommet du corps. Les pédicellaires s'emparent des déjections et les transportent de proche en proche au delà de la convexité de la coque jusqu'à ce qu'elles soient entraînées par l'eau. « Rien n'est plus merveilleux et plus intéressant, dit Agassiz, que d'observer l'ordre et l'habileté qui président à cette fonction. On peut voir la rapidité avec laquelle les particules rejetées traversent les rangées où les pédicellaires sont le plus serrés, comme si elles étaient repoussées par autant de balayeurs. Ces organes sont répartis sur le corps entier, mais ils ne chassent les excréments que suivant certaines voies déterminées. »

Les Oursins se nourrissent de petits animaux marins, de Mollusques et de Crustacés ; ils vivent généralement dans le voisinage des côtes, parfois à d'assez grandes profondeurs et quelques espèces s'enfouissent dans le sable, ne se ménageant qu'un petit trou rond pour l'introduction de l'eau. On trouve souvent sur les plages ce trou en forme d'entonnoir, et les pêcheurs prétendent prévoir les orages d'après la profondeur plus ou moins grande où s'enterrent les Oursins.

D'autres espèces, et principalement l'Oursin livide (*Toxopneustes lividus*), se creusent des retraites dans les roches les plus dures, telles que le grès et le granit des côtes de Bretagne. M. Cailliaud, conservateur du Musée de Nantes, fut le premier en France à signaler ces perforations dans une communication à l'Institut en date du 3 juillet 1854. MM. Robert et Lory ont confirmé ces observations, mais n'admettent chez l'Oursin perforant que le jeu des piquants, et non des dents agissant en forme de pics. Toutefois l'opinion de M. Cailliaud paraît la plus rationnelle et voici comment ce savant naturaliste explique le curieux travail de ces animaux :

« L'Oursin, marchant avec ses piquants, prend son point d'appui sur la roche avec ses nombreux tentacules pédicellés, accolés par leur extrémité à la pierre. L'appareil buccal, formé de vingt pièces osseuses, dont cinq dents d'émail en forme de pics, représente un bélier qui doit frapper la pierre (dans le calcaire). Chaque coup fait cinq piqûres : a-t-il agi cent fois, il a produit cinq cents piqûres. Mais, dans le granit, la roche est désagrégée par les cinq dents de l'*Echinus*, lesquelles, en ce cas, d'abord réunies forment ensemble un fort pic. S'il agit sur les grains fins reliant, cimentant dans le granit les gros fragments de quartz et de feldspath, il les fait tomber ; souvent même l'*Echinus* les arrache grain à grain avec les cinq dents de son appareil buccal, lequel en ce cas fontionne comme des tenailles. Il résulte de nos observations faites sur la durée de ce travail que ces Echinides creuseraient dans le calcaire un centimètre au plus chaque année. Dans le granit ils acquièrent environ le double de profondeur ; car, comme on le voit ici, l'Oursin n'use pas cette roche, il la désagrège, il en arrache les grains ; aussi c'est bien dans le granit que l'on remarque les trous les plus profonds, jusqu'à douze centimètres. »

Il est certain que l'action continue de la vague doit singulièrement favoriser ce travail et aider l'Oursin dans sa désagrégation des roches. En parcourant les côtes à marée basse, il est facile d'examiner dans les rochers qui ne découvrent que quelques instants ces perforations formant des réunions de cavités de toutes dimensions et occupées par des Oursins de tout âge. On a remarqué que ces trous étaient généralement inhabités pendant les mois les plus chauds de l'été, ces animaux descendant probablement dans de plus grandes profondeurs pour éviter la chaleur et regagnant ensuite leurs gîtes pour y passer l'hiver. Le Muséum de Nantes possède un échantillon remarquable de roche perforée : ce spécimen, recueilli par M. Cailliaud sur les côtes de Douarnenez, a un mètre de longueur sur cinquante centimètres de largeur et est entièrement recouvert par 148 Oursins de tout âge, profondément enfoncés dans leurs trous.

Les espèces qui ne se creusent pas de cavités dans les rochers se réfugient sous les pierres, sous les Algues ou dans le sable.

Les Oursins sont depuis longtemps considérés comme animaux comestibles, principalement certaines espèces (*Echinus melo*, *E. granularis*, *Toxopneustes lividus*) ; ils constituaient un plat recherché sur la table des Grecs et des Romains. Lorsqu'on ouvre la coque d'un Oursin pendant l'époque de la reproduction, il est facile de reconnaître le sexe de l'animal : les femelles ont cinq ovaires formant à l'intérieur du test une bande granuleuse de couleur rouge orangé. Ce sont ces organes qui constituent la partie comestible. Bien que la reproduction paraisse durer toute l'année, c'est surtout de septembre en avril que les Oursins sont *pleins*, c'est-à-dire comestibles; quelques pêcheurs attribuent aussi aux phases de la lune une influence sur l'état de ces animaux et prétendent connaître exactement les époques où ils sont bons pour la consommation.

On mange les Oursins crus ou cuits dans l'eau bouillante ; les habitants de notre littoral méditerranéen, qui consomment sans répugnance tous les animaux qu'ils recueillent sur les côtes (Mollusques, Ascidies, etc.), con-

sidèrent les Oursins comme un véritable régal, et on en
fait à Marseille une consommation annuelle de plus de
100,000 douzaines !

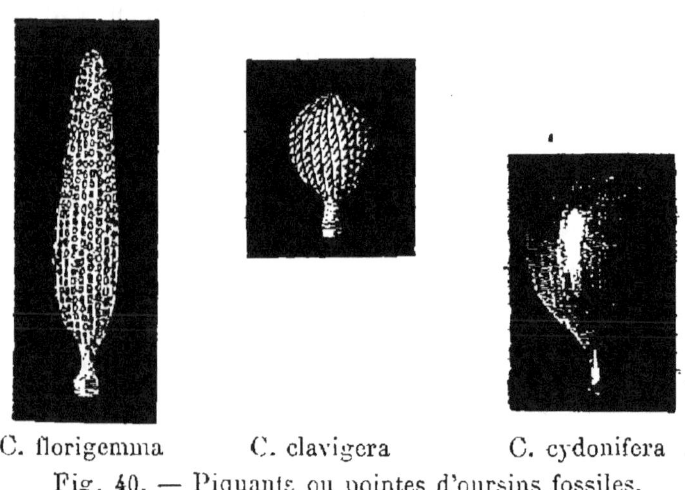

C. florigemma   C. clavigera   C. cydonifera

Fig. 40. — Piquants ou pointes d'oursins fossiles.

« Pour les ouvrir, dit V. de Bomare (1), on a une main
gantée à cause des pointes, et des ciseaux à l'autre ; on
les cerne tout autour, puis, avec de petits morceaux de
pain taillés en carrés longs comme quand on veut
manger un œuf à la coque, on râtisse la substance interne. On en est dégoûté les premiers jours, mais on
s'accoutume à ce mets qui, étant cuit, a le goût des
écrevisses. »

Ces procédés indiqués par Valmont de Bomare en 1765
sont exactement ceux employés aujourd'hui par les
amateurs d'Oursins, qui enlèvent, au moyen d'une inci-
sion circulaire, toute la face dorsale de la coque et trem-
pent des mouillettes dans l'intérieur, ce qui a fait

(1) Valmont de Bomare. — *Dictionnaire d'histoire naturelle*, 1765.

donner aux Oursins le nom d'*œufs de mer*. Quelle que soit la manière de préparer les Oursins, il faut reconnaître qu'ils constituent un aliment assez médiocre, qui n'est guère recherché que par les populations maritimes, principalement des côtes du Languedoc et de la Provence.

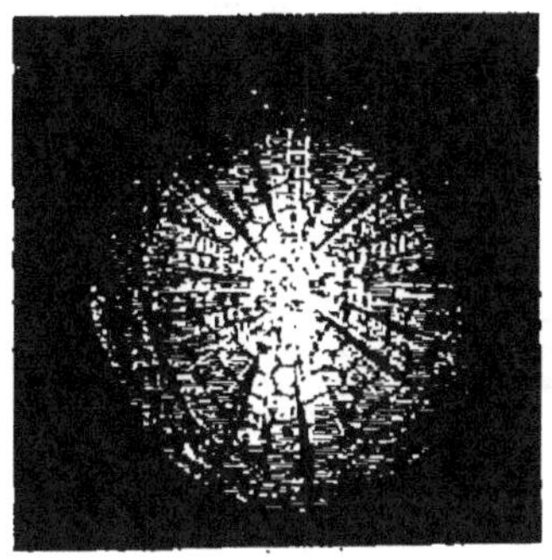

Fig. 41. — Holectypus depressus.

Fig. 42. — Hemicidaris crenularis.

Les Oursins fossiles (fig. 41 et 42) sont très nombreux dans les couches des époques jurassique et crétacée ; on en rencontre aussi un certain nombre dans les couches tertiaires, et on en connaît aujourd'hui un grand nombre d'espèces, grâce aux travaux récents de Cotteau.

Les Oursins vivent sur tout le littoral de France et plusieurs espèces y sont très abondantes.

Les Echinoïdes sont divisés en 3 ordres :

Oursins réguliers,
Clypéastroïdes,
Spatangoïdes.

1ᵉʳ *Ordre.* — OURSINS RÉGULIERS.

Ces Echinodermes ont été ainsi nommés à cause de

la régularité de leur test qui est plus ou moins complète, mais diffère sensiblement de celle des *Clypéas-*

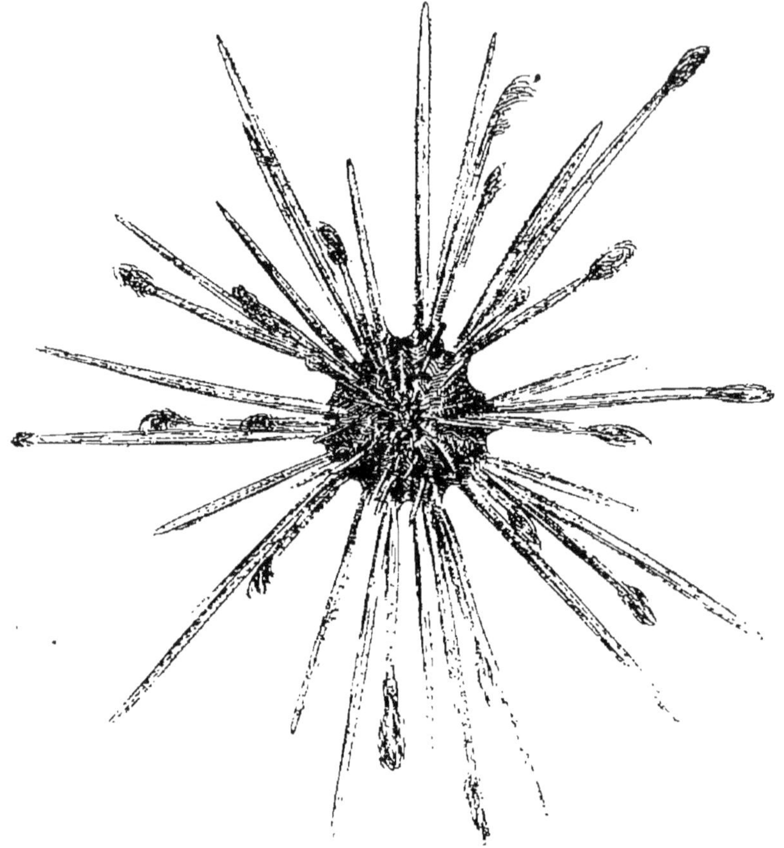

Fig. 43. — Cidaris papillata.

troïdes et des *Spatangoïdes* nommés par comparaison *Oursins irréguliers*.

On les divise en 3 sections :

Echinothurides.
Cidarides.
Echinides.

Les Echinothurides ne comprennent que des espèces fossiles ou vivant dans les grandes profondeurs de la mer et n'ayant pas de représentants sur nos côtes.

CIDARIDES.

Ces Oursins ont un test globuleux, aplati au pôle buccal ; les aires ambulacraires sont étroites et les interambulacraires larges ; chaque plaque est surmontée d'un piquant très long, entouré de plus petits.

Genre Cidaris (FLEM.). Cidarite.

Dans ce genre les piquants sont épais, cylindriques, atteignant souvent trois fois le diamètre du test, avec des granulations dans le sens longitudinal.

Cidaris papillata (Flem.) = *Dorocidaris papillata* (Agas.) Cidarite porc-épic.

Cette espèce (fig. 43) est la plus belle des côtes de France : le test, qui n'a qu'environ 3 ou 4 centimètres de diamètre, est hérissé d'épines atteignant jusqu'à 9 centimètres de longueur. Sa coloration est d'un brun rougeâtre. Cet Oursin ne quitte pas les grandes profondeurs.

« Les individus qui ont été pris le plus près de la côte, à Marseille, provenaient des fonds vaseux de la région N.-O. du golfe, par 80 mètres. Cette espèce se rencontre principalement au sud de Planier, dans les fonds vaseux, et descend jusqu'à 250 mètres de profondeur sur le bord de la falaise Peyssonel. Vers Toulon et jusqu'à Nice on la rencontre toujours dans des stations analogues, tantôt dans la vase, tantôt dans le sable vaseux, ou même dans les fonds coralligènes profonds, comme sous le cap Sicié par 90 à 100 mètres. » (Kœhler.)

Nous avons pu en obtenir à Cette quelques individus par les pêcheurs qui les avaient dragués au large dans leurs filets.

Ce Cidarite n'habite pas nos côtes de l'Océan.

ÉCHINIDES.

Les Echinides ont des aires ambulacraires plus ou

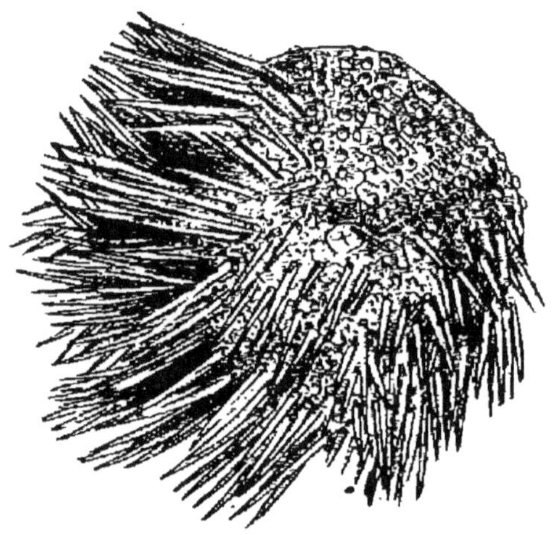

Fig. 44. — Arbacia pustulosa.

moins larges ; la membrane buccale nue n'est jamais recouverte de plaques squamiformes.

FAMILLE DES ARBACIADÉS.

Ambulacres étroits. — Pieds dorsaux pennés. — Piquants intermédiaires entre ceux des Cidarides et des Echinides.

Genre Arbacia (GRAY). Arbacie.

Dans ce genre le test est épais, circulaire, aplati et recouvert de longs piquants.

Arbacia pustulosa (Leske). Arbacie pustuleuse.

Cette espèce (fig. 44), qui est le type du genre, dont elle possède tous les caractères, vit au milieu des fucus et des zostères. Elle n'habite que les côtes de la Méditerranée, où elle est assez rare : elle n'a été capturée que quelquefois à Marseille, sur la côte nord du golfe : à Méjean, à Niolon, à Morgiret et sur la côte de Cassis ; elle est moins rare à Nice.

FAMILLE DES ÉCHINIDÉS.

Les animaux de cette famille sont caractérisés par leur test mince, les ambulacres larges, portant deux ou trois rangées de tubercules, tantôt crénelés et perforés, tantôt imperforés ; les piquants sont ordinairement courts et tubulés.

Genre Echinus (RONDELET). Oursin.

Dans ce genre le test est renflé, plus ou moins globuleux, les tubercules généralement petits et imperforés, la membrane buccale nue, les piquants médiocrement longs et striés longitudinalement.

Echinus melo (Lam.) — Oursin melon de mer.

Cet Oursin a une forme presque globuleuse ; sa coloration est verdâtre, ses épines sont courtes, petites, nettement striées, d'une couleur rouge brun à la base, verte sur tout le reste de la longueur du piquant. La hauteur du test est d'environ 10 à 11 centimètres et la largeur de sa base de 8 centimètres.

Cette espèce vit sur les fonds vaseux à une profondeur de 70 à 80 mètres : elle est assez rare sur les côtes de Marseille, plus commune sur celles de Nice. Elle ne paraît pas habiter nos côtes de l'Océan et c'est probablement par suite d'une confusion avec l'*Echinus acutus* qu'elle a été indiquée dans les faunes de la Loire-Inférieure et de la Charente-Inférieure.

Echinus acutus (Lam.) = *E. Flemingi* (Forbes). Oursin pointu.

Fig. 45. — Echinus acutus.

Cette espèce (fig. 45), qui a été souvent confondue avec la précédente, en diffère par des caractères constants : la coloration générale du test est rose ou rouge ; sa forme est plus ou moins conique, sa face ventrale aplatie et presque blanche, tandis que la face dorsale présente une série de bandes alternativement blanches et rouges. Les épines sont plus longues, plus fortes, moins nettement striées que celles de l'*E. melo* ; leur couleur est rouge à la base, verte, puis blanche au centre et rouge au sommet. Ses dimensions sont les mêmes que celle de l'*E. melo*, à l'exception de la base, qui est plus large.

Cette espèce vit sur tout notre littoral, mais n'est pas très commune sur nos côtes de l'Océan ; elle est abondante sur celles de la Méditerranée, où on la trouve dans les fonds vaseux et les fonds coralligènes du large. à une profondeur de 40 à 80 mètres. Elle est moins commune à Nice, où l'*E. melo* est par contre plus abondant.

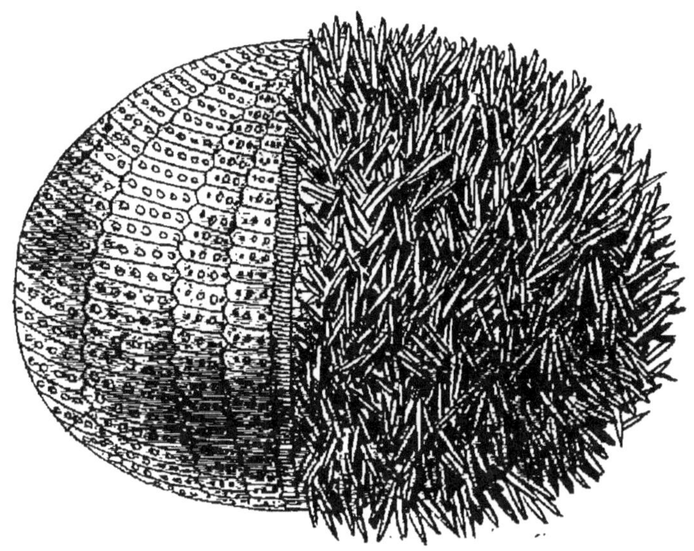

Fig. 46. — Echinus esculentus.

Echinus sphæra (Müll) = *E. esculentus* (Lin.) = *E. globiformis* (Lam.).

Oursin sphérique.

Le test de cette espèce (fig. 46) est généralement subglobuleux, couvert de tubercules à peu près égaux et assez petits ; les piquants sont courts, blancs à l'extrémité et violets à la base. Sa coloration générale est violacée. Ses dimensions, assez variables, atteignent souvent celles de l'*E. acutus*.

Cette espèce, qui ne se trouve pas sur nos côtes de la Méditerranée, habite tout le littoral de l'Océan : elle n'est pas rare sur les côtes de la Manche et de Bretagne (Loire-Inférieure, Morbihan, Finistère) et sur celles de la Charente-Inférieure ; on en trouve de très beaux spécimens sur la côte du cap Breton (Landes).

Echinus miliaris (Gmel) — Oursin miliaire.

Le test de cet Oursin est petit, globuleux, d'une coloration rougeâtre ; les piquants sont blanc rosé. Cette

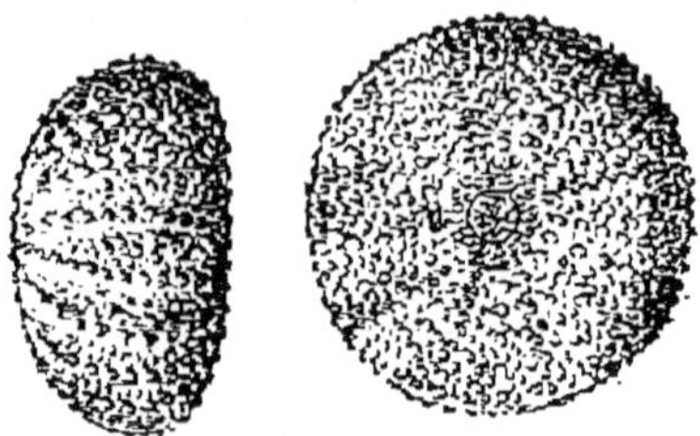

Fig. 47. — Echinus microtuberculatus.

espèce, qui n'habite pas la Méditerranée, se rencontre sur toutes les côtes du Sud-Ouest jusqu'au bassin d'Arcachon, mais elle est surtout commune dans la Manche. Elle creuse dans les rochers des excavations semblables à celles de l'Oursin livide.

Echinus microtuberculatus (Blainv.). Oursin à petits tubercules.

Dans cette espèce (fig. 47) le test est semé de petits tubercules irrégulièrement disposés et séparés par d'autres tubercules beaucoup plus petits. La membrane buccale est recouverte d'écailles irrégulières, très serrées et imbriquées. Les piquants sont minces, pointus, de couleur verte ou grise, jaunâtres à la pointe.

Cet Oursin ne vit que dans la Méditerranée (Cette, Marseille, Nice) ; il est abondant dans les espaces vaseux ou sableux situés au milieu des prairies de zostères.

Genre Sphærechinus (DESOR.) — **Sphærechinus.**

Le test de ces Échinodermes est épais, presque sphérique ; les tubercules sont nombreux et imperforés ; la membrane buccale est mince, présentant quelques plaques saillantes.

Sphærechinus granularis (Agassiz) — Oursin granuleux.

Cette espèce (fig. 48) est facile à reconnaître à son test aplati sur la face ventrale, un peu déprimé, quelquefois conique, d'autres fois presque sphérique. Les

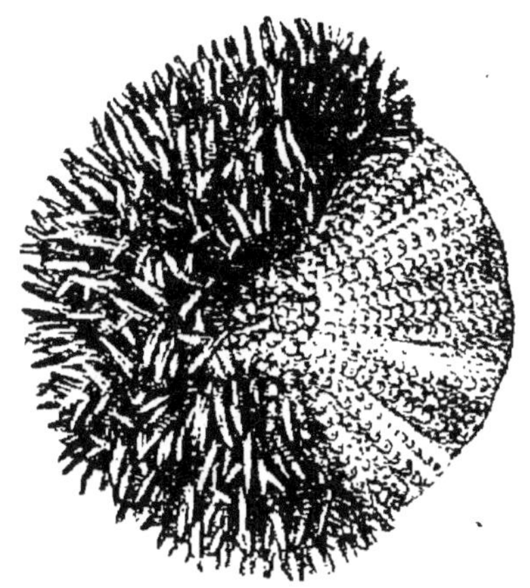

Fig. 48. — Sphærechinus granularis.

piquants sont courts, mousses, très serrés et de longueur égale ; leur couleur varie du violet au blanc, au brun, au jaune ; ils sont tantôt entièrement violets, tantôt colorés à la base et blancs au sommet, quelquefois entièrement blancs.

« L'animal ne pratique pas d'excavation ; il vit sur les bancs de sable, à la limite du balancement des marées, légèrement enfoncé dans le sol et recouvert de corps étrangers (fragments de coquilles, algues, feuilles de zostères), qui adhèrent aux ambulacres ou qui sont engagés dans les radioles. » (Fischer.)

Dohrn qui, en 1875, s'est livré à l'étude des mœurs de

cette espèce, a fait les mêmes observations : « On trouvera rarement, dit-il, dans un aquarium un spécimen de cet Oursin qui ne maintienne, fixées sur sa face dorsale, un grand nombre de coquilles au moyen de ses pattes-ventouses. J'en ai même trouvé plusieurs fois pourvus d'une telle quantité de coquillages qu'on ne pouvait plus rien voir de l'animal lui-même. Sur un spécimen de deux pouces de diamètre, je comptai jusqu'à 26 coquillages longs d'environ un pouce chacun et larges d'un demi-pouce. Pendant la progression de l'animal on a l'impression d'un tas de coquillages qui s'avancent. »

Cet Oursin est un carnassier redoutable qui dévore facilement des Crustacés, principalement la *Squilla mantis*.

On trouve cette espèce sur nos côtes de l'Océan : elle ne semble pas dépasser la Manche au nord et est commune sur tout le littoral du Sud-Ouest. Elle habite également les côtes de la Méditerranée et est connue des Provençaux comme comestible sous le nom de *rascasso*.

Genre Toxopneustes (Agassiz). — Toxopneuste.

Ce genre est caractérisé par un test globuleux, plus ou moins aplati ; les tubercules sont petits, imperforés, inégaux, formant des rangées verticales ; les piquants sont courts, de moyenne grosseur, striés longitudinalement.

Toxopneustes lividus (Sars). — Toxopneuste livide.
= *Strongylocentrotus lividus* (Brandt).

Cette espèce (fig. 49) est la plus commune de nos

côtes : ses piquants sont longs et aigus, sa coloration générale est d'un brun verdâtre.

C'est surtout cet Oursin qui a la faculté de pratiquer les perforations dont il a été question précédemment et qui ont été étudiées par M. Cailliaud ; mais on ignore

Fig. 49. — Strongylocentrotus lividus.

généralement, dit le Dr Fischer, qu'elles sont décrites depuis 1810 par Thore (1) : « Là se voit particulièrement le Turban vulgaire, qui tapisse le fond des petits bassins et se loge dans les cavités où il est comme moulé quelle que soit sa grosseur, ce qui nous fait croire qu'il est lui-même l'artisan de sa demeure, au fond de laquelle il adhère ou plutôt se cramponne assez fortement pour ne pouvoir en être arraché qu'avec peine. »

Cet Oursin vit tantôt dans le sable, comme sur les côtes de la Gironde et des Landes, tantôt dans les ro-

(1) Thore. *Promenades sur les côtes du golfe de Gascogne*, 1810.

chers, comme sur les côtes de Bretagne et des Basses-Pyrénées. Sur le littoral de la Provence on en pêche chaque année des quantités considérables, depuis le mois de septembre jusqu'au mois d'avril, pour les livrer à la consommation. « C'est dans les prairies peu profondes de Zostères (*Posidonia Caulini*) que le *Str. lividus* abonde principalement par quatre et cinq mètres de profondeur. Il descend plus profondément, jusqu'à trente ou trente-cinq mètres, de manière à atteindre les limites inférieures de ces prairies, mais il n'arrive plus dans ces conditions à la taille des individus côtiers. » (Kœhler.)

Cette espèce résiste dans une certaine mesure à l'impureté des eaux et, à Marseille, elle pénètre dans l'avant-port et dans le premier bassin du port National, sous le cap Pinède. Nous l'avons recueillie dans le port de Cette et dans l'étang de Thau.

2e *Ordre.* — Clypéastroïdes.

Ces Echinodermes ont été ainsi nommés à cause de leur corps déprimé en forme de *bouclier* et sont classés parmi les *Oursins irréguliers*.

Un seul genre et une seule espèce représentent cet ordre dans la faune française.

Genre Echinocyamus (Leske). — **Échinocyame.**

Ces animaux ont le test très petit, déprimé, elliptique, tronqué postérieurement et muni de cloisons internes.

Echinocyamus pusillus (Müll.)
= *Fibularia Tarentina* (Lam).

Échinocyame minime.

Ce petit Oursin (fig. 50), dont la longueur est d'environ 7 millimètres, est d'une coloration grise; très commun sur toutes les côtes de France, il habite généralement les fonds sableux, mais on le trouve fréquemment parmi les débris rejetés sur la plage, on rencontre aussi ses dépouilles dans l'intestin des Spatangues.

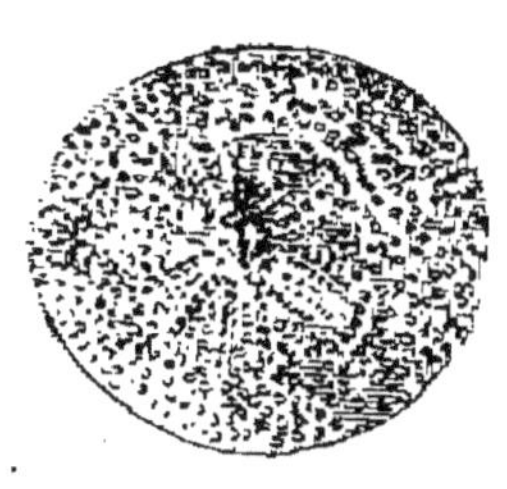

Fig. 50. — Echinocya-
mus pusillus.

« Les radioles d'*Echinocyamus* sont tellement abondants dans les sables de fond des côtes de la Manche et de la Bretagne qu'ils doivent jouer dans la constitution des sédiments actuels un rôle aussi important que celui des Foraminifères. » (Fischer.)

M. de Folin en a trouvé de jeunes individus dans les sables pris à de grandes profondeurs dans tout le golfe de Gascogne.

3ᵉ *Ordre*. — SPATANGOÏDES.

Ces Échinodermes sont des *Oursins irréguliers*, se distinguant facilement par leur forme cordiforme et par l'absence d'appareil maxillaire et d'appareil dentaire. Ils sont également caractérisés par la position excentrique de la bouche et de l'anus. L'ouverture buccale est limitée en avant par une lèvre supérieure et en bas par une lèvre inférieure qui chevauche un peu au-dessus de la première, de manière à recouvrir son extrémité postérieure lorsqu'on regarde un Spatangue par sa face ventrale.

Nous avons dit que, chez ces animaux, les piquants étaient remplacés par des soies lisses et inclinées dans le même sens, comme les poils qui recouvrent les Mammifères ; on trouve fréquemment des Spatangues rejetés sur les plages ; mais ils sont généralement dépouillés de leurs piquants, et leur fragilité est si grande qu'il est rare de rencontrer des spécimens en bon état.

On divise les Spatangoïdes en deux sections :

les *Cassidulides*,
les *Spatangides*.

Les *Cassidulides* ne se composent que d'espèces fossiles, ou d'espèces vivantes des mers tropicales.

Spatangides.

Ces Échinodermes ont le test ovale, cordiforme, et manquent d'appareil masticateur. Les espèces fossiles sont très nombreuses ; la plupart des espèces vivantes habitent à de grandes profondeurs (20 brasses environ), sur la vase ou sur les fonds sablonneux. « En s'y enfouissant quelque peu ils y étendent leurs sillons et s'emplissent de sable continuellement au moyen de leur lèvre inférieure recourbée en forme de cuiller. Ils se nourrissent, en effet, uniquement des particules organiques et des organismes microscopiques qui se trouvent dans ce sable par suite de circonstances fortuites ou par suite de leur mode d'existence. Comme les parois de l'intestin sont très minces et très fragiles, et comme, d'autre part, le tube intestinal est toujours bondé par le sable qui l'emplit, la dissection de ces animaux exige beaucoup de précautions. » (Brehm.)

Genre Spatangus (KLEIN). — Spatangue.

Dans ce genre le test est médiocrement renflé, en forme

de cœur ; les cinq aires interambulacraires sont recouvertes de tubercules gros et perforés.

Spatangus purpureus (Müll.) — Spatangue cœur de mer.

Cette espèce (fig. 51) a le test cordiforme, tronqué obliquement à l'extrémité postérieure et présentant un

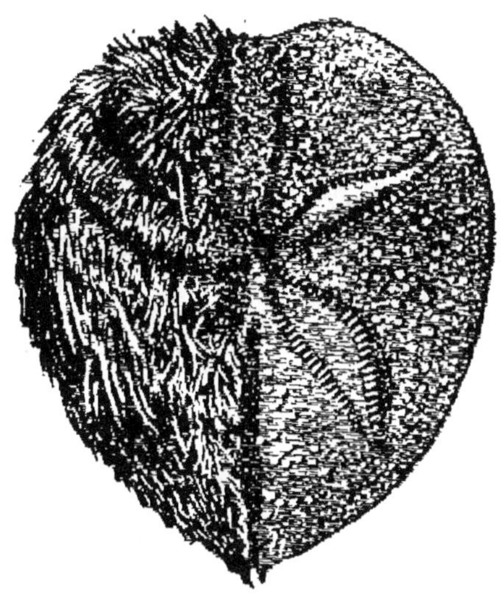

Fig. 51. — Spatangus purpureus.

contour régulier, la bouche large, la lèvre inférieure peu proéminente ; le plastron ventral allongé, triangulaire, présente à son centre un renflement peu marqué. Les piquants de la face dorsale sont très longs et pointus, ceux de la face ventrale sont plus petits. Leur coloration est un violet pourpre, quelquefois jaunâtre. On trouve souvent sur ce Spatangue un petit Mollusque bivalve (*Erycina substriata*) qui vit attaché sur ses épines.

Cette espèce vit dans la Manche, à Boulogne, à Cherbourg, sur les côtes de Bretagne, sur celles de la Charente-Inférieure et de la Gironde ; on la trouve également ment sur tout notre littoral de la Méditerranée.

« Le *Spatangus purpureus* est assez fréquent dans le golfe de Marseille, où il habite toujours des fonds vaseux ou sablo-vaseux assez résistants. En quelques points, comme au sud-est du château d'If, il se montre à peine à 15 ou 18 mètres de profondeur; il descend jusqu'à 30

Fig. 52. — Echinocardium flavescens.

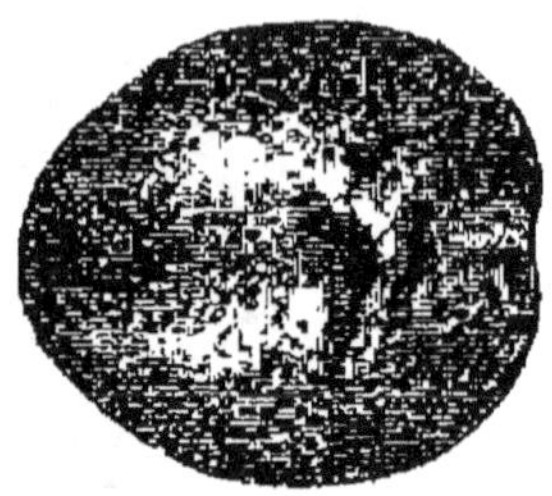

Fig. 53. — Echinocardium flavescens.

et 40 mètres dans les fonds coralligènes de l'île de Riou et de Podestat. » (Kœhler.)

Genre Amphidetus (AGASSIZ) = **Echinocardium** (GRAY) — **Amphidète.**

Dans ce genre le test est cordiforme, mince, à extrémité postérieure tronquée verticalement.

Amphidetus ovatus (Ag.) = *Echinocardium flavescens* (Gray).

Amphidète ovale.

Cette espèce (fig. 52-53) a le test ovale, arqué régulièrement, tronqué postérieurement et d'un profil plus régulier que chez les autres espèces. Les piquants sont assez longs et en forme de spatule sur le plastron ventral ; sa coloration est grise.

Cs Spatangue ne vit pas sur nos côtes océaniques; il

est rare dans la Méditerranée et a été découvert à Marseille par M. Marion en 1869.

« Les premiers individus recueillis provenaient du sable et des graviers coralligènes du golfe, sur le pourtour de l'île de Pomègue, par 40 et 60 mètres. Depuis, l'*E. flavescens* a été découvert dans une station au sud-est du château d'If, dans une petite étendue de vase située au milieu des prairies de zostères. Les individus de cette station sont, en général, d'assez grande taille (3 centimètres de long environ). Tout récemment des pêcheurs ont trouvé, entre le port du Frioul et le château d'If, dans une autre bande vaseuse, quelques échantillons d'une taille véritablement remarquable : ils atteignaient, en effet, et dépassaient même quatre centimètres et demi de longueur. » (Kœhler.)

Amphidetus cordatus (Penn.) — Amphidète en cœur.

Dans cette espèce (fig. 54) le test est très mince, aplati horizontalement, le plastron ventral est ovale ; les piquants de la face dorsale sont très minces, soyeux, d'une coloration grise.

Ce Spatangue n'est pas rare sur nos côtes de l'Océan : Brest, Noirmoutiers, la Rochelle, cap Ferret, bassin d'Arcachon, Hendaye. Il est commun sur une partie du littoral de la Méditerranée : assez rare dans le golfe de Marseille, il devient plus abondant vers les plages sableuses des embouchures du Rhône, principalement à Fos ; nous l'avons trouvé sur toute la partie des côtes de l'Hérault comprise entre Agde et Palavas.

Amphidetus gibbosus (Agassiz). — *Echinocardium Mediterraneum* (Gray).

Amphidète bossu.

Le test de cette espèce est élevé, aplati supérieure-
ment : l'extrémité antérieure est verticale et l'extrémité postérieure tronquée obliquemment. Le contour
du test, quand on regarde l'animal par la face ventrale, présente deux angles latéraux au niveau de la

Fig. 54. — Echinocardium cordatum.

bouche et un angle postérieur sur le plastron ventral.

Cette espèce, qui a été décrite par Lamarck sous le
nom de *Spatangus arcuarius*, est très abondante, sur
certaines parties de nos côtes de l'Océan : baie de Bourgneuf, la Bernerie, la Turballe, Royan, Vieux-Soulac, où
l'on en trouve de nombreux échantillons sur les plages,
mais vides et sans épines. Nous l'avons recueillie fréquemment sur le littoral de l'Hérault. Très rare à Marseille, elle est, par contre, assez abondante sur les
plages de l'embouchure du Rhône, autour de Fos jusqu'à Aigues-mortes (Grau-du-Roi). La vague rejette assez
souvent à la côte le test qu'on trouve presque toujours
brisé et il est assez difficile de se procurer cette espèce
en draguant dans le sable où elle s'enfonce.

Genre Schizaster (Agassiz). — Schizaster.

Ces Echinodermes ont le test ovale, allongé, renflé,

l'ambulacre extérieur marqué par un sillon large et profond, la lèvre postérieure très proéminente.

Schizaster canaliferus (Ag. et Desor.) — Schizaster à gouttière.

Le test est à peu près cordiforme ; vu de profil, il paraît mince en avant et devient rapidement plus large à mesure qu'on s'approche de l'extrémité postérieure, où il atteint sa plus grande largeur. Les tubercules de la face dorsale sont petits et égaux, sauf sur les bords du sillon extérieur, où ils sont plus gros. Les tubercules de la face ventrale sont gros et de dimensions semblables. Les piquants, courts et minces sur la face dorsale, sont plus longs sur la face ventrale, en forme de spatule sur le plastron, où ils sont réunis en touffes qui partent du même point, deux touffes latérales et une touffe postérieure. Sa couleur est d'un blanc grisâtre. (Kœhler.)

Cette espèce, qui n'a été signalée que dans la Méditerranée, est très rare à Nice et à Marseille, où elle a été rencontrée dans des fonds vaseux au sud-est du Château d'If et à l'est de Pomègue, de 20 à 40 mètres de profondeur. Les échantillons qui arrivent à la côte sont toujours morts et dépourvus de piquants.

Genre Brissopsis (KLEIN). — Brissopsis.

Dans ce genre le test est mince, renflé, ovoïde, les ambulacres antérieurs marqués par un sillon peu profond.

Brissopsis lyrifera (Ag. et Desor.). — Brissopsis porte-lyre.

Cette espèce (fig. 55) a le test ovoïde, à sommet

presque central; la face ventrale est couverte de gros
tubercules qui atteignent près de la bouche leurs plus
fortes dimensions; la face dorsale est couverte de tubercules plus petits; les piquants, courts sur la face
dorsale, sont plus longs sur la face ventrale.

Fig. 55. — Brissopsis lyrifera.

« Le Brissopsis porte-lyre s'enfonce complètement
dans le sable. Cet animal pénètre jusqu'à 15 ou 20 centimètres de profondeur dans les sols sablonneux et tapisse, à l'aide d'une sécrétion muqueuse, sa demeure
constituée par une cavité dont l'entrée et le conduit de
sortie offrent le calibre d'un tuyau de plume. En suivant le premier de ces conduits on arrive sur le milieu
du dos; ce conduit sert à l'introduction de l'eau et des
aliments. L'animal est susceptible d'étendre, à travers
ce conduit et même à plusieurs centimètres au-dessus,
une touffe de pattes-ventouses allongées et vermiformes.

Ces pattes-ventouses, douées d'une sensibilité tactile très grande, amènent dans le conduit des grains de sable et d'autres objets, notamment des substances organiques, qui sont saisis par les cils et par les épines courtes et dirigés vers l'orifice buccal. Ainsi s'emplit

Fig. 56. — Brissus unicolor.

l'intestin, qui repousse ensuite dans le second conduit les matériaux qui l'ont traversé. Il semblerait que l'animal puisse rejeter violemment à travers l'ouverture du canal l'eau qu'il introduit sans cesse dans son tube digestif. Ainsi seulement s'explique la force du courant qui existe dans le conduit postérieur et ramène à la surface le sable déjà utilisé. » (Brehm.)

Cette espèce, qui ne vit pas sur nos côtes de l'Océan, est assez rare sur celles de la Méditerranée où elle habite dans les grandes profondeurs. Elle a été capturée pas les chaluts des bateaux de pêche au large des embouchures du Rhône par 100 à 120 mètres de profondeur; elle a été également trouvée au large du Port-de-Bouc dans les fonds de vase et de sable vaseux.

Genre **Brissus** (KLEIN). — **Brissus**.

Ce genre diffère du précédent par la forme du test qui est ovoïde plus ou moins allongé, à sommet excentrique rejeté en avant.

Brissus unicolor (Klein). — Brissus unicolore.

Dans cette espèce (fig. 56) le test est elliptique, largement renflé en arrière ; l'extrémité postérieure est tronquée verticalement ; les piquants sont courts sur la face dorsale, un peu plus longs sur la face ventrale.

Le *Brissus unicolor* ne vit que sur nos côtes de la Méditerranée où il est rare : il a été pris quelquefois à Marseille autour du château d'If et dans le bassin National à une profondeur de 10 à 20 mètres.

Quatrième classe. — HOLOTHURIES

Si les Astéries et les Oursins ont été l'objet de nombreuses recherches, il n'en est pas de même pour les Holothuries, dont l'étude a été longtemps négligée.

Les Holothuries sont des Échinodermes cylindriques, vermiformes, à téguments coriaces renfermant des particules calcaires, dépourvus de plaque madréporique externe et munis d'une couronne de tentacules buccaux (Claus). Ces animaux se rapprochent des Vers par leur forme allongée et cylindrique et par leur symétrie très nettement bilatérale ; ils offrent, principalement avec les *Siponcles*, une ressemblance extérieure si frappante que, pendant longtemps, on les avait rangés dans le même groupe. Ils diffèrent des autres Échinodermes par l'absence d'un test calcaire solide et restent mous et coriaces, car l'incrustation des sels calcaires se borne au dépôt de particules de forme déterminée (*Spicules*), disséminées dans leur épaisseur. Ces spicules, qui ressemblent à des ancres, à des roues, à des hameçons, sont placés superficiellement, tandis que d'autres qui ont la forme de baguettes ramifiées, de disques criblés, ou qui constituent des plaques plus grandes de tissu spongieux, sont situés plus profondément dans la peau, qui est coriace, opaque ou transparente, granuleuse ou raboteuse. Le corps, dont la longueur varie de quelques centimètres à un mètre, a la forme d'un cylindre ou d'une fiole, ce qui a fait donner à ces animaux le nom vulgaire de *Cornichons de mer*. « Les nombreuses espèces du littoral de toutes les mers, dit M. le professeur Perrier, peuvent être comparées à une sorte de melon allongé présentant cinq côtes séparées les unes des autres par des rangées de pieds tubulaires. Les deux orifices du tube digestif sont aux deux extrémités du melon et la bouche est entourée d'une couronne régulière de tentacules. Dans les grands fonds la symétrie rayonnée s'efface d'ordinaire; elle est en quelque sorte masquée par une symétrie nouvelle, manifestement bilatérale. »

Nous avons mentionné au commencement de ce volume (*Développement des Échinodermes*) la faculté remarquable que possèdent ces animaux de pouvoir rejeter et restaurer leurs organes et de se reproduire par scissiparité : si on cherche à saisir une Holothurie, elle se contracte avec force, lance en un jet rapide l'eau qu'elle renfermait et vomit même quelquefois ses propres viscères. « Quiconque en a fait l'expérience, dit O. Schmit, et s'est vu souiller par le contenu visqueux et tenace d'une grosse Holothurie, les manie dès lors avec précaution. »

Les Holothuries sont en partie des animaux nocturnes vivant le plus souvent près des côtes, quelquefois à des profondeurs considérables. « Leurs mouvements sont assez bornés. Elles exécutent une sorte de reptation au moyen des ondulations plus ou moins fortes de leur corps, ou bien à l'aide des contractions plus ou moins nombreuses de leurs pieds, qui sont tantôt situés vers le milieu du ventre, dans un endroit qui forme comme un disque sur lequel rampe l'animal à la manière des Limaces, tantôt disposés en séries nombreuses tout le long du corps. » (Moquin-Tandon.)

On sait que les Chinois mangent plusieurs espèces d'Holothuries, qu'ils confondent sous le nom général de *Trépang* et qui font l'objet d'un commerce considérable. Nous ne mentionnerons pas ici les récits de ce genre de pêche, dont on trouve les détails dans tous les ouvrages d'histoire naturelle. Dumont d'Urville, dans son *Voyage de l'Astrolabe et de la Zélée*, a relaté cette pêche à laquelle il eut occasion d'assister : « Je trouvai, dit-il, à cet animal préparé un goût se rapprochant beaucoup de celui du Homard ; mes hommes le trouvèrent fort bon. Pour moi j'éprouvai une répugnance invincible même à le goûter. »

Avant d'être livré à la consommation sur les marchés de Chine, le Trépang subit de nombreuses préparations, qui diffèrent suivant les localités. « Dans les îles Palau, les plus occidentales des Carolines, dit O. Schmidt, la plupart des espèces du genre *Holothuria* sont entassées dans des jattes en fer dont le diamètre atteint jusqu'à 3 pieds et dans lesquelles ces animaux sont agglomérés en masses légèrement proéminentes. On recouvre les

Holothuries de feuilles très larges du *Caladium escu-lentum* et on les soumet à une véritable coction ; puis on les fait cuire à l'étuvée en y ajoutant constamment de très petites quantités d'eau douce. Elles se recroquevillent alors, et une Holothurie qui mesurait un pied de long au moment où on l'a capturée se raccourcit au point de mesurer seulement quelques pouces de long. Après la première cuisson on les sèche au soleil sur des cadres en bois exposés à l'air libre ; ensuite on les soumet deux ou trois fois alternativement à l'étuvée et au séchage. C'est alors que les marchands les vendent au poids. Lorsqu'elles sont enfin suffisamment desséchées et débarrassées du sel marin, on les étale en couches minces, dans des canots, sur des claies construites spécialement, et on leur fait subir pendant des mois l'influence de la fumée et de la chaleur. C'est seulement très peu de temps avant de se mettre en route qu'on les emballe dans des sacs et qu'on les porte à bord. Lorsqu'on veut les manger, on commence par dépouiller la superficie des impuretés qui y adhèrent ; on gratte la couche supérieure qui renferme des matières calcaires et on ramollit l'animal en le plongeant dans l'eau douce pendant l'espace de vingt-quatre à quarante-huit heures. Les Holothuries se gonflent alors et prennent une teinte gris sale. Après qu'on les a lavées plusieurs fois et qu'on a rejeté avec soin les viscères et toutes les molécules de sable qui les souillaient, on découpe leur peau gonflée en petits morceaux qu'on avale dans des soupes fortement épicées ou avec divers autres mets. »

En France on ne consomme pas, même sur les côtes de

Provence, ce singulier mets que les Chinois apprécient à l'égal des nids d'Hirondelles.

On divise les Holothuries en deux ordres :

Les *Holothuries ambulantes* (pourvues de tubes ambulacraires) ;

Les *Holothuries apodes* (dépourvues d'ambulacres).

1er *Ordre*. — HOLOTHURIES AMBULANTES.

Cet ordre comprend deux familles :

Les *Aspidochirotes* ;
Les *Dendrochirotes*.

qui ont l'une et l'autre des représentants dans la faune française.

FAMILLE DES ASPIDOCHIROTES.

Dans cette famille les tentacules possèdent des ampoules faisant librement saillie dans la cavité viscérale ; l'anneau calcaire se compose de 5 grandes pièces radiales et de 5 pièces intermédiaires plus petites.

Genre Stichopus (BRANDT). — **Stichope.**

Ce genre est caractérisé par un corps prismatique à quatre faces, 18 à 20 tentacules, des tubes ambulacraires sur des tubercules, disposés sur trois rangées longitudinales à la face ventrale aplatie (Claus).

Stichopus regalis (Selenka). — Stichope royal.

Cette belle espèce a la peau épaisse et d'une belle coloration orange. Elle a été capturée par les pêcheurs d'Arcachon, mais n'est pas rare dans le golfe de Marseille.

Genre Holothuria (Lin.) — **Holothurie.**

Dans ce genre les tubes ambulacraires sont disséminés sur la face ventrale aplatie ; les tentacules varient de 20 à 30.

Holothuria tubulosa (Gmel.). — Holothurie tubuleuse.

Cette espèce (fig. 57) a le corps cylindrique, arrondi vers les extrémités ; les pieds tentaculaires sont

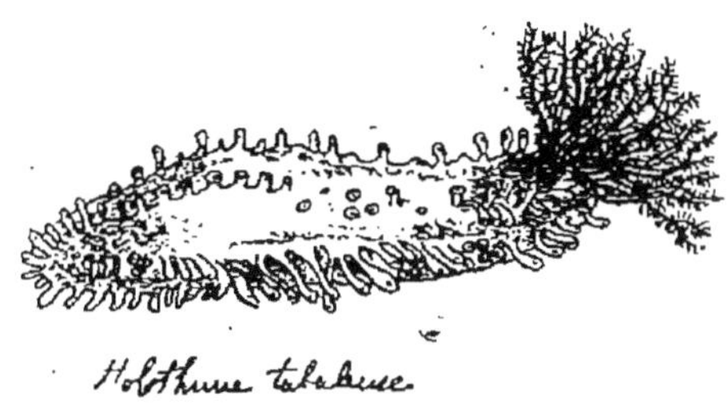

Fig. 57. — Holothuria tubulosa.

épars et plus nombreux sur la face ventrale ; les tentacules, au nombre de 20, sont courts, rameux à leur extrémité et disposés en double série alternante.

Sa coloration est brune ou noirâtre.

« L'Holothurie tubuleuse se tient aussi bien à de grandes profondeurs qu'au voisinage des rives dans les endroits peu profonds. Elle peut être mise à découvert par la marée, pendant des heures, sans en souffrir ; elle a soin seulement, comme font toutes les Holothuries lorsqu'elles subissent le moindre trouble, de rétracter ses tentacules. Son tégument coriace, brunâtre, rougeâtre ou noirâtre la protège contre le desséchement, et l'on voit alors ces animaux reposer sur le sable ou entre les pierres sans donner signe de vie » (O. Schmidt.)

Cette espèce vit sur toutes nos côtes de l'Océan, où elle est assez rare : la Rochelle, baie du sud (Gironde), Biarritz et Guéhary (Basses-Pyrénées). Elle est commune dans la Méditerranée. Nous avons fréquemment trouvé sur le littoral de Cette des individus encore vivants, quoique jetés par une tempête depuis plusieurs jours sur la plage où ils étaient restés exposés à un soleil ardent : « A Marseille c'est l'espèce la plus abondante dans les prairies de Zostères entre vingt et quarante mètres. Tous les individus ont la région ventrale plus claire que la région dorsale. » (Jourdan.)

Holothuria Polii (Delle Chiaje). — Holothurie de Poli.

Cette espèce est plus grande que la précédente ; sa peau plus résistante est hérissée de gros tubercules coniques. Elle ne vit que sur les côtes de la Méditerranée, dans le golfe de Marseille, où elle se rencontre principalement parmi les cailloux à la côte, dans la plupart des petites calanques du golfe ; on la trouve plus rarement dans les prairies de Zostères.

Holothuria impatiens (Gmel.) — Holothurie impatiente.

Cette espèce ne se rencontre que sur nos côtes de la Méditerranée, dans le golfe de Marseille. Elle est facile à reconnaître à sa forme et à ses tubercules coniques. « On la prend à la fois à la côte, dans les calanques de Morgilet et de Pomègue et près du château d'If dans les prairies de Zostères. Elle est beaucoup moins fréquente que les espèces précédentes et est presque toujours d'un beau noir ; ce n'est qu'exceptionnellement qu'elle a une teinte plus claire. » (Jourdan.)

FAMILLE DES DENDROCHIROTES.

Ces Holothuries ont des tentacules ramifiés, arborescents ; l'œsophage est muni de muscles rétracteurs.

Genre Phyllophorus (Grube). — Phyllophore.

Dans ce genre les animaux ont des tentacules au nombre de 12 à 16 et en dedans un cycle de 5 ou 6 tentacules plus petits.

Phyllophorus urna (Grube) — Phyllophore urne.

Cette espèce, qui a tous les caractères du genre, ne vit que dans la Méditerranée : on la trouve à Marseille dans les fonds vaseux, surtout dans l'avant-port nord des bassins de la Joliette.

Genre Cucumaria (Blainv.). — Cucumaire.

Le corps de ces Holothuries est cylindrique, muni de 10 tentacules.

Cucumaria Planci (Brandt) $=$ *Cucumaria doliolum* (Grube).

Cucumaire baril.

Cette espèce (fig. 58), la plus commune du genre, est facile à reconnaître à la forme de son corps cylindrique, à ses longs tentacules ramifiés, à sa peau épaisse, dure et farcie de corpuscules calcaires profondément incrustés.

« Cette Holothurie se distingue de ses congénères par la faculté qu'elle possède de grimper : elle escalade des saillies de roche pointues, des groupes d'Huîtres et surtout des Coraux arboriformes ou réticulés. Elle se sert, dans ce but, naturellement de ses pattes-ventouses

qui sont particulièrement minces ou allongées. Mais,
lorsqu'elle a atteint la place qui lui convient, elle ploie
et infléchit son corps de telle sorte qu'il demeure fixé,

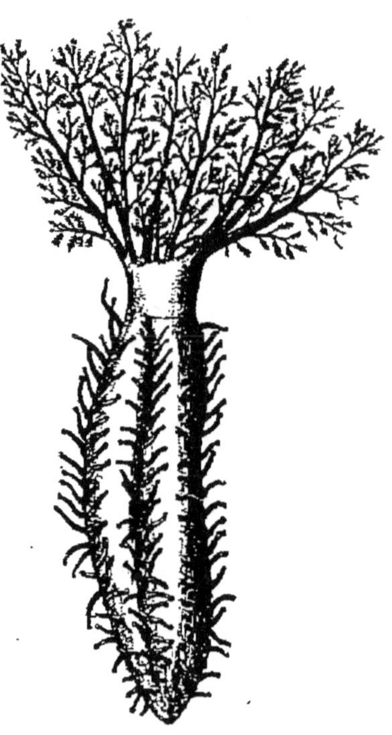

Fig. 58. — Cucumaria Planci.

même indépendamment des efforts des ventouses. L'at-
titude qu'elle adopte de préférence est telle que son corps
est fixé par sa partie postérieure, la partie antérieure
restant libre de s'étirer à son gré avec la couronne ten,
taculaire. Tandis que la plupart des autres Holothuries
en captivité du moins, gardent pendant des semaines
leurs tentacules rétractés et souvent périssent sans les
étendre, l'espèce en question se met à les déployer dès
le premier moment d'effroi passé et se pare ainsi d'un
ornement des plus élégants. Cette parure offre en gé-

néral la même coloration que le corps et présente toutes les nuances du brun. » (O. Schmidt.)

Cette espèce est assez rare sur nos côtes de l'Océan : Noirmoutiers, la Rochelle ; elle est très commune sur celles de la Méditerranée, dans tous les fonds vaseux, de 40 à 60 mètres.

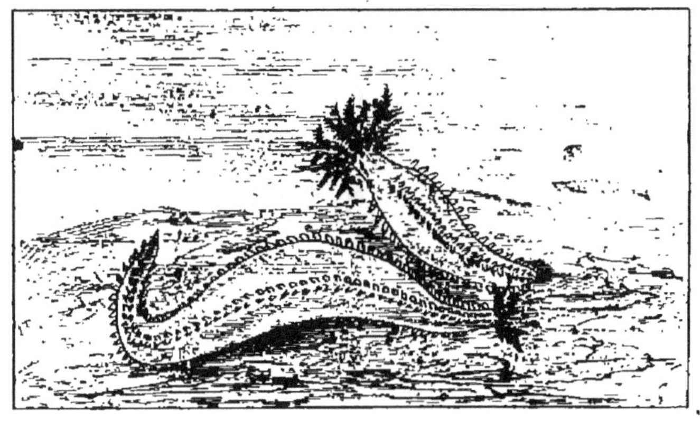

Fig. 59. — Cucumaria pentactes.

On trouve également sur notre littoral de la Méditerranée :

Cucumaria pentactes (Forbes). — Cucumaire pentacte (fig. 59), qui vit avec l'espèce précédente et s'en distingue facilement par sa coloration plus sombre ; elle atteint jusqu'à deux décimètres de longueur ; on la rencontre fixée aux pierres et aux rochers dans les endroits les moins exposés à la lumière.

Cucumaria Tergestina (Sars). — Cucumaire de Trieste, espèce d'une grande taille et d'une coloration brun marron.

Cucumaria cucumis (San.). — Cucumaire concombre. (fig. 60).

La région dorsale est brune, la face ventrale a une

teinte beaucoup plus claire, quelquefois entièrement blanche. Elle vit à Marseille, sous les pierres, à l'entrée du port de la Joliette.

Cucumaria Marioni (Marenzeller). — Cucumaire de Marion.

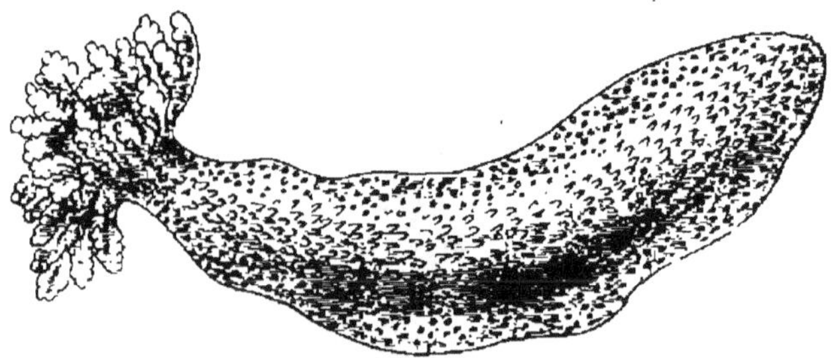

Fig. 60. — Cucumaria cucumis.

Espèce remarquable par sa petite taille et sa coloration blanche. On la prend dans le golfe de Marseille, mais toujours en petit nombre, sur les rhizomes des Posidonies, au nord de l'ilot de Tiboulen, à 35 mètres de profondeur. (Jourdan.)

2ᵉ *Ordre*. — HOLOTHURIES APODES.

Cet ordre a été divisé en deux sous-ordres :

Les *Pneumophores*.
Les *Apneumonés*.

Ces derniers seulement sont représentés dans notre faune par la famille des *Synaptidés*.

FAMILLE DES SYNAPTIDÉS.

Les animaux réunis dans cette famille portent des tentacules digités ou pinnés, sans vaisseaux radiaires.

Le corps est allongé, vermiforme, à peau mince, garnie de bandelettes opaques, pourvues de productions dermiques calcaires en forme de roue ou d'ancre.

Comme plusieurs autres Holothuries, les Synaptidés ont la singulière propriété de se diviser spontanément en diverses portions :

« La mutilation propre aux Synaptes, dit Bauer, consiste dans l'étranglement et la séparation d'une portion plus ou moins grande du tronc qui s'isole de la partie antérieure munie de la bouche et des tentacules sous l'action d'une contraction musculaire violente. Les fragments du tronc détaché continuent à se nourrir quelque temps ; mais il n'est pas probable qu'ils restent susceptibles d'une vitalité persistante : car, d'une part, ils ne pourraient s'alimenter sans la bouche, et, d'autre part, rien ne plaide en faveur de la reproduction d'une tête sur ces fragments. Un fragment du tronc, sans extrémité céphalique, ne peut se morceler davantage. En revanche chaque bout céphalique peut répéter la fragmentation et se raccourcir par suite du détachement de tronçons de plus en plus petits, au point qu'il ne reste plus rien du tronc en arrière de l'anneau calcaire qui entoure la partie tout à fait antérieure de l'œsophage. »

Genre Synapta (Esch.). — Synapte.

Dans ce genre les animaux ont la tête surmontée de 10 à 25 tentacules digités ; la peau renferme des corpuscules calcaires en forme d'ancres.

« Leurs mouvements, dit Semper, sont extrêmement lents ; ils gisent entortillés parmi les pierres ou dans le sable des récifs ; ces êtres progressent grâce aux contractions qui se propagent le long de leur corps, d'avant en arrière, comme des ondes, ainsi qu'à l'aide de leurs tentacules buccaux. Leurs ancrés, en tous cas, ne leur servent point d'organes locomoteurs. Lorsqu'ils les ont une fois implantées quelque part, ils ne peuvent se

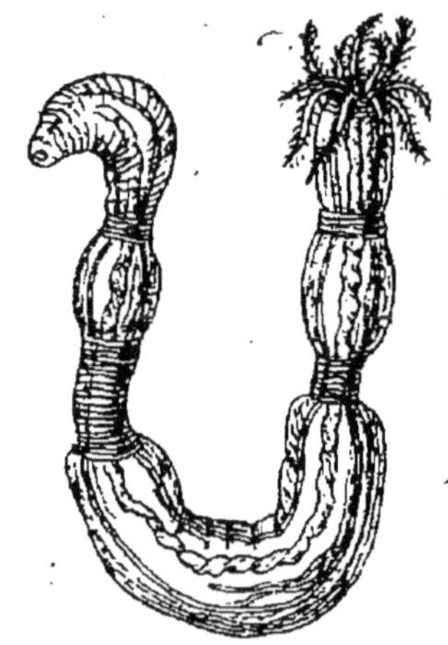

Fig. 61. — Synapta digitata.

remettre en liberté qu'en perdant ces organes. Ces ancres sont d'ailleurs mobiles et prennent appui sur la voussure de la plaque calcaire, mais elles sont dénuées de toute fibre musculaire pouvant commander leurs mouvements au gré de l'animal. Les Synaptes ne se fixent, en outre, que lorsqu'on les trouble brusquement ; lorsqu'elles progressent, elles se poussent le long des pierres et le long des plantes, sans y demeurer accrochées. »

Synapta digitata (Mont.). — Synapte digitée (fig. 61).

Cette belle espèce atteint jusqu'à 30 centimètres de longueur : le corps est rosé, chargé de taches d'un brun fauve et de points blanchâtres ; les tentacules sont blancs, très courts, au nombre de 12 ; chaque tentacule se termine par quatre digitations cylindriques. Le système musculaire est extrêmement énergique : l'animal se mutile spontanément ; il adhère à peine aux doigts (Fischer).

Cette Synapte est commune sur nos côtes de l'Océan :

Fig. 62. — Synapta Duvernæana.

Boulogne, Ile-Dieu (Vendée), bassin d'Arcachon, à Eyrac (dans le sable à 30 centimètres de profondeur), Banc-Blanc à l'embouchure du bassin d'Arcachon. Elle est plus rare sur le littoral de la Méditerranée.

Synapta inhærens (Müll.). — Synapte adhérente.

Celte espèce est plus petite que la précédente et très adhérente : « Nous avons trouvé, dit le docteur Fischer, une de ces Synaptes qui adhérait si fortement à un petit poisson que celui-ci n'avait pu s'en dégager. »

Le corps est allongé, transparent, tour à tour renflé et étranglé dans sa longueur; les tentacules sont pinnatifides à cinq divisions, sans verrues à leur base.

Cette Synapte, qui n'a pas été signalée dans la Méditerranée, vit sur toutes nos côtes de l'Océan et dans le bassin d'Arcachon, sur les bancs de sable, près de l'embouchure.

La Synapte de Duvernoy (*Synapta Duvernœana*) (fig. 62) qui semble n'être qu'une variété de l'espèce précédente, a été découverte aux îles Chausey, sur les côtes du département de la Manche, par M. de Quatrefages:

« Figurez-vous un cylindre de cristal, d'un rose tendre un peu lilas, ayant quelquefois jusqu'à cinquante centimètres de longueur, parcouru dans toute son étendue par cinq petites bandelettes de soie blanche opaque, et surmonté d'une fleur vivante à douze pétales étroits et pinnatifides, d'un blanc mat, garnis de petites ventouses qui se recourbent gracieusement en arrière. Au milieu de ces tissus, dont la finesse semble défier les produits les plus raffinés de notre industrie, placez un intestin de la gaze la plus ténue, gorgé d'un bout à l'autre de corpuscules de granit dont l'œil distingue parfaitement les pointes vives et les arêtes tranchantes. Les parois du corps ont à peine un demi-millimètre d'épaisseur, et cependant on peut y compter sept couches plus ou moins distinctes, une peau, des muscles, des membranes. L'animal est protégé par une espèce de mosaïque composée de petits boucliers calcaires, hérissés de doubles hameçons dont les pointes sont dentelées comme des flèches de Caraïbe. » (Quatrefages.)

CŒLENTÉRÉS

Les *Cœlentérés* étaient réunis autrefois aux Echinodermes sous le nom de *Zoophytes* (animaux-plantes); de
Blainville en forma un sous-embranchement (*Radiaires*) ;
aujourd'hui ces animaux sont désignés tantôt sous le
nom d'*Acalèphes* (orties), à cause de leurs propriétés urticantes, tantôt sous celui de *Cœlentérés*, qui signifie un
animal dont la cavité digestive et la cavité générale ne
sont qu'une seule et même chose. Cette dénomination,
que nous adoptons ici à l'exemple de Claus, n'est cependant pas exacte pour tous les animaux de cet embranchement : les *Polypes hydraires*, les *Coralliaires* ont chacun
une cavité viscérale, mais ne peuvent en aucune façon
être mis en parallèle. Chez les *Hydres* et les *Méduses* il
n'y a pas à proprement parler de cavité générale et la
cavité digestive ne saurait par conséquent se confondre
avec elle.

L'étude de l'organisation de ces animaux, de même
que celle des *Microzoaires* (Infusoires), ne date réellement
que de la découverte des instruments d'optique perfectionnés qui ont permis, en étendant le champ des investigations, de pénétrer dans les secrets de ces organismes si curieux. C'est grâce à la *Micrographie* que
nous connaissons plus exactement ces animaux et que
des modifications profondes ont été introduites dans

leur classification actuelle ; ces formes, en effet, étaient autrefois si peu connues, qu'avant d'être fixées définitivement dans l'embranchement des Cœlentérés, elles furent admises les unes dans le règne végétal, les autres parmi les Vers et les Infusoires, quelques-unes confondues avec les Bryozoaires.

Si on compare un Polypier à une Méduse, une Anémone de mer à une Gorgone, on s'explique difficilement comment des formes aussi dissemblables ont pu être réunies dans un même embranchement, et cependant ces animaux possèdent dans leur organisation, dans leur structure et dans leur mode de reproduction des caractères qui les relient entre eux. Les Cœlentérés ont une structure présentant, en général, une symétrie rayonnée, bien que certains groupes semblent conduire par des transitions à la symétrie bilatérale (larves et tige des Siphonophores). Leurs téguments se composent de deux couches, qu'on désigne sous les noms d'*endoderme* et d'*exoderme*, entre lesquelles on rencontre souvent une sorte de squelette formé de pièces gélatineuses, cornées ou calcaires. Une particularité commune à tous ces animaux est la présence, dans la couche de cellules qui remplacent l'épiderme, de certains organes particuliers qui portent le nom de *Nématocystes* et provoquent sur la peau qui vient à les toucher une vive sensation de brûlure ; c'est ce qui a fait donner à ces animaux le nom d'*Acalèphes* (orties).

« Les Nématocystes renferment de petites capsules, lesquelles contiennent à leur tour, outre un liquide, un filament élastique, enroulé en spirale, qui se projette au dehors et devient rigide aussitôt que la capsule a subi le moindre contact. Tantôt ce filament se fixe sur l'objet qui vient à le toucher, en même temps qu'une portion du contenu fluide de la capsule vient à se déverser dans la petite plaie qu'il a faite, tantôt il se borne seulement à y adhérer intimement, sans qu'aucune goutte de liquide s'y introduise. Sur certaines parties

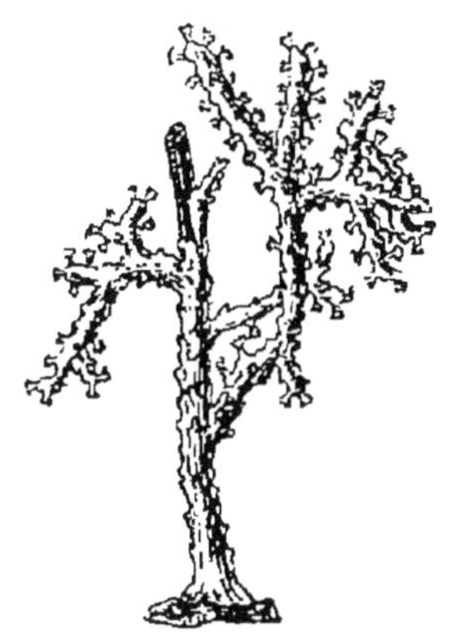

Fig. 63. — Polype (Gorgone).

Fig. 64. — Méduse (Rhizostome).

du corps, surtout sur les tentacules et les fils pêcheurs qui ont pour fonction de capturer la proie qui doit servir de nourriture, ces armes défensives microscopiques s'accumulent en nombre considérable et parfois sont groupées de manière à constituer des batteries d'organes urticants. » (Claus.)

On peut se rendre compte du jeu des Nématocystes en plaçant une légère plaque de verre mince sur une petite portion de tissu : on voit alors, par l'effet de la pression seule, ces organes faire hernie, sortir ensuite, puis lancer leurs fils urticants.

On trouve trois types distincts chez les Cœlentérés : le *Polype*, la *Méduse*, le *Cténophore*. Le *Polype* représente un sac creux, cylindrique ou conique, fixé par l'extrémité postérieure de son axe longitudinal, et possédant, à l'extrémité libre opposée une vaste ouverture, la bouche, placée au sommet d'une saillie aplatie ou conique que l'on nomme le *Cône buccal;* celui-ci est entouré d'une ou de plusieurs couronnes de tentacules. Le Polype peut être dépourvu de tentacules et réduit à une forme encore plus simple, la forme *polypoïde*, qui ne représente plus qu'un sac creux muni d'une bouche.

La *Méduse*, qui nage librement à la surface de la mer, représente un disque ou une cloche (*ombrelle*), de consistance gélatineuse ou cartilagineuse, d'où pend à la face inférieure concave un pédicule creux portant une bouche à son extrémité libre. Fréquemment ce pédicule buccal se continue autour de la bouche avec des bras volumineux, tandis qu'on voit se développer sur tout le pourtour du disque un nombre plus ou moins considérable de tentacules filiformes. La face inférieure musculaire de l'ombrelle, par le rétrécissement et la dilatation alternatifs de l'espace concave qu'elle limite, fait progresser la Méduse. Il existe aussi des formes de Méduses plus ou moins réduites, que l'on appelle les formes *médusoïdes* et qui sont dépourvues de tentacules marginaux et de pédicule buccal; elles sont produites par bourgeonnement, soit sur les Méduses, soit sur les colonies de Polypes. Les Méduses et les Polypes, malgré leur conformation et leur genre de vie si différents, se laissent ramener à une même forme fondamentale, représentée par un corps cylindrique, creux, revêtu à l'extérieur de cils vibratiles et pourvu d'une cavité gastrique simple, d'une cône buccal et de bourgeons tentaculaires. (Claus.)

Chez le *Cténophore*, la forme fondamentale est une sphère munie de huit rangées de palettes qui agissent comme autant de rames.

Développement. — Métamorphoses. — Le développement

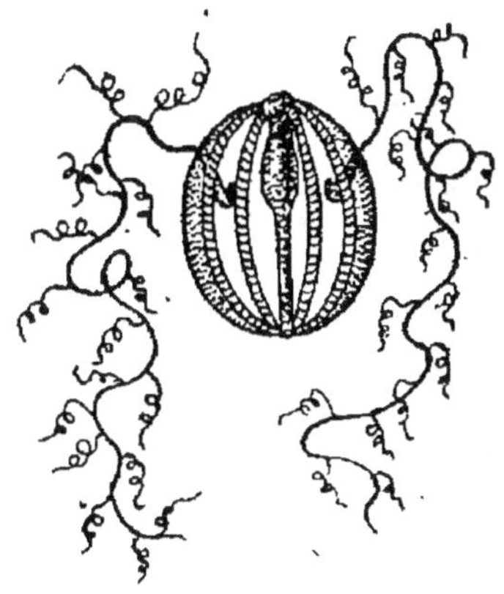

Fig. 65. — Cténophore (Cydippe).

des Cœlentérés, dit Claus, repose sur une métamorphose plus ou moins compliquée et dont aucun autre animal ne fournit d'exemples aussi intéressants à connaître.

Il ne nous est pas possible d'exposer ici le mode de multiplication de ces animaux, qui diffère d'un groupe à l'autre et que nous indiquerons en décrivant les différentes classes de Cœlentérés. Toutefois, pour résumer l'ensemble de ces phénomènes, nous ferons remarquer que le mode principal de génération est la reproduction *asexuée*, c'est-à-dire par division ou par bourgeonnement. On observe aussi chez un grand nombre de ces animaux la reproduction *sexuée*. « En générale la larve ou le jeune individu diffère toujours de l'individu sexué et successivement on le voit passer par des états provisoires pendant lesquels il présente certains organes destinés à disparaître. » (Claus.)

L'œuf produit généralement une larve ciliée qui acquiert insensiblement une bouche et des organes préhenseurs. Chez les jeunes individus issus de parents sexués on constate la faculté de se reproduire par bourgeonnement, et on peut chez quelques-uns (les *Hydres*) observer la *génération alternante*, dont il sera question en décrivant ces animaux.

Mœurs des Cœlentérés. — Les Cœlentérés sont presque tous des animaux marins ; un petit nombre seulement, tels que les *Hydres*, vivent dans les eaux douces. L'habitat de ces animaux est des plus variés : les espèces marines se rencontrent dans tous les parages à des profondeurs diverses : les unes (les *Méduses*) flottent librement au gré des flots ; les autres, plus petites (les *Actinies*), recherchent le voisinage des plages et se fixent sur tous les corps sous-marins. Les *Coralliaires* vivent à des profondeurs très variables, attachés aux rochers sur lesquels ils forment de véritables récifs ; ils recherchent de préférence les rochers inclinés sous lesquels ils se fixent, leurs arborisations se dirigeant de haut en bas, et non de bas en haut comme celles des plantes. On trouve des Cœlentérés dans toutes les mers, mais les mers chaudes en possèdent une plus grande variété d'espèces. Nos côtes, principalement celles de la Méditerranée, en fournissent de nombreux spécimens. Malheureusement l'étude des Cœlentérés a été jusqu'à présent assez négligée et nous manquons de documents précis sur cette faune pour certaines parties de notre littoral.

Nous passons en revue les différentes classes des Cœ-

8

lentérés et nous indiquons les principales espèces françaises, ainsi que les particularités les plus remarquables
de chaque groupe.

RECHERCHE DES CŒLENTÉRÉS

L'embranchement des Cœlentérés se compose d'animaux si variés que les procédés usités pour les recueillir
diffèrent sensiblement les uns des autres ; nous donnons
ici tous les renseignements qui pourront être utiles
à ceux qui voudraient se livrer à la recherche de ces
animaux.

Alcyonnaires. — Cet ordre comprend tous les Polypiers
qui forment de véritables forêts sous-marines, vivant à
toutes les profondeurs, principalement de 10 à 20 mètres.
Les *Alcyons* et les *Gorgones* ne sont pas rares sur nos
côtes et on les trouve souvent sur les plages après les
tempêtes ; mais on ne doit recueillir que des échantillons complets, c'est-à-dire avec toutes leurs ramifications et l'empâtement qui leur sert de point d'appui sur
le corps auquel ils sont fixés.

Certains Polypiers fragiles (*Corail, Isis, Pennatule*) ne
peuvent être recueillis par ce procédé : on peut s'en
procurer de beaux exemplaires par les pêcheurs qui les
prennent quelquefois dans leurs filets. Ceux qui voudraient les récolter eux-mêmes pourraient se servir de
la *drague*, mais elle présente un grand inconvénient :
elle brise souvent les échantillons et n'en rapporte
que des fragments. Il est préférable de se servir de
l'*engin* (fig. 66) ; c'est l'instrument en usage pour la
pêche du Corail. Il se compose d'une croix de bois

formée par deux barres solidement amarrées au milieu
de leur longueur au-dessus d'une grosse pierre servant
de lest et d'un nombre variable de paquets de filets
placés aux éxtrémités de chaque barre. Ces filets sont

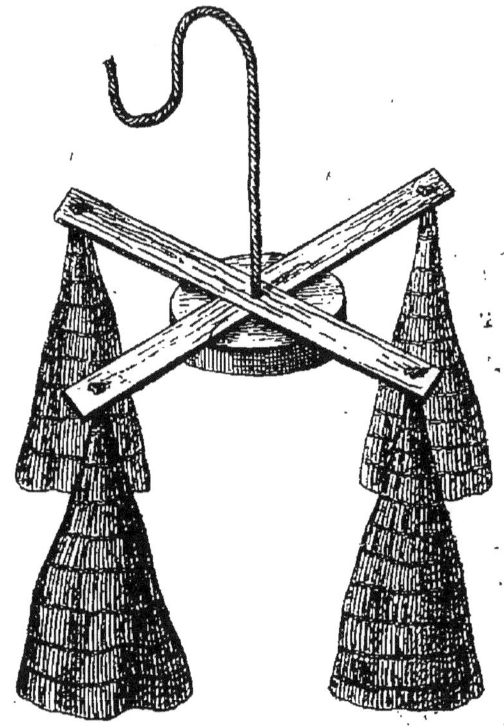

Fig. 66. — Engin pour la pêche du Corail.

formés de mailles grandes et faiblement nouées ; une
corde passée dans celles de l'un des côtés de la pièce,
et serrée ensuite, fronce le filet et en forme une rosette
autour du centre représenté par le nœud : c'est ce qu'on
nomme le *faubert*.

On fait descendre l'engin dans la mer jusqu'à ce
qu'on suppose qu'il touche le fond ; on le promène alors
en tous sens de manière à le faire pénétrer dans toutes

les inégalités du fond. Les fauberts s'accrochent par leurs mailles aux Polypiers, et lorsqu'on a remonté l'engin, il ne reste plus qu'à détacher ceux qui s'y trouvent embarrassés. Cette opération doit se faire lentement afin de ne pas briser les échantillons recueillis par l'engin.

Le *salabre* est un autre instrument employé pour la récolte des Coraux : c'est une pièce de bois d'environ 6 mètres de longueur, garnie à une de ses extrémités d'un demi-cercle de fer fermé par une barre de 48 centimètres de longueur et au milieu de laquelle il y a une forte douille pour l'attacher à l'extrémité de la pièce de bois. Le demi-cercle est garni tout autour de fortes dents de fer un peu mousses, arrangées en forme de râteau. Ces dents, lorsque l'instrument est dans la mer, doivent être tournées en haut. Les bords de ce demi-cercle servent à attacher un grand filet en forme de bourse autour duquel pendent des *fauberts*. Lorsque le salabre se trouve engagé sous les rochers, les dents dirigées vers le haut arrachent les Polypiers qui tombent dans la bourse en filet. Cet instrument s'emploie comme la drague, mais il ne donne pas d'aussi bons résultats que l'engin.

Zoanthaires. — Les *Madrépores*, les *Oculines*, les *Caryophyllies* peuvent être recueillis par les procédés que nous venons d'indiquer.

Les *Actinies* ou Anémones de mer sont faciles à trouver sur nos côtes, où elles sont nombreuses et vivent dans des conditions variées : on les rencontre sur les bords de la mer, dans les eaux peu profondes, dans les flaques d'eau laissées par la marée descendante ; elles se fixent sur les rochers, les pierres, les coquilles et sont toujours plus nombreuses à l'entrée des ports où les courants leur amènent leur nourriture carnassière. Elles s'acclimatent très bien dans les aquariums, mais on doit les recueillir avec beaucoup de précaution, car elles se déchirent et se déforment facilement. On doit, à

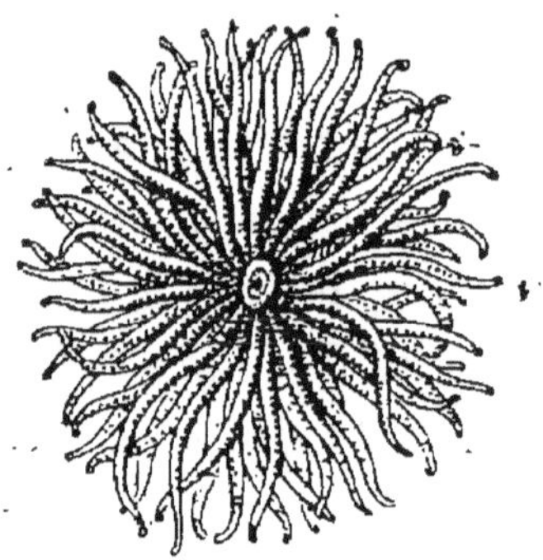

Fig. 67. — Actinie verte.

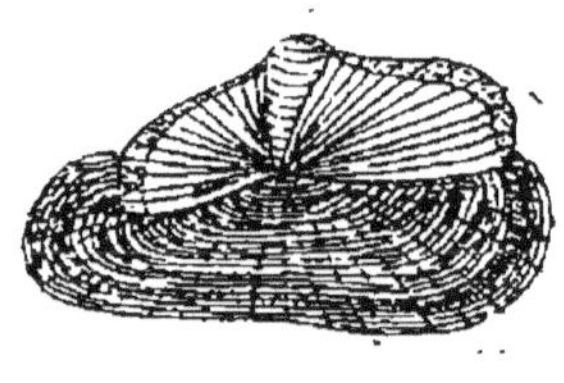

Fig. 68. — Vélelle.

cet effet, se munir d'un petit seau en fer-blanc que l'on remplit à moitié d'eau de mer et dans lequel on dépose les Actinies immédiatement après leur capture, en ayant soin, autant que possible, de les enlever avec les pierres ou autres objets sur lesquels elles sont fixées. -

Hydroméduses. — Les Hydroméduses se composent d'animaux marins ou vivant dans les eaux douces. Les *Hydres* sont des Polypes d'eau douce qu'il est facile de recueillir dans les eaux tranquilles, dans les bassins, les mares, les étangs, où on les trouve attachés au-dessous des *Lemna* ou adhérant aux plantes aquatiques. On peut les conserver facilement dans des aquariums.

Les *Hydractinies*, qui sont marines, tapissent les coquilles de *Buccins* ; les *Tubulaires* ne s'attachent pas aux rochers, mais s'enfoncent dans le sable fin par l'extrémité postérieure de leur pédicule. Les *Sertulaires* vivent sur les côtes, fixées aux pierres, aux coquilles ou aux plantes marines. Les *Campanulaires* forment des colonies ramifiées.

Siphonophores. — Ces animaux sont marins et voguent à la surface de la mer par les temps calmes. Les *Vélelles* sont très communes sur nos côtes, où elles sont fréquemment jetées par les tempêtes : on peut alors en trouver une grande quantité sur les plages ; mais il faut se hâter de les recueillir, car exposées à l'ardeur du soleil elles perdent leur belle coloration bleue.

Les *Acalèphes* ou *Discoméduses* ne sont pas rares sur nos côtes, où les *Méduses* et les *Rhizostomes* voguent en bandes nombreuses : on peut les capturer avec un *troubleau* formé d'un filet monté sur un cercle en fil de fer et adapté à un long manche. On doit recueillir ces animaux avec précaution : car ils possèdent un principe urticant qui peut être dangereux pour le naturaliste qui les touche : il en résulte sur les mains des affections ayant le caractère d'une brûlure et pouvant produire une inflammation de la conjonctive et même des paupières, lorsqu'on porte involontairement les mains au visage après avoir touché ces animaux.

Cténophores. — Les *Béroés*, les *Cydippes*, les *Cestes* sont marins et peuvent être capturés comme les Méduses.

Conservation des Cœlentérés. — La conservation de ces animaux est difficile et on peut dire qu'il n'existe pas encore aujourd'hui de procédés complètement satisfaisants pour les conserver.

Les Polypiers solides, tels que les Coraux, Madrépores, Gorgones exigent peu de soins ; il suffit de les bien laver dans l'eau douce et de les faire sécher à l'ombre ; mais les Méduses, les Actinies, etc., dont la consistance est frêle et gélatineuse, demandent des procédés spéciaux : on peut les tuer, immédiatement après leur capture, au moyen de l'éther, du cyanure de potassium, de l'eau bouillante, de l'acide phénique ou de l'air chauffé à une température élevée ; ce dernier procédé est préférable parce qu'il n'altère pas les couleurs brillantes de certaines espèces, comme le fait l'éther ou l'alcool.

Il arrive fréquemment que les animaux se contractent par cette mort violente et deviennent méconnaissables. On peut les tuer au moyen du procédé employé par M. Milne-Edwards pour les *Radiolaires*, en les plaçant dans un vase rempli d'eau à laquelle on ajoute goutte à goutte une solution de chlorhydrate de cocaïne : les animaux sont en peu de temps anesthésiés et restent étalés ; en augmentant insensiblement la solution de cocaïne, les animaux meurent et restent en extension. On remplace ensuite l'eau par de l'alcool faible, puis par de l'alcool pur, et les sujets se conservent alors indéfiniment. Le chlorhydrate de cocaïne étant d'un prix assez élevé, on peut le remplacer par une solution de chloral.

On conserve généralement ces animaux dans des flacons renfermant une liqueur spiritueuse qui ne doit jamais dépasser 15 ou 20 degrés de l'aréomètre de Baumé ; plus forte, elle détruirait entièrement les couleurs. On peut employer le liquide suivant indiqué par M. Challande :

Alcool (85 à 90°)	100
Glycérine	100
Eau de mer	800

Les espèces marines les plus délicates conservent dans ce liquide leurs formes et leurs couleurs sans aucune altération.

Enfin la Société Entomologique de Belgique recommande pour la préparation des Méduses et des Cténophores le procédé suivant qui a l'avantage de les préserver de l'action destructive de l'alcool : immerger les sujets pendant 15 à 20 minutes, suivant leur nature et leurs dimensions, dans une solution d'acide osmique de 1/6 à 1/10 p. 100 ; les cellules de l'endoderme et les organes formés aux dépens du feuillet endodermique se colorent légèrement en brun, tandis que les autres tissus se durcissent. On peut alors tirer les sujets de la solution, les laver soigneusement à plusieurs reprises et les placer ensuite dans l'alcool ; ils conserveront ainsi leurs formes élégantes et la transparence de leurs tissus.

Il arrive fréquemment que certaines espèces d'une nature aqueuse décomposent l'alcool. Dans ce cas, le degré de concentration de l'alcool doit être plus élevé pour qu'il soutire au corps une quantité d'eau plus considérable. Il faut avoir soin de renouveler l'alcool lorsqu'il se colore en jaune : sans cette précaution les animaux pourraient se corrompre. Cette opération est facile à faire sans déranger la préparation, en employant un siphon en caoutchouc ou une pipette.

Pour les petites espèces délicates, on peut faire usage de la glycérine ou d'une décoction de sucre incolore dans l'alcool. Lorsque que le corps plongé dans le liquide préservateur vient à se contracter, il suffit de le retirer pour le faire macérer dans l'eau jusqu'à ce qu'il ait repris sa forme et son volume normal ; puis on le replace dans le liquide que l'on a soin d'étendre avec un peu d'eau.

———

FAUNE FRANÇAISE DES CŒLENTÉRÉS

Première Classe.
ANTHOZOAIRES — CORALLIAIRES

Claus définit ces animaux « Polypes pourvus d'un tube stomacal, à organes reproducteurs internes, et réunis en colonies qui forment par leurs dépôts calcaires ce que l'on nomme généralement les *Coraux* ou les *Polypiers*. » Mais avant de décrire cette classe de Cœlentérés, il est indispensable d'expliquer quelques termes employés spécialement pour désigner certaines parties de ces animaux.

Nous avons dit que les Polypes se reproduisaient par des œufs et par bourgeonnement : les larves des Coralliaires naissent dans l'intérieur du Polype, puis sont expulsées par la bouche ; elles ont alors la forme d'un petit ver blanc recouvert d'un duvet de cils vibratiles. Après avoir nagé librement, elles se fixent, perdent leurs cils vibratiles devenus sans emploi et se creusent d'une cavité interne : c'est le commencement d'une colonie future ; chaque larve, par bourgeonnement, va construire un Polypier ; sur le corps du fondateur de la colonie un nouveau Polype va pousser, puis un second, qui lui-même en donnera un troisième, de telle sorte que le premier portera sur lui un véritable *arbre généalogique*.

« Quand on examine un Polypier, dit M. Perrier, on voit tout d'abord un appareil formé de lames calcaires

Fig. 69. — Anatomie élémentaire du Corail.

verticales. Ces lames sont de différentes grandeurs : il est facile d'en distinguer d'abord 12 grandes, puis 12 plus petites intercalées entre elles, puis 24 plus petites encore ; l'ensemble de ces lames constitue le *cycle*. Au centre de ces lames il existe une espèce de cirque occupé par un bouton calcaire, c'est la *columelle* ; entre la columelle et les lames calcaires, directement sur le prolongement de celle-ci, se trouvent d'autres petites lames calcaires, ce sont les *palis*. Extérieurement le Polypier doit être limité ; aussi le bord externe de toutes les lames vient-il se souder à une enveloppe calcaire désignée sous le nom de *muraille*. Assez souvent les lignes de suture des lames et de la muraille sont extérieurement marquées par des crêtes diversement denticulées, on les appelle des *Côtes* ; enfin la muraille peut être revêtue d'une sorte d'enduit plus ou moins vernissé et que l'on a nommé *épithèque*. Chaque lame du Polypier est exactement intercalée entre deux cloisons du Polype. »

Le Polypier est une association d'animaux vivant dans une harmonie parfaite et unis physiquement d'une manière intime ; c'est une réunion d'êtres nés successivement par un mode particulier de formation et qui ne se séparent jamais de celui qui jeta les premiers fondements de la colonie. « Ils occupent la même maison, chacun y tient une cellule, mais il lui est défendu d'en sortir tout à fait. Attachés à leur chambrette, ces demi-reclus attendent du hasard, ou pour mieux dire de la Providence, des aliments qui ne manquent jamais et ce qui est mangé par chaque bouche profite à la communauté. Poussés par un admirable instinct, les Polypes travaillent ensemble au même ouvrage : isolés, ils seraient faibles ; réunis, ils deviennent forts. Ils éprouvent en famille les mêmes rayons du soleil, les mêmes caresses de la vague et les mêmes coups de la tempête ! » (Moquin-Tandon.)

On désigne généralement aujourd'hui ces colonies animales sous le nom de *Cormus*.

Les Coralliaires prennent une part très importante dans les changements de l'écorce terrestre : ils se fixent le plus souvent dans le voisinage des côtes et construisent, par les accumulations de leurs squelettes calcaires, des masses rocheuses d'une étendue considérable qui forment ces *récifs de coraux* si dangereux pour les navigateurs et qui contribuent à accroître l'étendue de la terre ferme, en même temps qu'ils deviennent souvent l'origine de nouvelles îles.

« On distingue des *récifs côtiers*, des *barrières-récifs* et des *atolls*. Les premiers entourent immédiatement les côtes ; ce sont des terrasses étendues et plates qui se terminent par un bord abrupt, où viennent se briser les vagues et où par suite se rencontrent les conditions les

Fig. 70. — Ile coralliaire ou Atoll.

plus favorables pour que les Polypes prospèrent. Les barrières-récifs en diffèrent en ce que les récifs et la terre ferme restent séparés par un canal relativement peu profond. Quant aux atolls, ils consistent en une bande circulaire interrompue le plus souvent sur un seul point et entourant une lagune. Il ne reste plus aucune trace de l'île. On en voit de bons exemples dans les puissants récifs de la Nouvelle-Hollande et dans les îles de l'océan Pacifique. Les premiers sont distants des côtes de dix à cent milles marins ; ils forment une sorte de digue avancée, protectrice contre les brisements des flots, qui s'enfonce dans la mer jusqu'à mille brasses.

C'est à Charles Darwin qu'appartient le mérite d'avoir bien étudié les formes des Coraux et d'avoir montré que leur origine était due à des changements de niveau du fond de la mer, dont l'affaissement séculaire vient en aide à l'activité vitale des Polypes, qui ne s'exerce que dans des limites de profondeur très étroites. Un simple récif côtier peut donner naissance pendant une période d'affaissement, dans le cours des temps, à une barrière-récif ; enfin l'affaissement continuant à se produire, une barrière-récif peut se transformer en un atoll, si l'île qu'elle entoure s'enfonce au-dessous du niveau de la mer. Qu'il survienne plus tard une période de soulèvement séculaire, les récifs émergent et déterminent ainsi la formation de continents ou d'îles. » (Claus.)

Les Polypes qui construisent ces récifs vivent, en général, à une profondeur assez limitée, depuis le niveau des basses marées jusqu'à vingt brasses de profondeur au plus. Au-dessus du niveau des basses marées les Polypes ne peuvent plus vivre : car ils sont de temps en temps laissés à découvert par la mer. On peut se faire une idée de l'importance de ces constructions sous-marines par les renseignements recueillis par Darwin : la barrière de récifs située près de la côte occidentale de la Nouvelle-Calédonie aurait 400 milles de long ; celle de la côte orientale d'Australie se prolongerait, presque, sans interruption, sur une étendue de 1000 milles (environ 400 lieues). Les Polypiers qui composent ces récifs sont élevés par les *Corallines*, les *Madrépores*, les *Millépores*, les *Porites*, les *Astrées*, les *Méandrines*. La proportion de l'accroissement, d'après Darwin, dépend à la fois des espèces qui construisent ces récifs et de diverses circonstances accessoires. C'est à tort que l'on attribue aux Coraux une croissance excessivement lente : Darwin a vu en effet, que dans le golfe Persique un vaisseau qui avait coulé à fond, était au bout de vingt mois déjà recouvert d'une couche de Coraux épaisse de deux pieds.

Les Anthozoaires sont des animaux extrêmement voraces, principalement les *Actinies* ; ils se nourrissent de larves et de petits animaux marins qu'ils attirent dans leur bouche au moyen de leurs tentacules et de leurs cils vibratiles. On divise ces Cœlentérés en deux ordres :

Les *Alcyonnaires*,
Les *Zoanthaires*.

1ᵉʳ *Ordre*. — ALCYONNAIRES.

Les Alcyonnaires, qu'on désigne aussi sous le nom d'*Octocoralliaires*, sont des Polypes pourvus de huit tentacules bipinnés. Généralement, dans ces colonies, la couche dermique devient épaisse et spongieuse et constitue des ramifications charnues qu'on nomme *Polypieroïde*, ou bien une écorce friable entourant un axe tantôt mou, tantôt corné, tantôt pierreux, ou encore des tubes calcaires rigides (Tubipores). Partout le squelette est formé par des corpuscules calcaires, colorés, de forme déterminée, appelés *spicules* ou *sclérites*.

FAMILLE DES ALCYONIDÉS.

Colonies sédentaires, à polypier charnu, dépourvues d'axe et ne renfermant qu'un petit nombre de spicules calcaires. (Claus.)

Genre Alcyonium (Lin.) — Alcyon.

Dans ce genre le Polypiéroïde est formé par bourgeonnement latéral et constitue une masse lobée ou di-

Fig. 71. — A. Alcyonum digitatum, B, Alcyonum palmatum. C. Sagartia parasitica. — Sur des coquilles de *Pecten maximus*.

gitée, non rigide et ayant une certaine contractilité.

Alcyonium digitatum (Lin). Alcyon digité.

Cette espèce (fig. 71 A) forme un Polypiéroïde cylindrique vers la base et divisé dans sa partie supérieure en plusieurs lobes figurant grossièrement des doigts; les Polypes sont complètement rétractiles.

Cet Alcyonnaire, qu'on rencontre sur nos plages où il est connu sous le nom vulgaire de *main de mer*, a une apparence charnue et coriace; il est percé d'un grand nombre de petits trous et d'une coloration brune rougeâtre. Peu commun sur nos côtes de l'Océan, on le trouve généralement sur les grands Mollusques bivalves, principalement sur le *Pecten maximus*, où il forme des masses ramifiées; il n'habite pas nos côtes de la Méditerranée.

Alcyonium palmatum (Pall.). — Alcyon palmé.

Cet Alcyon (fig. 71 B) diffère du précédent par sa forme allongée, rameuse; les Polypes n'occupent que la partie moyenne et supérieure du Polypieroïde. Sa couleur est rouge foncé au sommet et jaunâtre à la base. On ne le trouve que dans la Méditerranée, généralement sur le Peigne Saint-Jacques (*Pecten Jacobæus*), où il forme des masses lobées, mamelonneuses et rosées.

Sur les côtes de Marseille cette espèce est assez commune sur les masses pierreuses, dans leurs cavités ou sur leurs saillies; les pêcheurs la désignent sous le nom de *Man de Ladré*.

Alcyonium glomeratum (Hassel.). — Alycon aggloméré. Cette espèce, qui a été décrite sous les noms d'*A. rubrum* et d'*A. sanguineum*, est remarquable par sa coloration foncée, par sa forme ramassée et par ses digitations naissant presque dès la base. On la trouve à Capbreton (Landes) par 50 brasses.

On rencontre également sur le littoral de Marseille

une espèce d'Alcyon peu commune, le *Paralcyonium elegans* (Milne-Edw.), dont le Polypiéroïde est brun et les Polypes brunâtres.

Genre Cornularia (LAM.). — Cornulaire.

Dans ce genre le Polypiéroïde est corné, à tiges simples, redressées ; la muraille est épaisse, d'une texture gra-

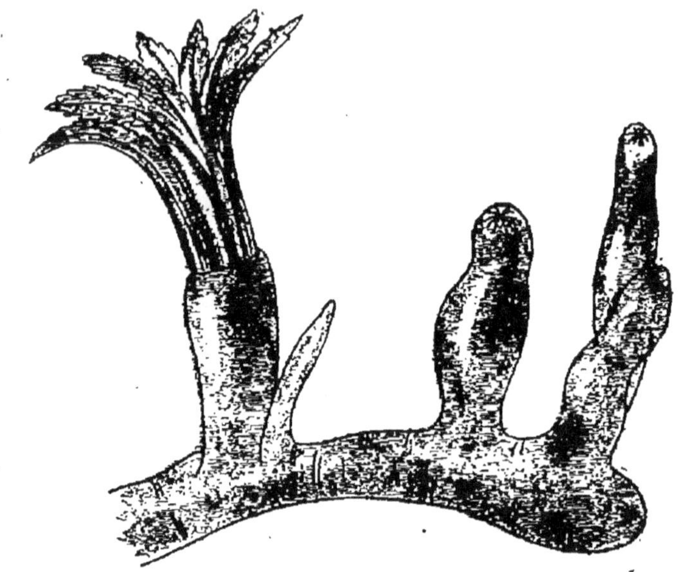

Fig. 72. — Cornularia crassa.

nuleuse, n'offrant ni côtes ni spicules ; les Polypes sont terminaux, à tentacules pinnés, disposés sur un seul rang.

Cornularia crassa (Milne-Edw.) — Cornulaire épaisse.

Cette espèce (fig. 72) forme des cormus épais ramifiés et rougeâtres, qui se fixent sur les tiges des *Posidonia Caulini* ; on la trouve fréquemment sur les côtes de Marseille, principalement dans les anses de l'île de Ratonneau, à deux ou trois mètres de profondeur.

Une espèce très voisine a été décrite récemment sous le nom de *Clavularia petricola* par MM. Kowalesky et Marion (1); on la trouve toujours fixée sur les pierres du fond, de cinquante centimètres à un mètre sous l'eau, dans l'anse de Morgilet à Ratonneau, sur la côte de Marseille.

Ces Alcyonnaires sont souvent associés à une autre espèce, la *Cornularia cornucopiæ*, facile à reconnaître à la surface ridée et rugueuse de son Polypier, qui est mince, rigide, à stolons très grêles.

FAMILLE DES PENNATULIDÉS.

Chez ces Alcyonnaires la base des Polypieroïdes, au lieu de s'étaler sur les corps sous-marins, se prolonge en une racine pivotante, obtuse, qui tantôt reste complètement libre, tantôt s'enfonce dans le sable ou la vase sans contracter aucune adhérence ; la partie supérieure porte seule les Polypes. On désignait autrefois ces Alcyonnaires sous le nom de *Polypiers flottants*.

Les Pennatulidés ont la propriété d'être phosphorescents ; la phosphorescence est produite par des cordons composés de cellules à contenu granuleux, brillant et graisseux et situés autour de la bouche. (Claus.) On peut étudier ce singulier phénomène sur des Pennatulidés placés dans un aquarium.

« C'est seulement sur des spécimens frais, capturés à l'instant, et troublés le moins possible, qu'on peut répéter les expériences et provoquer les courants lumineux.

(1) Kowalesky et Marion, *Documents pour l'Histoire embryogénique des Alcyonnaires.*

La lumière ne se produit que sous l'influence d'une irritation ; il suffit de frapper du doigt la paroi de l'a-
quarium pour voir apparaître des éclairs. Si l'on prend
dans sa main les plumes du Polypier, soit au-dessous
de l'eau, soit hors de l'eau, l'apparition des points et des
raies lumineuses se produit d'une façon plus active ; en
reproduisant l'irritation d'une manière régulière et mé-
thodique, on constate qu'il s'agit là d'une succession déterminée de phénomènes lumineux, de courants soumis
à des lois et par conséquent du plus haut intérêt physiolo-
gique. » (Brehm.)

Genre Pennatula (Lin.). — Pennatule.

Dans ce genre le Polypiéroïde se compose d'un axe
entouré d'espèces de barbes qui ont fait donner à ces
Alcyonnaires le nom de *Plumes de mer*, et sur lesquelles
sont établis les Polypes. L'axe est composé de deux parties : une antérieure, plus ou moins étroite et déprimée,
qui porte les barbes, et une postérieure qui est nue et
ressemble à un cœur allongé. « Dans l'intérieur de l'axe,
au milieu d'un tissu charnu et contractile, se trouve une
baguette dure, aplatie, grisâtre, de nature calcaire. Cette
baguette offre en dessus et en dessous deux rainures, une
à droite et l'autre à gauche ; elle est enfermée dans une
membrane très mince. Les barbes sont plus grandes au
milieu de la tige qu'à l'extrémité. Leur ensemble forme
des espèces d'ailerons aux deux côtés de l'axe. Leur bord
postérieur est subdivisé en lames qui présentent inférieurement de petites aiguilles calcaires, dures, blanches
et cassantes ; ces lames soutiennent les Polypes. »
(Moq.-Tandon.)

Pennatula rubra (Ellis) — Pennatule rouge.

Cette belle espèce (fig. 73), qui n'a pas encore été rencontrée sur nos côtes de l'Océan, vit dans la Méditerranée ; on la trouve dans le golfe de Marseille, dans les

Fig. 73. — Pennatula rubra.

fonds vaseux au large de Méjean, où elle est assez commune ; sa coloration est d'un rouge cannelle.

La *Pennatula phosphorea* (Ellis), qui n'est peut-être qu'une variété de la précédente, est rare dans les mêmes parages où on ne la trouve qu'à de grandes profondeurs.

Genre Pteroïdes (Herkl.). — Ptéroïde.

Ce genre, qui a été démembré du genre précédent, est représenté dans notre faune par une seule espèce :

Pteroïdes griseum (Boh.). = *Pennatula spinosu* (Ellis). Pennatule grise.

Cette espèce (fig. 74) est d'une coloration grisâtre : les pinnules sont très développées, très nombreuses et armées d'une multitude de grands spicules.

Elle vit généralement à d'assez grandes profondeurs : elle a été trouvée sur nos côtes de la Charente-Inférieure et a été draguée en dehors du bassin d'Arcachon, par 20 à 45 brasses. On a pu la conserver vivante pendant long-temps dans l'aquarium d'Arcachon. On la trouve également, avec les autres Pennatules, au large de Marseille. Une Pennatule très rare, la *Funiculina quadrangularis* (Pall.) n'a été recueillie jusqu'ici que sur nos côtes de la Méditerranée au large du Cap Couronne, par 85 mètres ; le Polypieroïde est grêle et très allongé ; les Polypes sont disposés en quinconce sur trois rangées longitudinales.

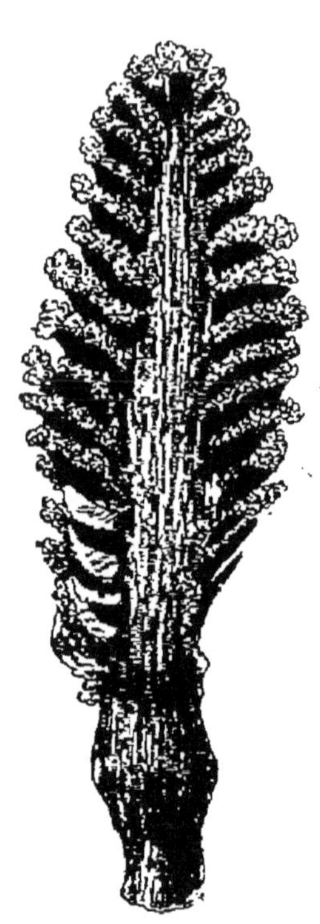

Fig. 74. — Pteroïdes griseum.

Genre Veretillum (Cuvier). — Vérétille.

Dans ce genre les Polypes sont rétractiles et disposés irrégulièrement tout autour du Polypiéroïde qui est cylindrique.

Veretillum cynomorium (Pall.). — Vérétille cynomoire.

Cette espèce (fig. 75) est composée d'un cylindre épais, granuleux, rougeâtre, sur lequel sont disposés

Fig. 75. — Veretillum cynomorium.

irrégulièrement des Polypes très grands et de couleur blanche.

Elle vit à d'assez grandes profondeurs : elle a été draguée en dehors du bassin d'Arcachon par 20 à 45 brasses et au large de Biarritz. Elle est très commune dans le golfe de Marseille, dans les fonds vaseux de l'îlot des Goudes.

Le *Veretillum pusillum* (Phil.) a été dragué dans la fosse de Capbreton (Landes), par 30 à 50 brasses. (De Folin.)

FAMILLE DES GORGONIDÉS.

Les *Gorgonidés* sont des colonies de Polypes sédentaires formant des rameaux recouverts d'une sorte d'écorce et adhérant par la base aux corps sous-marins. On désigne aussi ces Coralliaires sous le nom de *Polypiers corticaux*. Ils se composent de deux parties : l'une externe tantôt gélatineuse, tantôt crétacée, charnue, plus ou moins solide, qui renferme les Polypes et devient friable en se desséchant ; l'autre, interne et centrale, soutient la première et porte le nom d'*axe*; l'axe est tantôt calcaire, tantôt corné.

Ces Polypiers affectent des formes très variables qui ont reçu des dénominations spéciales : ils sont *arborescents* quand les branches se dirigent irrégulièrement

Fig. 76. — Gorgonia verrucosa.

dans des directions différentes, de façon à constituer des touffes ; ils sont *en panache* quand les rameaux sont disposés des deux côtés de la tige ou des branches principales, *flabelliformes* quand toutes les ramifications s'étalent irrégulièrement sur un même plan ; enfin ils sont *réticulés* quand les branches ainsi disposées, au lieu de rester libres, se soudent entre elles à leurs points de contact.

Genre Gorgonia (Lin.). — Gorgone.

Dans ce genre les Polypes forment des verrues saillantes sur un Polypier ramifié.

Gorgonia verrucosa (Lin.). — Gorgone verruqueuse.

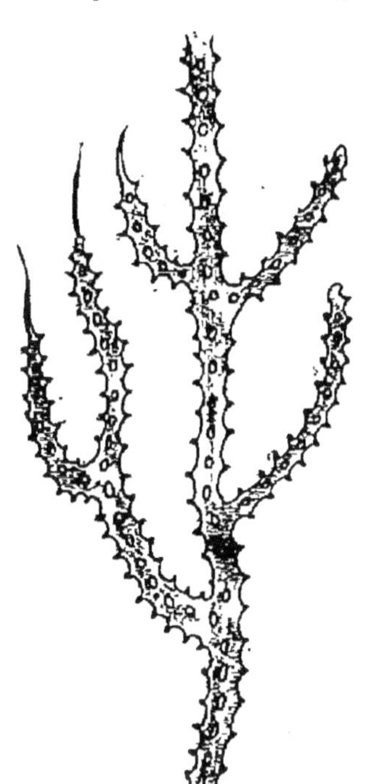

Cette espèce (fig. 76) a un Polypier formé de rameaux nombreux, plus ou moins étalés en éventail. Sa coloration est blanchâtre ou grise. Elle se fixe sur les pierres, les galets. On trouve fréquemment des Bryozoaires qui vivent sur ses rameaux, principalement la Dentelle de mer (*Retepora cellulosa*). Cette Gorgone vit sur toutes nos côtes, où elle est assez commune.

Genre Muricea (Lam.) — Muricée.

Les Polypes affectent la forme de papilles saillantes;

Fig. 77.—Muricea placomus.

le polypier est très rameux et couvert d'écailles calcaires, imbriquées et hérissées.

Muricea placomus (Edw.) — Muricée couronnée.

Cette espèce (fig. 77), très voisine de la *Gorgonia verrucosa*, en diffère par ses rameaux couverts de verrues saillantes et épineuses. Sa coloration est brunâtre. Elle est rare sur nos côtes, où elle n'a été trouvée que dans la fosse de Capbreton par 90 brasses.

Genre Pterogorgia (EHR.). — Ptérogorgie.

Ce genre est caractérisé par ses calices non saillants et disposés en séries linéaires des deux côtés d'un sillon médian de l'écorce. Le Polypier constitue des tiges étroites, allongées et rameuses.

Pterogorgia rhizomorpha (Lam.) — Ptérogorgie rhizomorphe.

Cette Gorgone, qui atteint une très grande taille, est d'une coloration brun rougeâtre.

Elle vit sur toutes nos côtes du Sud-Ouest et n'est pas rare depuis l'embouchure de la Gironde et l'entrée du bassin d'Arcachon jusqu'à Biarritz par 30 à 50 brasses.

On trouve sur nos côtes de la Méditerranée une espèce assez voisine de la précédente, la *Leptogorgia viminalis* (Pall.), remarquable par son Polypier très rigide, par ses rameaux longs et grêles ; sa coloration est jaune : elle vit dans le golfe de Marseille à une profondeur de 40 à 60 mètres.

Genre Isis (LAM.). — Isis.

Ce genre est intermédiaire entre les Gorgones et les Coralliens ; le polypier est arborescent, mais son axe est formé d'articulations alternativement calcaires et cornées, étranglées et revêtues d'un encroûtement libre et caduc.

Isis elongata (Esper.). — Isis allongée.

Cette espèce (fig. 78) ne vit que dans la Méditerranée, à de grandes profondeurs ; on la trouve dans le golfe de

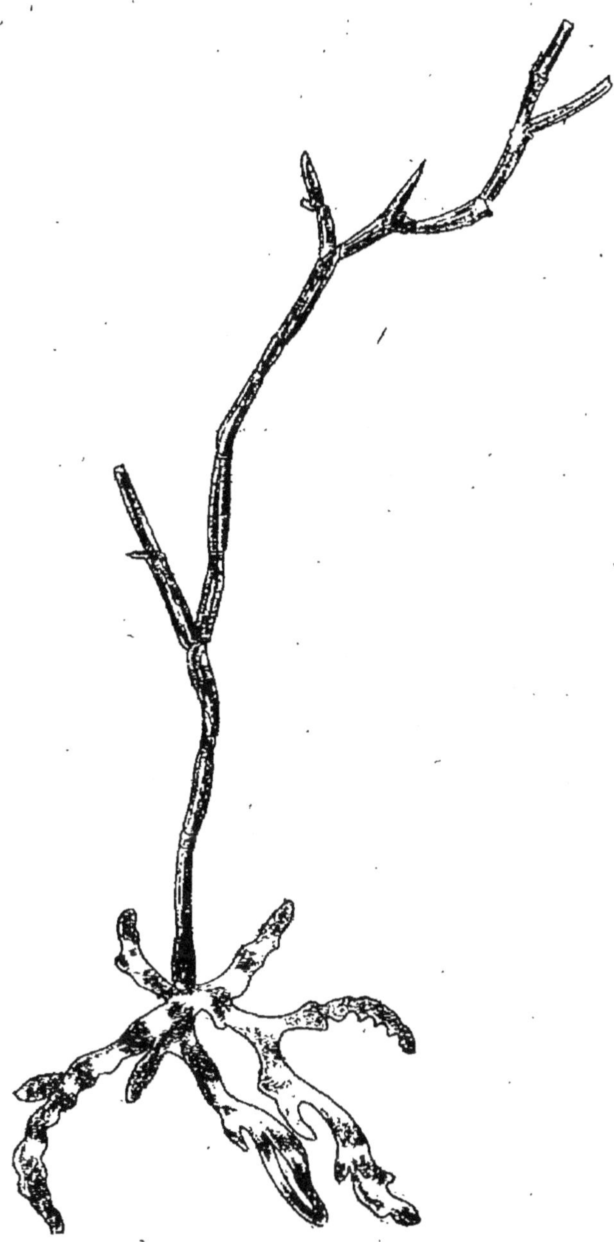

Fig. 78. — Isis elongata.

Marseille où la drague et les filets des pêcheurs en ramènent souvent des fragments, mais rarement des cormus entiers.

Genre Corallium (LAM.). — Corail.

Dans ce genre le Polypier est composé d'un axe pierreux inarticulé, formé d'une masse fondamentale cristalline et de spicules calcaires soudés ; les Polypes sont logés dans de petites cellules calcaires creusées dans l'écorce tendre du Polypier, ils sécrètent du carbonate de chaux mélangé à une matière colorante rouge qui constitue la tige ; celle-ci s'accroît par l'addition de nouvelles couches et s'allonge par le développement de nouveaux Polypes issus par bourgeonnement à l'extrémité de l'agrégation. M. Lacaze-Duthiers a nommé *Zoanthodème* (population d'animaux-fleurs) l'ensemble de tout ce qui compose le rameau le plus complet : parties molles, dures et animaux.

« On peut considérer une branche de Corail vivant comme une agrégation d'animaux unis entre eux par un tissu commun, dérivant d'un premier type par voie de bourgeonnement, et jouissant d'une vie propre, quoique participant à une vie commune. » (Lacaze-Duthiers.)

Le Corail est composé de deux parties : l'une centrale, solide (l'axe), qui est à la fois le produit et le support des Polypes : c'est cette partie qui est utilisée par la bijouterie, l'autre qui est externe, molle, charnue, véritable écorce vivante dans laquelle sont logés les Polypes. Ceux-ci s'épanouissent sur les rameaux comme des fleurs étoilées et donnent à la branche du Corail l'apparence des arbres fruitiers lorsqu'au printemps ils se couvrent de fleurs avant l'apparition des premières feuilles. Ces Polypes, en effet, sont entièrement blancs ; aussi le nom que Michelet (1) a emprunté aux Orientaux pour désigner le Corail : *Fleur de sang*, serait-il juste s'il désignait seulement la tige, mais en l'appliquant aux animaux, il est inexact, les Polypes tranchant, au contraire, par leur tissu blanc transparent sur le calice rouge dont ils sont sortis.

La nature du Corail a été longtemps méconnue et est restée un mystère jusqu'au siècle dernier. Nous ne ferons pas ici l'historique du Corail que l'on trouve dans tous les ouvrages élémentaires d'histoire naturelle; mais nous rappellerons seulement que le Corail fut admis, dans l'antiquité, comme un arbrisseau marin qui, retiré de la mer, se durcissait à l'air. Tournefort, en 1700, le considérait comme une plante qu'il fit représenter dans son grand ouvrage et plaça dans le chapitre ayant pour titre : *Des herbes marines ou fluviales desquelles les fleurs et les fruits sont inconnus du vulgaire.* C'est un naturaliste français, Peysonnel, qui, en 1723, constata le premier la véritable nature du Corail et prouva que les prétendues fleurs dont se couvrait la tige étaient en réalité des animaux. Cette opinion souleva de nombreuses critiques parmi ses contemporains : Bernard de Jussieu et Réaumur ne reconnurent que plus tard la validité des raisons invoquées par Peysonnel. Aujourd'hui, grâce aux remarquables travaux de M. Lacaze-Duthiers, professeur à la Faculté des Sciences de Paris (2), la nature du Corail est incontestablement établie.

(1) Michelet, *la Mer*.
(2) Lacaze-Duthiers, *Histoire naturelle du Corail*, 1864.

Corallium rubrum (Lin.). — Corail rouge.

Le Corail rouge (fig. 79) présente de très nombreuses variétés de forme et de couleur, qui dépendent des conditions dans lesquelles il se développe. Dans le commerce on distingue cinq variétés de Corail auxquelles on donne des noms assez bizarres : 1° *L'écume de sang*, 2° *la fleur de*

Fig. 79. — Corail.

sang, 3° *le premier sang*, 4° *le second sang*, 5° *le troisième sang*. Le Corail rose est le plus estimé, surtout lorsqu'il est nuancé d'une couleur carminée que les Italiens désignent sous le nom de *peau d'ange*.

Le Corail rouge vit dans la Méditerranée, principalement sur les côtes d'Algérie, de Tunisie, de Corse et de Sardaigne ; il est peu commun sur les côtes de France, où on ne le rencontre guère que dans les parages de Cassis (Bouches-du-Rhône) et au large de Marseille, autour de l'îlot de Tiboulen ; il est généralement court et trapu ; sa base large couvre le rocher de grands empâtements d'où s'élèvent de loin en loin de petits rameaux peu allongés, qui donnent à un même polypier l'apparence d'une petite touffe. On le trouve généralement sur les rochers exposés au midi, plus rarement sur ceux du levant ou de l'ouest, jamais sur les plans inclinés vers le nord ; il habite à une profondeur variable : on ne le rencontre pas au-dessus de trois mètres, rarement au-dessous de 300 mètres.

En 1862 on pêcha, dit-on, beaucoup de Corail non loin de Marseille en vue du cap et du village de la Couronne (Lacaze-Duthiers). Mais, généralement, il est si peu abondant sur nos côtes que le Corail livré à l'industrie, à Marseille et à Paris, ne provient pas de notre littoral.

2e *Ordre*. — ZOANTHAIRES.

Les Zoanthaires, que l'on désigne aussi sous le nom d'*Hexacoralliaires*, sont des colonies de Polypes pourvus de tentacules qui forment autour de la bouche des cycles alternant entre eux. Le corps peut être mou et dépourvu de toute espèce de formation squelettique ou posséder un axe corné et calcaire. Dans la plupart des cas, cependant (*Madréporaires*), il existe un Polypier pierreux à structure cristalline et à stries rayonnantes ; c'est dans cette classe que se rencontrent les espèces qui, associées aux Coraux, construisent les récifs dont il a été question précédemment. Cet ordre se subdivise en deux-sous-ordres :

Les *Actiniaires*,
Les *Madréporaires*.

1er *Sous-ordre*. — ACTINIAIRES.

Ces animaux, qui ont reçu aussi le nom de *Polypes charnus*, sont des Polypes à corps mou, charnu, ne présentant jamais de formations dures, atteignant parfois une taille considérable et doués de la faculté de se mouvoir.

FAMILLE DES ACTINIDÉS.

Ces Coralliaires ont reçu le nom d'*Actinies* pour indiquer leur conformation radiée ou étoilée ; on les connaît généralement sous la dénomination d'*Anémones de mer*.

Lorsqu'en parcourant les côtes on regarde attentivement dans les flaques d'eau peu profondes, on est frappé par le spectacle de ces singuliers animaux qui forment sur les rochers de véritables parterres, leurs tentacules ressemblant à une fleur épanouie et ornée souvent de brillantes couleurs ; mais, si l'observateur veut examiner ces fleurs vivantes sur ces mêmes rochers laissés à découvert par la marée descendante, il ne trouve à la place qu'elles occupaient que de petites masses mamelonnées douces et glissantes, offrant au toucher une apparence assez résistante : ce sont ces mêmes Actinies qui ont contracté leurs tentacules et perdu ainsi cette ressemblance avec des fleurs qui faisait toute leur beauté. Quand la mer remontera, on pourra les voir se gonfler, s'ouvrir et rayonner de nouveau. Lorsque la mer est violemment agitée ou quand un corps étranger vient à effleurer les Anémones de mer, elles replient leurs tentacules et ne présentent plus à la vue qu'une masse arrondie.

Le corps des Actinies se compose : 1° d'une *base*, qui est en général une surface plane au moyen de laquelle l'animal adhère aux corps solides sous-marins ; 2° d'un corps que l'on nomme *colonne*, qui est le plus souvent raccourci, en forme de bourse, quelquefois cylindrique et allongé comme une tige ; 3° d'un *disque* qui n'est qu'un aplatissement terminal de la colonne et est bordé de tentacules au centre desquels est située la bouche. Les tentacules sont des cônes creux de formes variables, disposés circulairement sur un ou plusieurs rangs horizontaux et concentriques, que l'on nomme *cycles*. La bouche est presque toujours très large : elle présente une lèvre circulaire généralement épaisse, tantôt déprimée, tantôt élevée en une sorte de saillie. La colonne, le disque et les tentacules n'ayant pas toujours la même couleur, il en résulte une grande variété de parure chez les Anémones de mer : certaines espèces sont remarquables par la richesse de leur coloris qui varie depuis l'écarlate, le rose, le rouge foncé et le brun jusqu'au vert olivâtre. Un des caractères spécifiques consiste dans le cercle de belles verrucosités bleues qui se trouve au-dessous de la couronne tentaculaire.

Les Actinies ne se multiplient pas par bourgeonnement, et leur reproduction est limitée à l'évolution des œufs qui donnent naissance à des larves ciliées, semblables à des Infusoires ; ces larves sont retenues dans les tentacules, d'où elles passent généralement dans la cavité stomacale et sont ensuite rejetées par la bouche, en même temps que le résidu de l'alimentation. « Les *Anémones-pâquerettes* du Jardin Zoologique de Paris ont vomi plusieurs fois de jolis petits embryons, lesquels se sont éparpillés et fixés dans divers endroits de l'aquarium et ont produit des miniatures d'Anémones exactement semblables à leur mère. » (Moq.-Tandon). Quelques espèces peuvent aussi se multiplier par scissiparité : « Si on ampute les tentacules, ces organes repoussent avec rapidité, et l'on peut répéter l'expérience, pour ainsi dire, à l'infini. Si l'on divise un de ces Zoophytes dans le sens vertical, de manière à partager sa bourse en deux parties égales, en peu de jours les bords se soudent dans chaque demi-bête, et l'on obtient deux Anémones complètes, mais un peu plus étroites que dans l'état habituel. » (Moq.-Tandon.)

Les Actinies se fixent sur les rochers, les pierres, les galets, les vielles coquilles ou les pilotis ; mais elles recherchent de préférence les lieux où un courant d'eau leur amène leur nourriture carnassière ; l'entrée des ports et les môles qui sont exposés à des courants puissants sont les lieux de prédilection des Actinies : là elles épanouissent leurs tentacules et saisissent au passage tous les détritus animaux dont elles font leur nourriture. Au moyen des nématocystes que recèlent leurs tentacules elles capturent et dévorent de petits Crustacés et de petits Poissons. M. Hollard a vu de jeunes Maquereaux se coucher sur le flanc et mourir au simple contact d'une Actinie. Quand on touche ces tentacules, ils occasionnent une cuisson assez vive ; pendant plus d'une heure la main demeure rouge, enflammée et douloureuse ; c'est ce principe urticant qui a fait donner aux Actinies le nom d'*Orties de mer*.

Nous avons dit que ces animaux étaient d'une voracité extraordinaire : c'est surtout dans un aquarium qu'on peut les voir absorber d'énormes morceaux de viande, mais de préférence des Moules et des Huîtres.

« J'ai surveillé souvent avec intérêt leur alimentation dans les aquariums ; ce sont naturellement les espèces

munies des bras de préhension les plus grands qui con-
viennent le mieux à cette étude ; on voit, en effet, les
tentacules faire l'office de véritables bras de préhension.
L'Actinie demeure immobile comme une fleur, car elle
n'est excitée par aucun attouchement ni par aucune vi-
bration produite dans son voisinage immédiat ; mais à
peine le gardien a-t-il posé sur cette forêt de tentacules
un morceau de viande, un petit Poisson, un petit Crustacé, que ces bras enveloppent la proie tout d'un coup
et l'enfoncent avec eux dans le vestibule qui conduit à
la cavité stomacale. Les Polypes ne se contentent pas
d'exprimer en quelque sorte le suc de cette viande, ils
la digèrent complètement. » (Lacaze-Duthiers.)

La voracité des Actinies est si grande qu'elles englou-
tissent souvent des Crabes ou des Mollusques assez volumineux pour n'être introduits que très difficilement
dans leur estomac ; elles rejettent ensuite par la bouche
les parties dures qu'elles n'ont pu digérer. « Pendant
leur digestion les Actinies semblent dormir, elles entrent
en torpeur. Elles tiennent alors leurs tentacules appliqués les uns contre les autres, formant un dôme pointu
au-dessus de leur bouche. Ainsi resserrées, elles figurent assez bien un bouton de plante radiée, par exemple
celui d'une Marguerite ou d'un Souci. » (Moq.-Tandon.)

Les Actinies sont susceptibles de mouvements : en
étendant lentement un des bords de leur base et retirant le bord opposé, elles glissent en rampant au moyen
de contractions successives ; c'est ainsi qu'à l'approche
du froid elles quittent le rocher sur lequel elles étaient
fixées et descendent dans des eaux plus profondes.

Ces animaux vivent très facilement dans nos aqua-

riums et supportent très bien le transport après leur capture, surtout les espèces qui vivent sur nos côtes de
l'Océan et sont habituées à rester à sec entre chaque marée. Lorsqu'on a soin de les emballer dans une boîte
parmi des couches d'*ulva lactuca*, elles supportent à

Fig. 80. — Actinia equina.

merveille un transport d'un à deux jours de durée et,
malgré leur voracité, peuvent rester plusieurs jours
sans nourriture. Elles vivent longtemps dans les aquariums, et Dalyell conserva pendant vingt ans une Actinie rousse qui devait avoir au moins dix ans lorsqu'elle
fut prise dans la mer.

Genre Actinia (Lin.). — Actinie.

Dans ce genre les animaux ont la colonne lisse, les
tentacules rétractiles, sensiblement égaux, acuminés.

Actinia equina (Lin.) = *A. mesembrianthemum* (Ellis),
Actinie rousse.

Cette espèce (fig. 80), l'une des plus communes
des côtes de France, est d'une coloration très variable. « Elle présente, dit le Dr Fischer, de nombreuses

variétés qu'on peut répartir en trois grands groupes, suivant que la colonne est privée de taches ou de bandes, ornée de taches ou ornée de bandes :

1° *Colonne sans taches ni bandes.*

A. — Colonne verte, bordée de blanc à la base, disque et tentacules bleuâtres.

B. — Colonne, disque et tentacules verts.

C. — Colonne rouge, bordée de bleu à la base, disque et tentacules d'un brun pâle ou d'un brun rougeâtre.

D. — Colonne olive, disque et tentacules d'une teinte plus claire.

E. — Colonne brune, disque et tentacules de teinte plus claire.

2° *Colonne tachetée.*

F. — Colonne rouge, ponctuée de jaune.

G. — Colonne couleur de laque carminée, bordée de vert à la base, ornée de taches vertes brillantes ; disque brun rouge ; tubercules gonidiaux verts ; tentacules d'un brun rougeâtre.

3° *Colonne rayée.*

H. — Colonne de couleur olive, bordée de bleu à la base, avec cinquante-six raies vertes, régulières, étroites, continues ou interrompues, mais bien visibles.

« Les variétés à colonne sans taches ni raies ont reçu divers noms : *rubra, corallina, olivacea, hepatica, viridis,* etc. ; les variétés tachetées ont été décrites sous les noms de *fragracea* et *tigrina ;* enfin la variété rayée est inscrite par Gosse sous le nom d'*Opora.* »

Cette Actinie pullule dans la Manche sur les pierres que le flot abandonne à marée basse ; elle est très commune sur toutes nos côtes rocheuses de l'Océan (La Rochelle, Cordouan, Royan, Biarritz) et sur celles de la

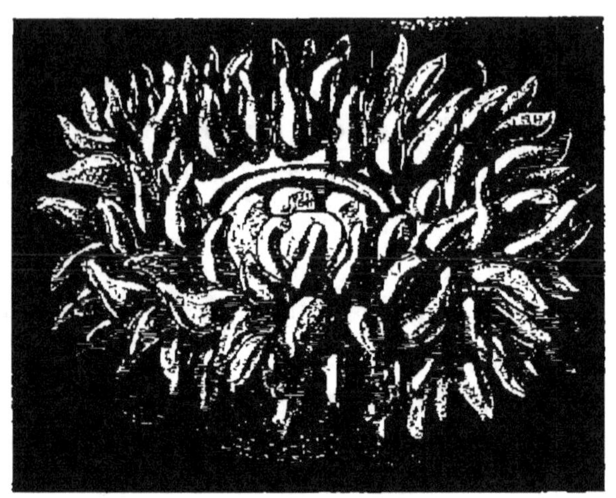

Fig. 81. — Actinia crassicornis.

Méditerranée. Quand on l'irrite, elle lance avec force l'eau contenue dans sa bourse stomacale ; cette singulière habitude lui a fait donner par les pêcheurs provençaux le nom de *pissuso* ; sur le littoral de l'Océan on la désigne sous les noms vulgaires de *Cul-d'âne* et de *Cubasseau*. Sa taille ne dépasse guère 5 à 6 centimètres de haut ; quand elle se contracte, elle prend la forme d'une cloche perforée au sommet et celle d'un cylindre quand elle se dilate. On la considère comme espèce comestible sur les côtes de Provence.

Actinia crassicornis (Müll.) = *Tealia felina* (Gosse), Actinie coriace.

Dans cette espèce (fig. 81) la colonne est ordinairement variée de vert et de rouge ; les tentacules sont gros, courts, grisâtres, avec de larges bandes rosées.

Cette Actinie s'enfonce dans le sable ; elle vit sur nos côtes de l'Océan, mais ne descend pas plus bas que la Charente-Inférieure. Elle est vendue comme espèce

Fig. 82. — Anemonia sulcata.

comestible sur le marché de Rochefort pendant les mois de janvier, février et mars : on prétend que, lorsqu'elle a bouilli dans l'eau de mer, elle devient ferme, très appétissante et qu'elle à l'odeur de l'Ecrevisse.

Genre Anemonia (Risso). — Anémone.

Dans ce genre la colonne est lisse, très flasque, les tentacules non rétractiles, le disque dépourvu de tubercules calicinaux.

Anemonia sulcata (Penn.) = *Anthea cereus* (Johnst.), Anémone sillonnée.

Cette espèce (fig. 82) a les tentacules très nombreux et dépassant en longueur la largeur du corps, tantôt d'un beau vert, tantôt d un vert olive tirant sur le brun, rosés à l'extrémité ; le disque est brunâtre, radié de vert, la colonne d'un vert grisâtre, avec des lignes verticales plus pâles.

Cette Actinie est commune sur toutes nos côtes de l'Océan, principalement dans les Zostères ; elle habite également toutes nos côtes de la Méditerranée où elle est considérée comme comestible.

Genre Metridium (OKEN). — Métridium.

Les animaux qui composent ce genre ont la colonne lisse, le disque très grand, lobé et portant des tentacules très nombreux, dont la grandeur décroît rapidement du centre à la circonférence.

Metridium dianthus (Oken) = *Actinoloba dianthus* (Blainv.), Actinie plumeuse.

Cette belle espèce a le corps gros, à téguments lisses d'un gris roussâtre ; le disque est fortement lobé, mince et transparent autour de la bouche. Les tentacules sont très nombreux et très courts ; les internes sont médiocrement développés et blanchâtres, les externes sont très serrés, papilliformes et bruns. Au point de vue de la taille, cette espèce compte parmi les plus considérables des côtes d'Europe, car elle peut atteindre la grosseur du poing.

On trouve cette Actinie dans la Manche, sur les pierres et les coquilles.

Genre Peachia (Gosse). — Péachie.

Ces Actinies ont la colonne allongée, atténuée postérieurement et terminée par un orifice central ; les tentacules sont disposés sur une seule série.

Fig. 83. — Peachia hastata.

Peachia hastata (Gosse). — Actinie en flèche.

Cette espèce (fig. 83) a la colonne fusiforme, pellucide, striée longitudinalement par des lignes blanches, et d'une teinte rougeâtre très pâle. Les tentacules, au nombre de 12, sont courts, épais à leur base, terminés en pointe et marqués en dessus de lignes brunes disposées en forme de chevrons.

Cette Actinie vit sur les côtes de la Manche, elle s'enfonce dans le sable, avec le calice à peine élevé au-dessus de la surface du sol, et baigné par l'eau de mer.

La *Peachia chrysantellum* (Gosse), qui vit dans les mêmes parages, ne diffère de la précédente que par ses

tentacules annelés de brun et par le développement
inégal des lignes longitudinales dont la colonne est
rayée.

Genre Phellia (JOURDAN). — Phellie.

Ces Actinies ont la colonne cylindrique, très allongée,
mais devenant subglobuleuse quand l'animal est fortement contracté ; le disque est étroit, plan ou légèrement
concave.

Phellia elongata (Jourdan). — Phellie allongée.

Cette espèce a la base orangée, régulièrement circulaire, à peine plus large que la colonne ; le disque est
orné de taches blanches, en forme de fer de flèche,
élargies et échancrées vers la base des tentacules qui
sont rétractiles, au nombre de quatre-vingt-seize, répartis en quatre cycles.

On trouve cette Actinie à Guéthary (Basses-Pyrénées),
dans la zone littorale où elle adhère avec force aux
pierres et aux rochers. Elle vit également dans le golfe
de Marseille, sur les fonds coralligènes.

Genre Chitonactis (FISCHER). — Chitonactis.

Dans ce genre la colonne présente une surface irrégulièrement mamelonnée par des saillies de forme et de
dimension variables et séparées entre elles par un sillon
étroit et profond.

Chitonactis coronata (Gosse). — Chitonactis couronnée.

Cette Actinie a la colonne jaunâtre ou d'un fauve pâle
avec rayons blancs ; les tentacules sont ornés de deux
rangées longitudinales de taches violettes ou brunes,
interrompues à la partie moyenne.

Cette espèce n'a encore été trouvée que sur trois points du littoral de France : à Banyuls-sur-Mer (Pyrénées-Orientales), au Croisic (Loire-Inférieure) et en dehors du bassin d'Arcachon (par 20 à 45 brasses et au delà), d'où elle est souvent rapportée par les pêcheurs au chalut. Elle vit fixée sur de grandes coquilles de Mollusques : *Pecten maximus, Ranella gigantea.*

Chitonactis Richardi (Marion). — Chitonactis de Richard.

Cette espèce a la base concave, étroite, beaucoup moins large que la colonne qui est de couleur de chair uniforme avec un revêtement épais. Le disque est d'un gris très pâle, hyalin, rayé de blanc; les lèvres sont sillonnées et orangées, les tentacules sont coniques, rétractiles, d'un blanc hyalin uniforme, répartis en quatre cycles.

Cette Actinie se fixe sur des corps sous-marins de petites dimensions ou s'enfonce dans la vase de fond. « Sur plus de cent individus recueillis j'en ai trouvé deux ou trois fixés par un lobe du pied sur une Avicule vivante; ils étaient alors garnis de Sertulaires. Un autre exemplaire embrassait une coquille vide de *Sipho Islandicus*. La taille du *Chitonactis Richardi* est très variable : un individu parfaitement étalé et paraissant de dimensions normales passe très rapidement à un volume double et au delà, en se gonflant jusqu'à passer de la forme cylindrique à la forme sphérique. De plus la colonne peut, à un moment donné, s'étrangler en un point quelconque, de façon à figurer une gourde. La dimension ordinaire est de huit centimètres de diamètre sur dix à douze de hauteur. » [Durègne (1).]

Cette espèce n'a été rencontrée sur nos côtes qu'au large du bassin d'Arcachón, par des fonds de 53 à 60 brasses.

Genre Bunodes (GOSSE). — Bunode.

Ce genre, très voisin du précédent, en diffère par la colonne qui est lisse et recouverte de tubercules formant des saillies à peu près hémisphériques, espacées et disposées régulièrement.

Bunodes verrucosus (Penn.) = *Actinia gemmacea* (Ellis). Bunode verruqueux.

Cette espèce a la colonne d'un rose pâle nuancé de vert clair et entièrement recouverte de petites verrues très serrées et disposées en séries longitudinales; les tentacules sont grêles, annelés de blanc et de vert.

Cette Actinie est rare sur nos côtes de l'Océan où elle a été signalée à Guéthary (Fischer); elle est commune sur le littoral de la Méditerranée et principalement sur la côte de Marseille, au Pharo.

Bunodes Balli (Coks) = *Actinia clavata* (Thomps). Bunode de Ball.

Dans cette espèce (fig. 84) la base est étalée, plus large que la colonne, brunâtre, jaune ou rose. La colonne est ornée de 48 séries de tubercules, dont 24 formées de tubercules assez gros, alternant avec 24 autres séries formées de tubercules plus petits, qui ne sont visibles que sur la moitié supérieure de la colonne et dont le diamètre augmente de bas en haut. La colonne est brunâtre,

(1) Durègne, *Note sur le Chitonactis Richardi* (Actes de la Société Linnéenne de Bordeaux, 1889).

jaune ou rougeâtre vers sa partie inférieure, verdâtre vers
sa partie supérieure ; chaque tubercule est verdâtre, avec
une tache rouge centrale. Le disque est verdâtre ou
brunâtre, rayonné de vert et de brun, devenant plus
intense vers la base des tentacules, qui sont subcylin-
driques, un peu obtus au sommet, de couleur brune,
grise, verte ou olive avec de nombreuses petites taches

Fig. 84. — Bunodes Balli.

blanchâtres arrondies ou oblongues ; le nombre des
tentacules est généralement de quarante-huit en trois ou
quatre cycles.

Cette espèce n'est pas rare sur nos côtes de l'Océan ;
elle est très commune à l'intérieur du bassin d'Arcachon
où elle vit sur les Zostères et les coquilles ; on la trouve
souvent dans les parcs aux huîtres (Fischer). Elle est
commune sur nos côtes de la Méditerranée et à Marseille
elle abonde dans le bassin National.

Bunodes Biscayensis (Fischer). — Bunode de Biscaye.

Cette belle Actinie, qui avait été recueillie par M. le
Dr Fischer dans le sable, au voisinage de blocs haliotiques,
près du Mouleau (Bassin d'Arcachon), n'a pu être retrou-
vée ; nous en donnons, d'après M. Fischer, les caractères
les plus importants, afin de la signaler à l'attention des
naturalistes :

« Base large, verdâtre, rayée de jaune. Colonne épaisse, coriace, ornée de vingt-quatre bandes blanches, alternant avec vingt-quatre bandes grises, et chargée d'une quantité de tubercules blancs ou gris, pédonculés, presque sphériques, ovoïdes, bilobés ou multilobés, serrés les uns contre les autres, disposés en vingt-quatre séries longitudinales (deux séries sur chaque bande blanche ou grise). Le sommet de la colonne paraît déchiqueté et chargé de tubercules d'un blanc opaque. Disque rayonné de gris, noir et jaune, avec douze taches blanches placées à égale distance du disque et de la base des tentacules. Diamètre du disque : 35 millimètres. Tentacules coniques, assez longs, au nombre de quatre-vingt-seize en quatre cycles ; tentacules des deux premiers cycles les plus longs, de couleur bleuâtre, verdâtre ou olivâtre, avec une tache rouge de feu, ceux du troisième cycle portant **une** ou deux taches blanches, ceux du quatrième cycle courts, avec une raie longitudinale obscure. Aucune espèce des mers d'Europe ne présente une pareille profusion de tubercules à la surface de la colonne ; en outre aucune ne montre de tubercules aussi irréguliers, saillants et pédonculés. »

Bunodes Duregnei (Fischer). — Bunode de Durègne.

Cette Actinie a la base plus large que la colonne rouge, rayonnée de fauve et de vert ; la colonne est subcylindrique, ridée transversalement, d'un rouge de minium uniforme, portant vingt-quatre rangées verticales de tubercules saillants, d'un rouge groseille vif au centre et bordés de rose. Ces tubercules, médiocrement larges, atteignent, vers la partie moyenne de la colonne, un plus grand diamètre que vers la base ; le bord supérieur de la colonne est comme denté par la saillie des tubercules marginaux. Le disque est plat, large, de couleur carmin au centre, passant au vert olive à la périphérie avec des rayons étroits, violacés, dirigés vers la base des tentacules ; ceux-ci sont longs, coniques, effilés au sommet, toujours droits, rigides, horizontaux en extension et répartis en quatre cycles ; leur coloration est variable : rouge brun, rose, jaune fauve ou orangée.

Cette belle espèce n'a encore été trouvée qu'à Guéthary (Basses-Pyrénées), où elle est peu commune ; elle vit sous les pierres, à basse mer, dans la zone littorale.

Genre Adamsia (Forbes). — Adamsie.

Ce genre a été créé par Forbes pour un groupe d'Actinies ayant les pores situés dans le voisinage du pied et le disque dépourvu de tubercules calicinaux.

Adamsia palliata (Boh.). — Actinie mantelée.

Cette espèce (fig. 85) est d'une coloration très variable : tantôt la colonne est blanche avec des taches roses ou carminées, tantôt elle présente une teinte jaune brunâtre près de la base et des taches d'un rouge groseille très vif à sa partie supérieure, dont le bord est d'un beau rose ; les tentacules sont grêles, assez nombreux et blancs.

Cette Actinie offre une particularité remarquable : on la trouve le plus souvent sur des coquilles de Mollusques (généralement des Buccins ou des Natices) habitées par des Pagures ou *Bernard-l'hermite*.

« Quand elle est bien épanouie, elle atteint tout au plus un centimètre et demi de hauteur, tandis que sa base s'étend sur une longueur de sept centimètres. L'animal, en effet, se fixe sur la face intérieure du bord libre de la coquille habitée par le Bernard, déborde un peu du côté externe, tout en étendant longitudinalement sa base. Celle-ci finit par entourer complètement la bouche de la coquille et, comme elle se dilate latéralement à mesure qu'elle s'étend en longueur, il arrive un moment où les bords externes se rencontrent et se rejoignent plus ou moins vers le centre, comme pour former à la coquille un opercule vivant. Il est rare, toutefois, que l'occlusion de la coquille soit complète ; les deux moitiés de la base ne se rejoignent pas entièrement, elles laissent entre elles un orifice qui peut s'agrandir ou se rétracter à volonté pour permettre au Bernard de respirer et de faire saillir ses pinces en dehors quand bon lui semble. L'association du Pagure et de l'Anémone doit très probablement être avantageuse à tous deux. L'Anémone paralyse avec ses filaments les proies convoitées par le Bernard, et celui-ci, de son côté, la promène en tous lieux et lui abandonne les reliefs de son festin » (E. Bouvier) (1).

Cette espèce habite toutes nos côtes, où elle n'est pas rare ; les pêcheurs d'Arcachon la prennent au chalut, au large, en dehors du bassin, par 50 à 60 brasses.

Adamsia effœta (Lin.) = *Sagartia parasitica* (Couche), Actinie parasite.

Cette Actinie (fig. 85) a le corps cylindrique, à téguments coriaces ; la couleur des tentacules est très variable : « D'après la coloration des tentacules on peut

____

(1) E. Bouvier, *Les commensaux du Bernard-l'hermite* (Journal le *Naturaliste*, 1888).

Fig. 85. — A. Sagartia parasitica; B. Adamsia palliata. —
Sur des coquilles de Buccinum undatum.

établir deux grandes divisions : dans la première on
placera les individus à tentacules non rayés et dont la

teinte varie considérablement : elle est blanche, hyaline, rose, brune pâle, avec les extrémités opaques, blanches ou orangées. Dans la deuxième division on rangera les spécimens à tentacules ornés de deux bandes longitudinales brunâtres, interrompues par quelques taches semi-annulaires, d'un blanc opaque. » (Fischer.)

Cette espèce vit, comme la précédente, sur des coquilles habitées par des Pagures : on la trouve généralement sur les coquilles de *Cassidaria, Cassis, Ranella, Fusus, Buccinum undatum*, et sur des carapaces de Crustacés. Elle habite tout notre littoral, où elle est très commune.

On trouve dans le bassin d'Arcachon une variété remarquable par sa taille plus faible, sa colonne plus foncée et plus rugueuse, ses tentacules plus courts ; elle vit dans la zone littorale, fixée à la carapace et aux membres du Crabe commun (*Carcinus mœnas*) ou adhérente à des coquilles habitées par des Pagures ; ses tentacules sont violacés, avec deux lignes obscures, interrompues par quatre à six points d'un blanc doré brillant.

Genre **Sagartia** (GOSSE). — **Sagartie.**

Ce genre comprend des Actinies à ventouses visibles, grandes, à colonne de consistance assez ferme.

Sagartia viduata (Müll.). — Actinie lacérée.

Cette espèce (fig. 86) a la colonne blanchâtre ou fauve, très aplatie lorsqu'on la retire de la mer ; elle est ornée vers la base de vingt-quatre bandes principales, dans l'intérieur desquelles on peut en compter trois autres plus étroites. Le disque est strié concentriquement, tantôt d'un blanc uniforme, tantôt rayé de brun ou de vert olivâtre. Les tentacules sont hyalins, ornés d'une bande longitudinale d'un blanc opaque ou de deux bandes longitudinales brunâtres ou verdâtres.

La *Sagartia troglodytes* (Gosse) peut être considérée comme une variété de cette espèce, dont elle ne diffère que par sa coloration généralement d'un brun enfumé, mais très variable, ses ventouses toujours très évidentes, ses tentacules plus grêles et rarement rayés de bandes longitudinales obscures.

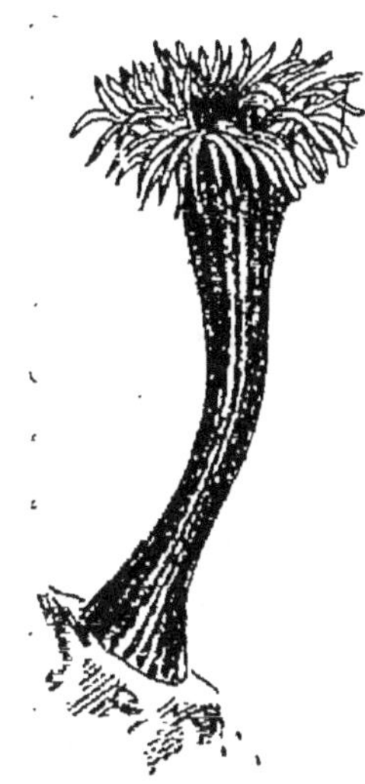

Fig. 86. — Sagartia viduata.

La *Sagartia viduata* et la variété *troglodytes* se rencontrent sur tout notre littoral ; la première vit généralement fixée à des coquilles bivalves (*Pecten*, *Pinna*) ou à des carapaces de Crustacés (*Maïa squinado*) ; la seconde s'enfouit dans le sable.

« Elle est commune sur les plages sablonneuses du bassin d'Arcachon où elle vit assez profondément enfoncée, à la moindre alarme l'animal disparaît dans son trou. Il est donc nécessaire de bêcher pour l'obtenir. La colonne est alors longue, cylindrique, à base convexe, adhérant au sable. Lorsque l'animal n'est pas inquiété, il étale ses tentacules et les maintient presque horizontalement à la surface du rivage (Fischer).

Sagartia miniata (Gosse). — Actinie rouge.

Cette espèce a la base très large, à contour irrégulièrement ovale, la colonne aplatie, de couleur orangée et rayée de blanc à sa partie inférieure, d'un rouge brunâtre foncé à sa partie supérieure, où elle est ornée de nombreuses taches blanches tirant un peu sur le bleuâtre. Le disque est strié concentriquement, rayonné de blanc et de brun, avec des taches brunes en forme de B, bordées de blanc vers la base des tentacules, qui sont nombreux, longs, assez grêles. Les tentacules externes sont roses et contrastent avec les tentacules internes, qui sont d'un jaune verdâtre pâle.

Cette belle espèce est peu répandue sur nos côtes et n'a été signalée qu'à Boulogne-sur-Mer, en dehors du bassin d'Arcachon, à Banyuls-sur-Mer et à Marseille. Elle vit à une profondeur de 50 à 80 mètres, fixée sur les grandes coquilles bivalves ou sur des Hydrozoaires.

Sagartia rosea (Gosse) = *S. Fischeri* (Andres). Actinie rose.

Cette Actinie a la base plus large que la colonne, qui a une consistance assez ferme et une coloration tantôt blanchâtre et transparente, tantôt jaunâtre ou fauve, avec des rayons rosés ou fauves et des points épars blancs ou rosés. Le disque est transparent, à rayons plus ou moins visibles et de couleur blanche ; les tentacules, transparents à la base où ils sont entourés d'une zone brune étroite, sont colorés près de leur pointe en rose ou en carmin uniforme.

La synonyme de cette espèce est difficile à établir, et il est probable que la *Sagartia pulcherrima* (Jourdan), la *S. vinosa* (Holds), les S. *nivea* et *venusta* (Gosse), ne sont que des variétés de cette Actinie, qui vit fixée sur des pierres ou des coquilles et est rare sur notre littoral de l'Océan. Elle n'habite pas la Méditerranée.

Sagartia ignea (Fischer). — Actinie ignée.

Cette espèce a la colonne courte, molle, lisse, d'un

vert pâle, ornée le plus souvent de quarante-huit bandes longitudinales blanchâtres assez opaques et de douze bandes rougeâtres. Le disque est strié concentriquement, orné de rayons argentés ou dorés avec des taches rouges ou de couleur groseille ; parfois le disque est mi-parti de rouge et de blanc argenté. Les tentacules, complètement rétractiles, sont disposés sur quatre cycles ; ils sont coniques, allongés, de coloration variable : tantôt d'un gris de lin uniforme, tantôt verdâtres avec ou sans taches.

Cette Actinie, qui ne vit pas dans la Méditerranée, n'est pas rare sur le littoral de la Loire-Inférieure : au Croisic, à Pornic et à la Bernerie ; on la trouve aussi à Guéthary et dans le bassin d'Arcachon, où elle est très commune parmi les *Balanus* du débarcadère. « Quand la mer est basse, son bouton est hémisphérique, remarquablement brillant et lisse ; on pourrait alors le confondre avec celui des jeunes individus de la variété verte de l'*Actinia equina*. » (Fischer.)

Sagartia sphyrodeta (Gosse) = *Actinia candida* (Gosse). Actinie blanche.

Dans cette espèce le disque est tantôt blanc, tantôt jaune orangé, tantôt d'un jaune pâle doré ; la colonne est légèrement rosée.

Cette Actinie vit sur les pierres de la zone littorale ; on la trouve sur nos côtes de l'Océan, à Roscoff, à Guéthary ; elle n'est pas rare à l'intérieur du bassin d'Arcachon, dans le chenal d'Eyrac, sur les pierres et les coquilles draguées par 5 à 10 brasses de profondeur. Elle ne vit pas dans la Méditerranée.

Sagartia erythrochila (Fischer) = *Actinia pellucida* (Hollard). Actinie pellucide.

Cette espèce a la base plus large que la colonne, très adhérente, rose ou rougeâtre ; la colonne est molle, très allongée, subcylindrique, relativement étroite, rarement régulière, étranglée çà et là, toujours arquée,

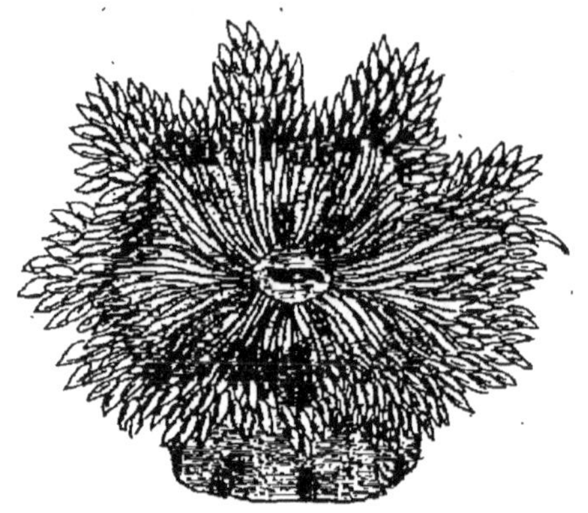

Fig. 87. — Sagartia Bellis.

d'un blanc rosé ou orangée, lisse, brillante, ornée d'environ quarante-huit lignes blanchâtres et étroites ; le disque est étroit, d'un blanc hyalin ou d'un brun pâle, avec des rayons dirigés vers la base du premier cycle. Les tentacules, complètement rétractiles, sont très nombreux, assez longs, grêles, plus pâles que la colonne, d'un rose orangé pâle, sans aucune tache. La bouche est très petite et les lèvres sont bordées de chaque côté par six tentacules saillants d'un rouge vif.

Cette Actinie vit sur nos côtes de l'Océan : à Pornic et dans le bassin d'Arcachon, fixée sur des *Balanus* et des *Mytilus ;* on la trouve également sur les huîtres dans les parcs du bassin. Elle n'habite pas la Méditerranée.

Sagartia Bellis (Gosse) = *Cereus pedunculatus* (Penn.). Actinie pâquerette.

Dans cette espèce (fig. 87) le disque est ondulé, large, brunâtre et rayonné de blanc ; les tentacules sont courts, grêles et très nombreux ; la colonne est de coloration variable : tantôt grise vers la base, brunâtre à sa partie supérieure, tantôt rose près de la base, rougeâtre vers sa partie moyenne, bleuâtre ardoisé vers sa partie supérieure.

Cette Actinie est très commune sur les plages rocheuses de la Normandie et de la Bretagne, elle manque sur les côtes de la Gironde et des Landes et est rare sur celles des Basses-Pyrénées, à Guéthary. Elle vit sur nos côtes de la Méditerranée et est commune à Marseille, dans le bassin National.

On trouve encore sur notre littoral une espèce du groupe des *Sagartia*, la *Gephyra Dohrni*, à colonne aplatie, à base embrassante et annuliforme, qui vit dans les grandes profondeurs, fixée aux tiges des Sertulaires et des Gorgones et a été signalée sur les côtes de Biarritz et au large de Marseille.

Genre **Corynactis** (ALLMAN). — **Corynactis.**

Ce genre a été établi par Allman pour des Actinies caractérisées par la structure de leurs tentacules, qui sont très grêles à la base et se terminent par un renflement sphérique.

Corynactis viridis (Allman). — Corynactis verte.

Dans cette espèce (fig. 88) la base est très étalée, la colonne subcylindrique, de forme très variable, d'une coloration verte ; la bouche est entourée d'un cercle de stries radiées brunes, les tentacules sont imperfores, courts, de couleur brune, et terminés par un renflement d'un rose brillant, quelquefois lilas.

Cette Actinie est rare sur nos côtes : elle a été signalée à Arcachon, sur les bouées des passes du bassin et à

Fig. 88. — Corynactis viridis.

Marseille, où on la trouve sur les pierres de la Calanque de Morgillet, derrière le port du Frioul.

Genre Edwardsia (Quatrefages). — Edwardsie.

Ce genre est caractérisé par la disposition des parois latérales de la colonne, dont la zone moyenne, au lieu d'être mince et translucide comme la partie supérieure et la base, est revêtue d'une couche épidermique assez épaisse, en général plus ou moins opaque, et constitue une sorte de Polypiéroïde imparfait, dans l'intérieur duquel les deux portions terminales peuvent se retirer quand l'animal se contracte.

Edwardsia lucifuga (Fischer). — Edwardsie lucifuge.

Cette espèce a le corps allongé, cylindrique, de grande taille, l'extrémité postérieure de la colonne jaunâtre, la partie moyenne sillonnée longitudinalement et protégée par une gaine épidermique épaisse, d'un brun rouillé, la partie antérieure bien distincte, nue, rayée de violet ; le disque est rayonné de blanc et de violet, la bouche saillante et conique. Les tentacules, au nombre de seize, sont médiocrement longs, cylindriques, ornés de trois ou quatre taches annulaires, violettes et jaunes, alternantes, sur un fond blanc, l'extrémité des tentacules est obtuse et violette.—Longueur 120 millimètres; plus grand diamètre de la colonne 15 millimètres.

Cette espèce habite dans les herbiers de la Corderie, à l'île de Bréhat (Côtes-du-Nord), en compagnie de Siponcles et de Synaptes. (Quatrefages.)

« Comme son nom l'indique, l'*Edwardsia lucifuga* est très sensible à l'action de la lumière. M. de Quatrefages, qui n'en avait recueilli qu'un seul spécimen, le plaça en face d'une fenêtre et durant trois jours ne put le voir s'épanouir; mais à peine l'eut-il privé de lumière que les tentacules se développèrent complètement. Le moindre rayon lumineux provoquait la rétraction des tentacules. Le bruit n'était pas mieux supporté et les tentacules se refermaient à un coup de sifflet aigu et fort. Un certain nombre d'Actinies sont aussi sensibles à la lumière et au bruit; au surplus les naturalistes qui veulent étudier des Actinies bien épanouies doivent les laisser durant quelques jours dans une pièce obscure et parfaitement tranquille. » (Fischer.)

On trouve sur nos côtes de la Manche les espèces suivantes du genre *Edwardsia* :

Edwardsia Beautempsis (Quatref.). — Edwardsie de Beautemps.

Mamelon buccal d'un jaune doré; tentacules au nombre de 14 incolores, avec le sommet d'un beau jaune rougeâtre. Portion antérieure de la colonne rétractile et

d'un violet foncé, portion médiane et polypiéroïde d'un
jaune rougeâtre ou verdâtre. Base transparente et légèrement rosée. Longueur 6 à 7 centimètres. — Iles
Chausey.

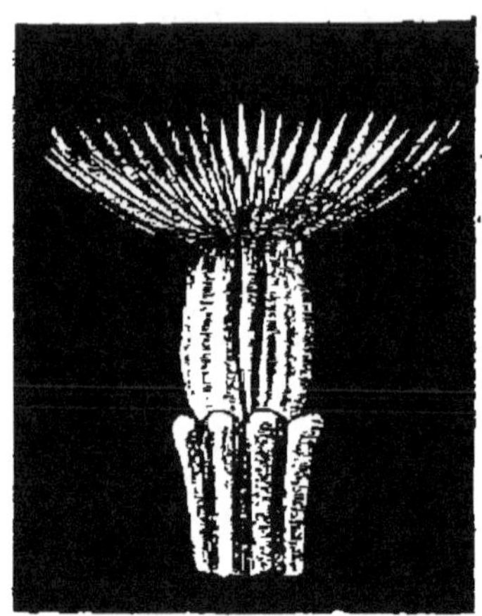

Fig. 89. — Edwardsia carnea.

Edwardsia timida (Quatref.). — Edwardsie timide.

Espèce voisine de la précédente dont elle diffère par
son disque aplati et par ses tentacules grêles, au nombre
de 20 à 24, avec l'extrémité un peu rosée. — Iles Chausey.

Edwardsia Harassei (Quatref.) — Edwardsie de Harass.

Colonne moins allongée que chez les espèces précédentes ; tentacules au nombre de 20, disposés sur deux
rangs, courts, assez gros, avec le sommet légèrement
brunâtre. Épiderme de la zone moyenne du tronc opaque
et d'un jaune sombre. Longueur environ 5 centimètres.
— Iles Chausey.

Edwardsia carnea (Quatref.). — Edwardsie carnée
(fig. 89).

Colonne d'une coloration carnée ; tentacules au nombre
de 28.

Genre Paranthus (Andres). — Paranthus.

Dans ce genre la base est libre ou adhérente, de forme variable : tantôt plane, tantôt hémisphérique, agglutinant généralement du sable fin ; la colonne est cylindrique et n'est séparée du disque, à sa partie supérieure, que par un faible rétrécissement du diamètre transverse.

Paranthus rugosus (Andres). — Paranthus rugueux.

Cette espèce a la colonne très allongée lorsque l'animal n'est pas fixé et ayant alors l'aspect d'un *Siponcle ;* elle est renflée vers la moitié ou les deux tiers de sa longueur quand l'animal est adhérent par sa base. En extension complète elle peut dépasser 10 centimètres et devient alors hyaline dans sa moitié inférieure avec des bandes longitudinales opaques. Dans sa moitié supérieure elle est d'un jaune verdâtre clair, et sa surface, striée transversalement, porte une multitude de très fines granulations. Le disque est orné de douze rayons opaques, blanchâtres et dirigés vers les tentacules des deux premiers cycles dont ils entourent la base. Les tentacules, au nombre de quatre-vingt-seize, sont répartis en cinq cycles, rétractiles, coniques, hyalins, entourés à leur base d'une ligne blanche et ornés à leur face supérieure d'une bande longitudinale noirâtre interrompue par deux taches opaques, blanches. L'extrémité des tentacules est également blanche et opaque.

Cette espèce n'a été encore signalée que dans le bassin d'Arcachon où elle est commune : à Eyrac, au Grand-Banc, etc. Elle vit enfoncée verticalement dans le sable et lorsqu'on veut la retirer il faut bêcher assez profondément.

« Cet animal se conserve très bien dans les cuvettes
dont le fond est garni de sable ; en général il paraît très
apathique, ne cherche pas à s'enfoncer dans le sable et
ne rétracte guère son disque et ses tentacules. Quand
on l'excite vivement, il raccourcit sa colonne, qui se
renfle à sa partie moyenne et dont la surface paraît plus
fortement sillonnée en travers. » (Fischer.)

Genre Palythoa (LAMOUROUX). — Palythoa.

Ce genre comprend des Actinies agrégées, à polypiéroïdes cylindriques, membraniformes, libres latéralement ou soudés entre eux et formant des masses encroûtantes.

Palythoa arenacea (Delle Chiaje) = *Zoanthus Couchi*
(Johnston). Palythoa arénacé.

Cette Actinie a les tentacules blanchâtres, au nombre
de vingt-huit à trente, disposés sur deux rangs ; la colonne est protégée par un revêtement de sable agglu-
tiné, terminé par quatorze ou quinze denticulations.

Cette espèce recouvre des coquilles bivalves et uni-
valves, principalement les *Chenopus pes pelecani ;* on la
trouve sur nos côtes de l'Océan et en dehors du bassin
d'Arcachon, par 30 à 80 brasses.

Palythoa sulcata (Gosse). — Palythoa sillonnée.

Cette espèce a la colonne brunâtre ou olivâtre, rayée de
vingt-deux sillons longitudinaux ; le disque est rayonné
et de même couleur que la colonne ; les tentacules,
au nombre de vingt-deux, sont disposés sur deux rangs,
ceux du cycle interne sont plus longs, coniques, transparents, ornés de quelques taches brunes ; leur extré-

mité est blanche et opaque. Le diamètre du disque et des tentacules étalés est de 4 millimètres.

Cette petite Actinie vit en colonies nombreuses offrant l'aspect d'Éponges du genre *Cliona* et s'enfonçant profondément dans une lame basale, épaissie par du sable et criblée de trous circulaires.

On la trouve sur le littoral de la Loire inférieure : à Piriac et au Croisic, dans le bassin d'Arcachon et à Guethary, et sur les côtes de la Méditerranée, dans le golfe de Marseille (fonds vaseux au large de Méjean).

Le genre *Zoanthus* n'est représenté jusqu'à présent sur notre littoral que par une grande espèce : le *Zoanthus Marioni* (Jourdan), qui forme des colonies nombreuses fixées sur les *Isodictya*, et ne se rencontre que sur les côtes de Marseille, dans les graviers vaseux au sud de Riou et de Planier, à une profondeur de 100 à 200 mètres.

FAMILLE DES CÉRIANTHIDÉS.

Polype allongé, pourvu parfois d'une gaine sécrétée par les téguments, portant deux cercles de tentacules opposés (Claus).

Genre Cerianthus (DELLE CHIAJE). — Cérianthe.

Ces Actinies ont la colonne très allongée, cylindrique, flasque, lisse, garnie dans la partie supérieure de tentacules non rétractiles et présentant à son extrémité inférieure un pore central à l'aide duquel la cavité générale communique librement au dehors.

Cerianthus membranaceus (Haine). — Cérianthe membraneux.

Dans cette espèce la coloration de la colonne varie peu : elle est d'un violet vineux à sa partie inférieure, d'un gris jaunâtre pâle à sa partie supérieure. On remarque souvent, en outre, deux ou trois bandes longitudinales étroites, foncées, espacées ; le disque et les tentacules présentent de nombreuses variétés : tantôt le disque est rayonné de blanc et de brun, tantôt d'un gris noirâtre avec des rayons plus pâles, tantôt olivâtre rayonné de vert pâle ; les tentacules, dont le nombre est variable selon les individus, forment toujours trois cycles marginaux et trois cycles buccaux ; les tentacules marginaux sont tantôt d'un gris pâle à la base, brunâtres au sommet et ornés sur leur face supérieure de huit à dix taches vertes brillantes et espacées, tantôt verdâtres avec des taches d'un vert plus pâle ; les tentacules buccaux sont d'un vert clair uniforme, ou blanchâtre, ou gris d'acier avec leur extrémité verte.

Cette belle Actinie, qui est longue de 15 à 20 centimètres, vit généralement dans le sable vaseux au milieu des Zostères, protégée par un tube épais, sale, noirâtre, très allongé. Elle habite nos côtes de l'Océan et est très commune dans le bassin d'Arcachon : à Eyrac, à l'île aux Oiseaux, au Banc-Blanc, etc.. Elle n'est pas rare sur le littoral de la Méditerranée et vit à Marseille dans le bassin National.

Cerianthus solitarius (Rapp). Cérianthe solitaire.

Cette espèce, très voisine de la précédente, en diffère par sa taille plus faible, sa coloration brune, ses tentacules moins nombreux (60 à 64 au plus). La colonne est brunâtre avec des lignes et des marbrures plus foncées ; ses tentacules marginaux sont de couleur fauve avec

une dizaine de taches blanches disposées en série longitudinale sur leur face interne ; les tentacules buccaux
sont noirâtres.

Cette Actinie est rare sur notre littoral, où elle n'a été

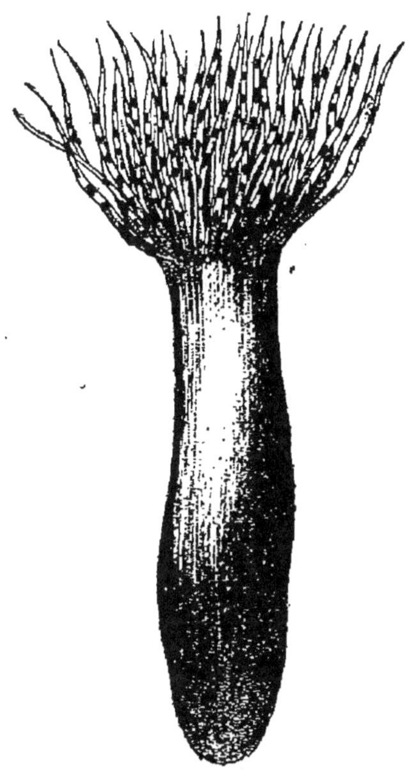

Fig. 90. — Saccanthus purpurescen

signalée que dans le bassin d'Arcachon, sur la plage
d'Eyrac (Fischer) et sur les côtes de Cette (Rapp).

Genre Saccanthus (Edw.). — Saccanthe.

Ce genre diffère du précédent par l'absence d'un pore
basilaire, de façon que la cavité viscérale est imperforée en dessous, et par l'absence des deux bandes on

forme de ruban qui descendent jusqu'au fond de la cavité viscérale chez les Cérianthes.

On n'en connaît sur nos côtes qu'une seule espèce :

Saccanthus purpurescens (Milne-Edw.) — Saccanthe pourpré.

Cette espèce (fig. 90) est de la longueur du doigt, obtuse, violacée à la partie inférieure de l'espèce de sac formé par les parois de la cavité viscérale, blanchâtre en dessus. Les tentacules sont annelés de brun et de verdâtre.

Cette Actinie n'a été trouvée que sur les côtes de Nice, dans les fonds vaseux.

<h3 style="text-align:center">2e Sous-ordre. — MADRÉPORAIRES.</h3>

Les Madréporaires sont des Polypes ressemblant aux Actinies, mais produisant par bourgeonnement et par scissiparité des colonies à squelette solide et continu qui forment ces Polypiers connus sous le nom vulgaire de *Madrépores*.

« Les Madréporaires se reconnaissent facilement à la structure étoilée de leur Polypier, dans lequel on distingue toujours une chambre viscérale dont le pourtour est garni de cloisons verticales. Celles-ci sont en général constituées par des lames ; quelquefois cependant elles sont représentées seulement par des séries de poutrelles ; elles sont toujours dirigées vers l'axe du corps, et lorsqu'elles sont suffisamment développées, elles constituent par leur assemblage une sorte d'étoile multiradiée. » (Milne-Edwards.)

On retrouve dans la structure de ces Polypiers toutes les parties que nous avons indiquées dans le chapitre consacré aux Anthozoaires : la *muraille*, la *columelle*, les *côtes*, etc. Les Madréporaires concourent avec les Coraux à former par leurs Polypiers les écueils sous-marins dont nous avons également fait mention précédemment.

On divise les Madréporaires en deux sections basées sur les modifications observées dans la structure de leurs Polypiers :

Les *Madréporaires perforés* ;
Les *Madréporaires apores*.

On connaît un certain nombre d'espèces de Madréporaires vivant sur nos côtes ; les espèces fossiles sont très nombreuses.

1re *Section*. — MADRÉPORAIRES PERFORÉS.

Dans ce groupe la muraille est dépourvue de côtes, percée de pores, ainsi que les cloisons rudimentaires. La cavité du corps est ordinairement entièrement ouverte.

Les familles des *Porités* et des *Madréporidés* ne renferment que des genres exotiques bien connus et qui vivent dans la mer Rouge, la mer des Indes, l'océan Pacifique, etc. Une seule famille a des représentants sur notre littoral :

FAMILLE DES EUPSAMMIDÉS.

Cloisons bien développées et formant plusieurs cycles, celles du premier égales entre elles, celles du dernier cycle courbées vers celles du cycle immédiatement supérieur, de sorte que le calice ne présente pas la forme régulièrement radiée qui se remarque d'ordinaire chez les Zoanthaires. Muraille formée par des lignes verticales de nodules qui restent assez distincts entre eux et se soudent par leurs points de contact (Milne-Edwards).

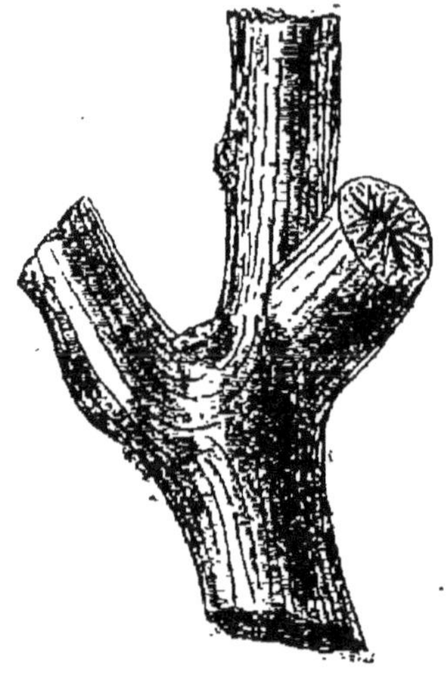

Fig. 91. — Dendrophyllia cornigera.

Les Eupsammidés sont tantôt simples, tantôt agrégés ; leurs polypiéroïdes sont presque toujours cylindroconiques. La muraille est faiblement costulée ; son tissu a l'aspect du chagrin ou d'une substance vermoulue. On trouve toujours dans ces Polypiers une *columelle*, mais pas de *palis*. Cette famille renferme des formes voisines des *Turbinolidés* (page 181).

Genre Dendrophyllia (BLAINV.). — **Dendrophyllie.**

Dans ce genre le Polypier est composé, arborescent, formé de branches ramifiées, nées par bourgeonnement d'une manière irrégulière.

Dendrophyllia cornigera (Lam.). — Dendrophyllie cornigère.

Cette espèce (fig. 91) a un polypier formé généralement d'un gros tronc et de rameaux naissant à peu près tous à la même hauteur et dirigés en dehors. Ces rameaux sont longs, ascendants et obliques, souvent un peu arqués, divergents et assez écartés entre eux. Sa hauteur est ordinairement de 20 à 30 centimètres.

On trouve cette Dendrophyllie sur nos côtes de l'Océan : plateau sous-marin de Rochebonne, près l'île de Ré, Capbreton et au large de Biarritz par 40 à 90 brasses. Elle vit aussi dans la Méditerranée.

Fig. 92. — Balano-phyllia Italica.

Genre **Balanophyllia** (Wood). — **Balanophyllie.**

Ce genre est caractérisé par un Polypier simple, fixé par une base large, ou seulement pédicellé et plus poreux que celui des Dendrophyllies. La columelle est spongieuse et les cloisons minces et déprimées.

Balanophyllia Italica (Milne-Edw.). — Balanophyllie d'Italie.

Dans cette espèce (fig. 92) le Polypier est droit, peu élevé, subturbiné, légèrement comprimé près du calice. Les cloisons principales sont un peu débordantes, à faces couvertes de grains fins ; les autres cloisons sont très minces, très criblées, couvertes de grains saillants et à bord déchiqueté ; le disque et les tentacules sont jaunes.

Cette espèce n'a pas été signalée sur nos côtes de l'Océan ; elle habite le littoral de la Méditerranée et on la trouve dans le golfe de Marseille, dans les prairies profondes de Zostères, par une profondeur de 10 à

25 mètres, associée à une espèce voisine, la *Balano-phyllia regia* à disque brun et à tentacules jaunes.

2e *Section*. — MADRÉPORAIRES APORES.

Les Coralliaires de cette section sont de tous les Madréporaires ceux dont le Polypier est le plus parfait ; ils ont toujours une muraille bien complète et un appareil cloisonnaire très développé ; c'est à eux que le nom de *Polypiers lamellifères* convient le mieux, (Milne-Edwards).

FAMILLE DES ASTRÉIDÉS.

Polypes le plus souvent agrégés, réunis par la soudure des murailles ; loges divisées par des lamelles transversales ; bord supérieur libre des cloisons armé d'épines ou de dents.

Genre Cladocora (EHRENB.). — Cladocore.

Dans ce genre le Polypier n'est jamais massif, mais constitue des touffes en forme de buisson ou de gerbe ramifiée ; les cloisons sont un peu débordantes, arrondies au sommet, granulées latéralement et finement dentelées sur leur bord.

Cladocora cespitosa (Lamour). — Cladocore en gerbe.

Cette espèce (fig. 93) a un Polypier formant des touffes serrées, à surface plus ou moins convexe. « Dans l'état d'extension les Polypes se touchent ordinairement par leurs tentacules, et lorsqu'on regarde la colonie par le haut, on ne voit pas d'intervalles entre les individus

qui la composent: Le disque et les tentacules sont d'un
brun clair ; en outre on distingue, surtout au soleil, une
nuance vive d'un vert brillant à la partie interne des
tentacules ; cette dernière coloration paraît due à certaines incidences de lumière : car souvent elle disparaît

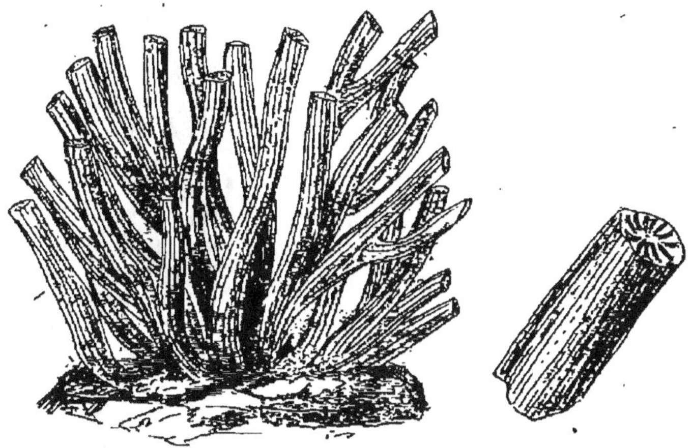

Fig. 93. — Cladocora cespitosa.

d'une manière complète. Les tentacules n'ont pas la
surface lisse, comme cela se voit chez les Actinies : ils
sont couverts d'une multitude de petites plaques ou verrues d'un blanc transparent assez égales entre elles
(Milne-Edwards).

La hauteur du Polypier est de 20 à 30 centimètres.
Cette espèce ne vit que sur nos côtes de la Méditerranée,
on la trouve sur le littoral de Marseille, dans les prairies de Zostères le long de la côte nord de l'île Ratoneau
et dans les graviers coralligènes du golfe du Prado.
(Marion).

FAMILLE DES TURBINOLIDÉS.

Polypes toujours solitaires, ovipares, se multipliant rarement par bourgeonnement. Muraille complètement imperforée ; cloisons formées de lamelles incomplètes, à surface généralement garnie de granulations.

Genre Caryophyllia (Lam.) = Cyathina (Ehrenb.) Caryophyllie.

Dans ce genre le Polypier est simple et adhère toujours par une base plus ou moins large dont les bords s'étalent en général de manière à encroûter le corps étranger sur lequel il est fixé ; le calice est à peu près circulaire et médiocrement profond ; la columelle qui en occupe le centre se compose d'un nombre variable de petites tiges étroites, rubanées et tordues ; les cloisons sont droites, larges, débordantes et recouvertes latéralement de fines granulations.

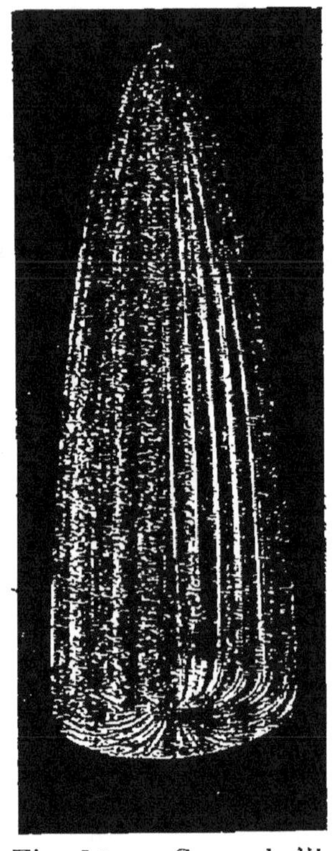

Fig. 94. — Caryophyllia clavus.

Caryophyllia clavus (Scacc.). — Caryophyllie claviforme.

Cette espèce (fig. 94) a un Polypier droit, fixé par une base assez grêle, à cloisons peu épaisses, à palis très larges, très minces, à faces couvertes de granulations très saillantes, en forme de petits godets. La muraille est recouverte d'une couche épidermique très mince, ressemblant à du vernis.

Cette Caryophyllie n'a été signalée que sur nos côtes de la Méditerranée, au large de Marseille, autour de l'île de Ratoneau, sur les scories et les vieilles coquilles et dans les grands fonds au-dessous de la falaise Peyssonel, où elle vit associée à une espèce voisine, la *Caryophyllia electrica* (Milne-Edw.) = C. *Calveri* (Duncan).

Genre Paracyathus (MILNE-EDW.). — Paracyathus.

Ce genre, très voisin du précédent, dont il diffère par ses palis à peine distincts des tiges columellaires, n'est représenté sur notre littoral que par deux espèces :

Paracyathus pulchellus (Milne-Edw.). — Paracyathus élégant.

Cette espèce (fig. 95) a un Polypier turbiné, droit, à calice circulaire assez profond, à cloisons à peine débordantes, minces, un peu épaissies en dehors, à grains latéraux gros et saillants.

Fig. 95.—Paracyathus pulchellus.

Elle ne vit que sur nos côtes de la Méditerranée, où elle est rare, dans les fonds de graviers vaseux au sud de Riou et de Planier, près Marseille.

Paracyathus striatus (Milne-Edw.). — Paracyathus strié.

Espèce très voisine de la précédente, dont elle diffère par ses cloisons plus minces, plus inégales, ses palis plus minces et plus larges. Elle n'a été encore trouvée que dans la fosse de Capbreton (Landes), par 40 à 90 brasses.

Genre Desmophyllum (Ehrenb.) — Desmophylle.

Ce genre est caractérisé par un Polypier simple et généralement fixé par une large base ; la muraille est nue, lisse inférieurement, et présente quelques petites crêtes dans le voisinage du calice.

Desmophyllum cristagalli (Milne-Edw.) — Desmophylle crête de coq.

Cette espèce a le Polypier très élevé, à base un peu contournée et un peu grêle, légèrement comprimé près du calice qui est régulièrement elliptique. Les côtes principales dans le voisinage du calice forment des arêtes vives ou de petites crêtes.

Ce Desmophylle ne se rencontre que dans les grandes profondeurs ; il n'a été signalé jusqu'à présent que dans la fosse de Capbreton (Landes), où il vit sur les valves de l'*Ostrea cochlear*, par 40 à 90 brasses (Quatrefages), et dans le golfe de Marseille, où il est commun dans les régions profondes au pied de la falaise Peyssonnel, par 500 à 700 mètres, et forme de beaux calices identiques à ceux des grands fonds du golfe de Gascogne (Marion).

Genre Flabellum (Lesson). — Flabelle.

'Dans ce genre le Polypier est simple, droit, plus ou moins comprimé ; les cloisons sont très nombreuses, ne débordant pas la muraille et présentant sur leurs surfaces des séries radiées de grains bien marqués. La muraille présente souvent des crêtes ou des épines, mais jamais de prolongements radiciformes ; le Polype est comprimé et son orifice buccal, au lieu d'être circulaire, figure une fente allongée.

Flabellum antophyllum (Milne-Edw.). — Flabelle antophylle.

Cette espèce (fig. 96) dont le Polypier est droit,

Fig. 96. — Flabellum anthophyllum.

comprimé, largement fixé, les cloisons minces, à granulations fortes et inégales, n'a été signalée que sur nos côtes de la Méditerranée, au large de Marseille, sur le pourtour de l'île de Ratoneau, où elle vit sur les roches sous-marines par une profondeur variant de 25 à 38 mètres.

Deuxième classe. — HYDROMÉDUSES.

La classe des Hydroméduses comprend de petits Polypes et des colonies de Polypes, ainsi que des Méduses qui appartiennent au même cycle de développement qu'eux et qui représentent la génération libre, sexuée, tandis que le Polype ne représente plus alors que la nourrice. Bien que les Polypes de ce groupe soient très inférieurs aux Anthozoaires par la taille et la structure, cependant, si l'on considère l'organisation élevée des

Méduses auxquelles ils donnent naissance et qui représentent la forme sexuée, on ne peut leur assigner le rang le plus inférieur parmi les Cœlentérés proprement dits (Claus).

Ces animaux établissent la transition entre les Anthozoaires et les formes plus élevées des Cœlentérés, telles que les *Cténophores*. Les Polypes ont en général une structure plus simple que celle des Anthozoaires et sont aussi beaucoup plus petits ; ils présentent rarement des formations squelettiques, et dans ce cas ce ne sont que des sécrétions plus ou moins cornées de l'épiderme, revêtant de gaines délicates la tige et les ramifications ; il peut aussi exister des disques de consistance gélatineuse, parfois cartilagineuse.

Peu d'animaux présentent, dans leur développement et dans leur mode de reproduction, des phénomènes aussi curieux. Les *Hydres* peuvent se reproduire : 1° par *scissiparité*, chaque fragment peut restaurer un individu entier ; d'après les expériences de Rœsel une partie du tentacule peut reformer un animal complet ; 2° par *gemmiparité*, le corps de l'Hydre se couvre de bourgeons qui naissent près du pied et qui forment de petits mamelons creusés d'un canal communiquant avec le canal central de l'animal souche ; ce bourgeon grossit, développe des tentacules, se détache et va se fixer sur un corps étranger, ou bien il reste fixé sur le pied nourricier et se reproduit lui-même par de nouveaux bourgeons ; 3° par des *œufs* : le pied se gonfle en quelques endroits, forme un bourrelet d'où sortira l'œuf pour se fixer sur un corps quelconque. La jeune Hydre, née d'un bourgeon sur le pied de l'Hydre mère, vit et se re-

produit comme elle par des bourgeons et par des œufs ;
c'est alors que l'on peut observer chez ces singuliers
animaux la *génération alternante :*

Fig. 97. — Reproduction des Hydres (d'après Perrier).

1. Hydre grise abondamment nourrie en captivité et ayant produit
une colonie de 19 petits. — 2. Hydre portant un petit. — 3. Hydre
pêchée dans une eau exceptionnellement riche en infusoires et
petits Crustacés, et parvenue au maximum ordinaire de fécon-
dité.

« Supposons un instant que l'Hydre mère, l'Hydre
souche issue d'un œuf, ne dispose que du premier de
ces modes de reproduction, qu'elle ne puisse former
d'œufs, mais que l'Hydre fille se charge de la reproduc-

tion sexuée en produisant des œufs. Supposons ensuite que de ces œufs naissent de jeunes Hydres qui n'aient, comme la première mère, à leur disposition que le seul mode de reproduction asexuel, mais que leurs filles de nouveau se reproduisent par des œufs : nous aurons ainsi un cycle reproductif dans lequel toujours à une génération d'individus se multipliant par gemmiparité succéderait une génération fille se reproduisant par des œufs. Imaginons enfin que les Hydres de deuxième génération diffèrent considérablement de forme et d'apparence de leur mère, et nous aurons une idée de ce qu'on appelle une *génération alternante* » (Capus) (1).

Le même phénomène peut être observé chez les Méduses, dont les œufs sont renfermés dans les tentacules qui pendent au-dessous de l'ombrelle : l'œuf produit une larve garnie de cils vibratiles qui se fixe sur un corps sous-marin ; cette larve, qui rappelle la forme de l'Hydre, peut se reproduire par bourgeonnement, mais ces bourgeons ne naissent pas uniquement sur le pied ; ils poussent en même temps à la partie supérieure de l'animal, qui s'allonge en forme de colonne et se divise successivement de haut en bas en un certain nombre de rondelles disposées en piles et emboîtées les unes dans les autres (fig. 98). Ces singulières formes avaient été considérées autrefois comme autant d'animaux différents et on avait donné à la larve ciliée le nom de *planula*, à la larve fixée avant sa segmentation le nom de *scyphistome*, à la colonne de rondelles celui de *strobile* et à la rondelle, à l'état libre, le nom d'*ephyra*. Ces dénomi-

____

(1) G. Capus, *L'œuf chez les Plantes et les Animaux.*

nations, comme celles que nous avons indiquées pour les

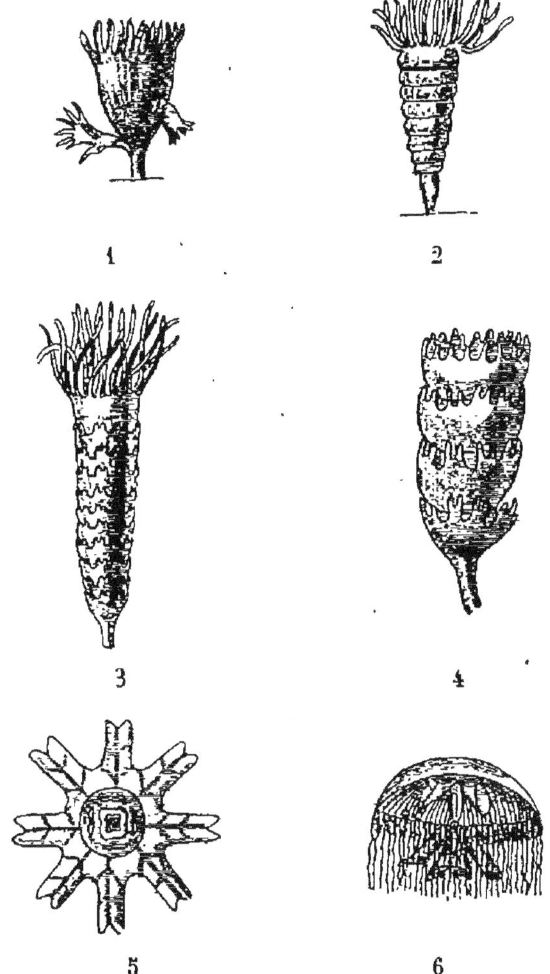

Fig. 98. — Développement de l'Aurélie rose (A. Aurita) d'après Sart.
1. Forme polypoïde avec des bourgeons en voie de formation. —
2. La même commençant à se diviser en segments transversaux.
— 3. La même dont la division est plus avancée. — 4. La même
dont il ne reste plus que des segments prêts à se détacher. —
5. Un de ces segments détaché et libre. — 6. Forme médusoïde
complètement développée.

larves d'Echinodermes, ont été conservées pour désigner
les différentes formes larvaires des Hydroméduses.

Chez les Polypes hydraires (*Campanulaires, Sertulaires*) la reproduction est encore plus intéressante à observer : ces animaux se mutiplient par bourgeonnement et forment de véritables colonies agglomérées en forme de grappes composées d'individus vivant l'un sur l'autre. Si on examine une des branches de cet arbre minuscule on y remarque des corps ventrus et arrondis qui sont les bourgeons reproducteurs, placés à côté d'autres bourgeons qui sont uniquement nourriciers; les bourgeons reproducteurs se détachent, comme les rondelles des Méduses, et vont former une Méduse libre, qui produira à son tour des œufs d'où naîtront de nouvelles colonies. Dans quelques espèces les bourgeons reproducteurs ne se détachent pas, ils restent, sous la forme de petites Méduses, attachés à la colonie qui devient nourricière, multiplicatrice et reproductrice à la fois.

Ce mode de développement si compliqué est poussé encore plus loin chez les *Siphonophores* :

« La colonie qui provient du bourgeonnement successif de l'animal souche, se compose des individus nourriciers aséxués qui pourvoient à l'alimentation de toute l'association, des individus Médusaires sexués transformés en organe de natation, et enfin d'un appareil hydrostatique appelé *Vessie aérienne,* qui maintient l'équilibre de la colonie dans l'eau. Car toute cette agglomération d'organes enchevêtrés, superposés, juxtaposés, parfois alignés en longue chaîne, rappelant quelque chevelu de racines à la dérive ou quelque ceinture fantastique d'une Néréide, n'aurait qu'un équilibre fort instable si les vessies et les cloches ne la maintenaient plus ou moins verticalement » (Capus).

Les *Vélelles*, par exception, abandonnent leurs formes médusaires qui se détachent de la colonie, vivent errantes et produisent des œufs qui deviendront l'origine de nouvelles colonies hydrostatiques.

« Pendant longtemps, dit Claus, on considéra comme comme un fait extraordinaire, presque inexplicable, que des animaux aussi différents (Polypes et Méduses), que leurs caractères zoologiques permettaient de ranger dans des classes distinctes, représentassent simplement diverses phases d'un même cycle évolutif. La théorie de la génération alternante ne faisait que tourner la difficulté sans la résoudre ; seuls, la théorie de la descendance et le darwinisme peuvent nous en donner une explication. On a reconnu, en effet, que le Polype et la Méduse ne diffèrent pas si profondément l'un de l'autre qu'on le croyait jadis, et qu'il faut bien plutôt les considérer comme les modifications d'une seule et même forme primitive, adaptée à des conditions d'existence différentes. »

La forme médusoïde est caractéristique. Les Méduses se composent d'un disque plus ou moins bombé comme un champignon, auquel on a donné le nom d'*ombrelle* ; l'ombrelle est quelquefois hémisphérique ou en forme de cloche ; elle est munie d'une frange d'appendices flottants. La substance des Méduses est molle et transparente comme une gelée ; aussi Réaumur leur avait-il donné le nom de *gelée de mer*. Quelquefois la masse du corps est incolore et transparente comme du cristal ; d'autres fois, colorée d'élégantes teintes roses, violettes ou azurées, dont la délicatesse est admirable.

Les Méduses flottent librement dans les eaux de la mer, et au moyen des contractions alternatives de leur ombrelle parviennent à se diriger, en nageant le corps incliné obliquement. On a remarqué qu'elles ne se dirigent jamais vers les côtes que par un vent contraire et qu'elles s'en éloignent dès que le vent, soufflant du large, tend à les pousser sur la plage ou contre les rochers. Toutefois elles ne résistent pas toujours aux courants ou aux vagues soulevées par la tempête et viennent échouer, souvent en grand nombre, sur nos côtes, où elles ne forment plus alors que des masses informes, gélatineuses et bleuâtres, ressemblant à l'amidon cuit ou empois. Ces masses exposées sur le sable à l'action de l'air et du soleil se liquéfient et fondent si complètement qu'on ne retrouve plus de trace d'une Méduse volumineuse que l'on avait vue échouée sur la plage quelques jours auparavant.

Quelques espèces de Méduses sont phosphorescentes, et cette particularité leur a fait donner par les marins le nom de *Chandelles marines*.

Certaines parties de nos côtes sont fréquentées par un grand nombre de Méduses, et il est facile de les observer dans les eaux peu profondes où elles se réunissent quelquefois en nombre considérable. A Cette on peut les voir, en flottilles nombreuses, se rendre de la mer à l'étang de Thau en suivant le canal qui traverse toute la ville.

Les Hydroméduses sont des animaux marins, à l'exception des *Hydridés*, qui vivent dans les eaux douces ; ils se nourrissent de substances animales. Les Méduses libres et les Siphonophores sont phophorescents.

Les Hydroméduses se divisent en trois ordres :

Les *Hydroïdes*.
Les *Siphonophores*.
Les *Acalèphes*.

Fig. 99. — Millépore.

1ᵉʳ *Ordre*. — HYDROÏDES.

Les Hydroïdes sont de petits Polypes vivant isolés ou en colonies ramifiées et fixées, portant des bourgeons médusoïdes ou de petites Méduses (*Méduses hydroïdes*).

« Les difficultés que présente la classification de ces animaux et la confusion qui y règne tiennent non seulement en partie à la connaissance incomplète que nous possédons sur le développement de beaucoup de Méduses et sur la reproduction réelle de beaucoup de colonies de Polypes, mais encore au fait que les colonies de Polypes les plus voisines donnent naissance à des formes sexuées très différentes » (Claus).

On divise les Hydroïdes en quatre sections :

Les *Hydrocoralliaires*.
Les *Tubulaires*.
Les *Campanulaires*.
Les *Trachyméduses*.

Les Hydrocoralliaires sont des animaux formant des Polypiers (*Millépores*) fig. (99) et concourant avec les Coralliaires et les Madréporaires à la formation des récifs sous-marins ; ils habitent les mers chaudes et n'ont pas de représentants sur notre littoral.

TUBULAIRES.

Les Tubulaires sont des colonies de Polypes nus ou recouverts d'un épiderme sans cellules caliciformes autour de chaque Polype. Les bourgeons sexuels sont de simples bourgeons médusoïdes, se développant rarement immédiatement sur les ramifications de la colonie, mais le plus souvent sur le corps des Polypes ou sur des individus particuliers. Les Méduses, qui deviennent libres, ont la forme d'une cloche ou d'une tour possédant quatre et plus rarement huit canaux radiaires (Claus.).

FAMILLE DES HYDRIDÉS.

Les Hydridés sont des Polypes isolés, nus, allongés, présentant un petit nombre de tentacules autour de la bouche, se reproduisant par bourgeonnement sur les parois latérales ou par scissiparité.

Les *Hydres* ont été rendues célèbres par les expériences de Trembley, qui, le premier, découvrit la nature de ces singuliers animaux (1); il observa que l'Hydre peut être retournée complètement à la façon d'un doigt de gant sans périr, la surface extérieure du corps pouvant digérer comme la surface intérieure; il coupa des Hydres en fragments et constata que ces fragments reconstituaient de nouveaux Polypes.

Ces animaux, que l'on désigne aussi sous le nom de *Polypes d'eau douce*, sont propres à toute l'Europe et vivent dans les eaux douces et tranquilles. dans les étangs, les fossés, les réservoirs, fixés au-dessous des *Lemna* et sur les autres plantes aquatiques. On en trouve plusieurs espèces en France.

Les Hydres ont un mode de locomotion curieux; la figure ci-contre (fig. 99) indique les positions successives d'une hydre effectuant une culbute, d'après Perrier.

Genre Hydra (Lin.). — Hydre.

Ce genre renferme des Polypes à tentacules filiformes, très protractiles, disposés autour de la bouche.

Les Hydres sont d'une grande voracité et capturent au

(1) Trembley, *Mémoire pour servir à l'histoire d'un genre de Polypes d'eau douce*. — Paris, 1744.

moyen de leurs longs tentacules toujours en mouvement tous les petits animaux qui passent à leur portée :
vers, pucerons, larves d'insectes, etc. Elles sont sen-

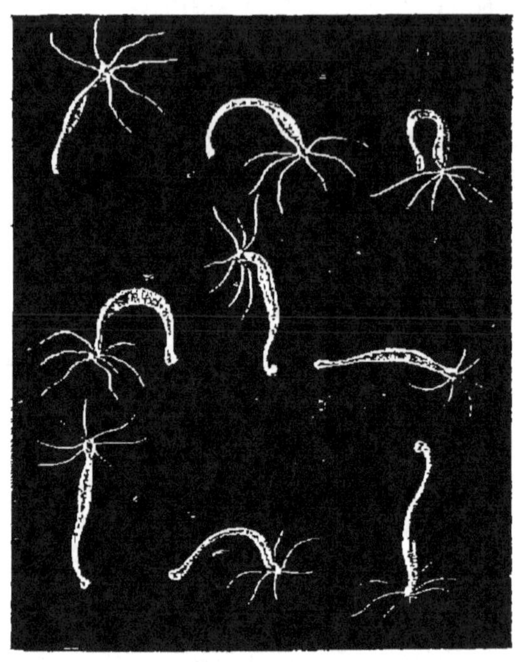

Fig. 100. — Locomotion des Hydres (d'après Perrier).
1, 2, 3, 4, Hydre rampant à la manière des Chenilles arpenteuses.
— 5, 6, 7, 8, 9, Positions successives d'une Hydre effectuant une
culbute (Grossissement 3 diamètres).

sibles au bruit et à la lumière, et si on les met dans un
vase placé en partie dans l'ombre et en partie au soleil,
elles se dirigent toujours vers la partie éclairée. Elles
s'attachent aux plantes aquatiques, aux corps flottants
dans l'eau, aux tubes renfermant les larves de *Phryganes*,
aux coquilles de Mollusques fluviatiles (*Limnées, Pla-
norbes.*) La nourriture des Hydres exerce une influence
momentanée sur leur coloration, par suite de la ténuité
et de la transparence de leurs tissus : les pucerons

les colorent en vert, les *Naïs* les rendent rouges.

Lorsqu'on veut se procurer des Hydres, il suffit de prendre dans les eaux dormantes une certaine quantité de plantes aquatiques à la surface desquelles elles se tiennent fixées; en déposant ces plantes dans un vase rempli d'eau les Hydres ne tardent pas à étendre leurs longs bras et on peut très bien les voir, même à l'œil nu.

Les espèces de France sont très voisines et diffèrent surtout par leur coloration.

Hydra grisea (Lin.) — Hydre commune.

Cette espèce, la plus commune du genre, d'une coloration grise, a les tentacules très variables dans leur nombre et leur longueur. Elle vit dans les eaux stagnantes de toute la France.

Hydra fusca (Lin.). — Hydre brune ou à longs bras.

Cette Hydre (fig. 101) diffère de la précédente par sa coloration d'un brun grisâtre, ses dimensions plus considérables et ses tentacules extrêmement longs. Elle habite toute la France et est commune aux environs de Paris.

Hydra viridis (Lin.). — Hydre verte.

Cette espèce n'a que deux à trois millimètres ; dans sa plus grande contraction elle prend une forme

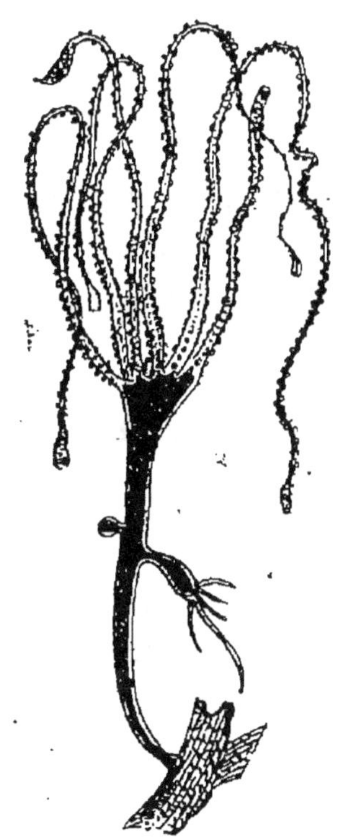

Fig. 101. — Hydre brune avec deux bourgeons.

globuleuse et comme pédicellée ; sa coloration est verte ; ses tentacules varient en nombre de trois à dix et sont plus communément au nombre de huit ; ils sont très extensibles et armés de nématocystes.

On la trouve dans toute la France.

Rœsel a décrit une autre espèce, l'*Hydra pallens*, qui est beaucoup plus rare.

FAMILLE DES HYDRACTINIDÉS.

Colonies de Polypes à expansion aplatie et étendue sur laquelle naissent des concrétions squelettiques cornées. Les Polypes sont en massue avec une couronne de tentacules simples.

Genre Hydractinia (VAN BEN.). — Hydractinie.

Dans ce genre les bourgeons médusoïdes sont sessiles sur des individus prolifères dépourvus de tentacules.

« La partie commune à toute la colonie est une membrane qui s'applique à la surface de l'objet sur lequel se fait l'installation, et dans laquelle se trouve la même couche chitineuse d'où émanent les tubes isolés de cette colonie. Les canaux nourriciers se prolongent également dans cette membrane avec leurs soulèvements en forme d'épines et ils assurent au Polype la possibilité de vivre et de s'accroître. Dans une telle colonie se trouvent toujours réunis deux sortes d'individus seulement : on y voit toujours des individus nourriciers qui se distinguent par leur longueur et par le développement accusé des tentacules, de la bouche et de la cavité digestive. Ils sont naturellement chargés de se nourrir eux-mêmes et de nourrir la colonie. Par l'intermédiaire du système canaliculaire de la colonie ils pourvoient à la prospérité de leurs compagnons, qui sont exclusivement des mâles ou exclusivement des femelles. Celles-ci portent à l'ex-

Fig. 102. — Hydractinia echinata.

trémité antérieure, en place de tentacules, une ceinture de cellules urticantes et, à quelque distance de là, une épaisse couronne de capsules simples contenant des œufs. La larve ciliée, provenant de l'œuf, s'installe so-lidement et fonde une nouvelle colonie » (Brehm).

Ce genre est représenté sur notre littoral par une es-pèce bien connue :

Hydractinia echinata (Van Ben.) — Hydractinie épineuse.

Cette espèce (fig. 102) forme un revêtement sur les vieilles coquilles habitées par des Pagures (*Pagurus Ber-nardus*). Lorsque le Pagure court dans les flaques d'eau peu profondes, on peut examiner facilement cette Hydractinie, dont la masse fondamentale est constituée par un tissu opalin et à demi teinté de blanc, sur lequel tranchent en rose ou en jaune les individus reproducteurs. Si on retire de l'eau la coquille sur laquelle s'étalait la colonie d'Hydractinies, tous les Polypes se rétractent et l'on n'aperçoit plus que des piquants disséminés sur toute l'étendue de la colonie.

Cette espèce est commune sur nos côtes.

FAMILLE DES TUBULARIDÉS.

Polypes portant, en dedans de la couronne externe de tentacules, un cercle de tentacules filiformes sur la trompe. Bourgeons sexuels naissant entre les deux cercles de tentacules.

Genre Tubularia (Lin.). — **Tubulaire.**

Dans ce genre la colonie forme des prolongements radiciformes, rampants, sur lesquels se dressent des branches simples ou ramifiées portant des Polypes à leur extrémité.

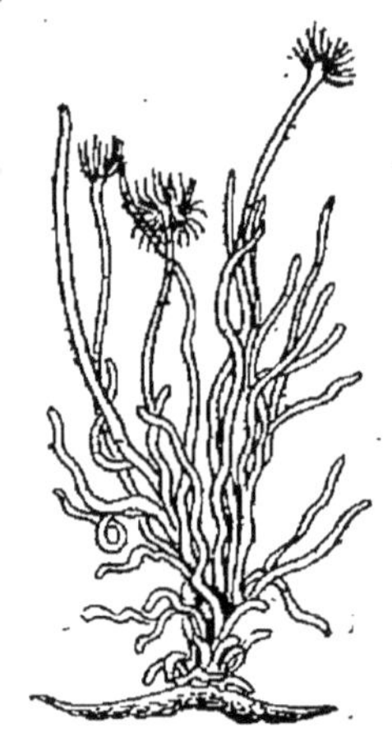

Fig. 103. — Tubularia indivisa.

Les Tubulaires établissent leurs colonies sur les pierres, les coquilles, les Ascidies, les Fucus, etc.

Tubularia indivisa (Lin.) = *T. calamaris* (Pall.) — Tubulaire chalumeau.

Dans cette espèce (fig. 103) la colonie se compose de tiges nombreuses, cornées, jaunes, noueuses d'espace

espace et offrant une certaine ressemblance avec des tiges sèches de graminées.

« La partie inférieure est tortueuse et très adhérente

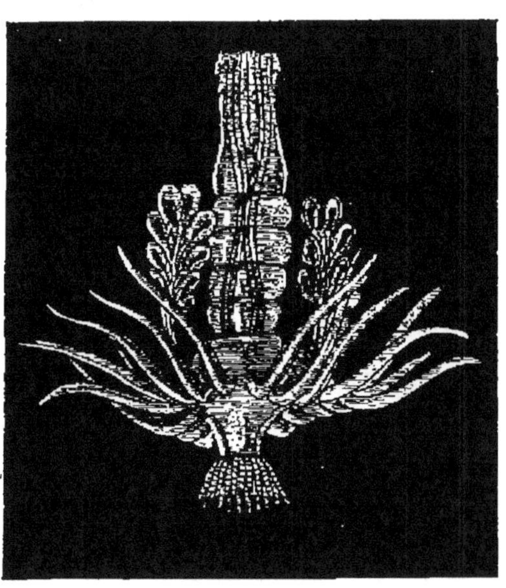

Fig. 104. — Extrémité supérieure d'un individu de *Tubularia indivisa* (d'après Perrier).

aux corps étrangers ; la partie supérieure est à peu près droite, ou mieux légèrement flexueuse. L'ensemble représente un végétal fleuri sans feuilles ni rameau. Au sommet de chaque tige se développe une double corolle écarlate de quinze à trente-cinq pétales par rangée, les extérieurs étalés, les intérieurs relevés en houppe. Un peu au-dessous paraissent les ovaires, qui pendent, quand ils sont mûrs, comme des grappes orangées. Au bout d'un certain temps les corolles se flétrissent, tombent et meurent. Un bouton les remplace, lequel produit un nouveau Polype, et ainsi de suite. Cette succession détermine l'allongement des tiges, chaque prétendue fleur

élevant un peu le tube qu'elle termine, et chaque addition ajoutant un nœud de plus à l'axe qu'elle allonge »
(Moq.-Tandon).

Cette espèce vit sur toutes nos côtes. On trouve sur
notre littoral de la Méditerranée une espèce voisine, la
Tubularia mesembryanthemum (All.),
assez commune à Marseille, dans
les bassins de la Joliette.

CAMPANULAIRES

Les colonies de Campanulaires
ont des ramifications revêtues d'un
tube corné qui s'élargit en calice
autour de chaque Polype et dans lequel les Polypes peuvent rétracter
leur trompe et leurs tentacules. Les
bourgeons sexuels naissent presque
régulièrement sur des individus
prolifères, dépourvus d'ouverture
buccale et de tentacules et qui sont
tantôt fixés, tantôt deviennent de
petites Méduses libres.

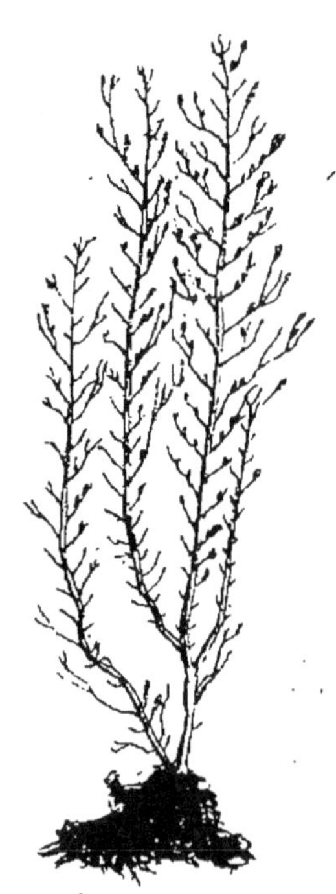

Fig. 105. — Plumula-
ria myriophyllum.

FAMILLE DES PLUMULARIDÉS.

Colonies ramifiées, à tube corné
sur un seul rang ; tubes des Polypes nourriciers avec de
petits calices accessoires remplis de nématocystes.

Genre Plumularia (Lam.). — Plumulaire.

Ce genre est caractérisé par ses colonies, qui forment
de petits rameaux disposés comme les barbes d'une
plume.

On trouve un certain nombre de Plumulaires sur nos

côtes, mais elles offrent entre elles une grande ressemblance ; les principales sont :

Plumularia myriophyllum (Lam.) = *Aglaophenia myriophyllum* (Lamour). Plumulaire myriophylle.

Les colonies de cette espèce (fig. 105) forment des jets, nus inférieurement, striés et pinnés, s'élevant à quinze ou dix-huit centimètres. Les pinnules sont disposées sur deux rangées unilatérales, longues, filiformes et arquées.

Cette Plumulaire vit sur les fucus ; on la trouve sur notre littoral, principalement sur les côtes de Marseille, dans les graviers vaseux au sud de Riou et de Planier, où ses colonies atteignent de grandes dimensions.

Fig. 106. — Plumularia pinnata.

Plumularia cristata (Lam.). = *Aglaophenia pluma* (Lamour.). Plumulaire à crête.

Cette espèce assez voisine de la précédente et dont les rameaux sont élevés, droits et très légers, vit sur toutes nos côtes. On la trouve] fréquemment sur les valves du *Pecten maximus*.

Plumularia echinulata (Lam.). — Plumulaire épineuse. Cette espèce est petite, à pinnules denticulées. On la trouve à Marseille, dans le bassin de la Joliette, où elle vit avec la *P. similis* (Hincks), qui paraît n'être qu'une variété.

Plumularia pinnata (Blainv.) = *Aglaophenia pinnata* (Lamour.). — Plumulaire pinnée.

Cette Plumulaire (fig. 106), dont les rameaux sont

simples et plumeux, s'élève à peine à 4 ou 5 centimètres. Elle est assez commune sur nos côtes de la Manche.

Plumularia setacea (Blainv.) = *Aglaophenia setacea* (Lamour.). Plumulaire soyeuse.

C'est la plus petite espèce de nos côtes ; ses rameaux à pinnules lâches, très ouvertes, ne dépassent guère 2 centimètres de longueur. On la trouve sur tout notre littoral.

Genre Antennularia (Lam.). — Antennulaire.

Les Antennulaires sont caractérisés par leurs filets ou ramuscules verticillés, sur lesquels se trouvent les cellules caliciformes ; ces cellules sont petites, disposées d'un seul côté sur les filets verticillés et offrent, par cette disposition, un rapport avec les Plumulaires.

Antennularia ramosa (Lam.).—Antennulaire rameuse.

Cette espèce (fig. 107) est facile à reconnaître à ses rameaux grêles, allongés, plumeux, offrant une certaine ressemblance avec une graminée, la *Stipa pennata*.

Elle vit sur nos côtes de l'Océan avec une espèce très voisine, l'*A.. antennina* (Lam.) — Antennulaire simple.

Fig. 107. — Antennularia ramosa.

FAMILLE DES SERTULARIDÉS.

Colonies ramifiées. Polypes situés sur les faces opposées dans des cellules en forme de bouteille. Bouche entourée d'une couronne de tentacules. Bourgeons sexuels sessiles sur des individus prolifères, dépourvus de tentacules et situés dans de grosses cellules (Claus.).

Genre Sertularia (Lin.). — Sertulaire.

Ce genre, qui a été confondu avec les Campanulaires, s'en distingue par ses cellules sessiles qui s'implantent dans la tige commune par un prolongement étroit simulant un pédoncule. Les colonies ressemblent à de petites plantes délicates, généralement d'un jaune brunâtre et demi-transparentes, quelquefois agréablement colorées de pourpre. Elles vivent sur les Fucus, les Algues, les coquilles, les carapaces de crustacés.

On trouve sur nos côtes plusieurs espèces de Sertulaires ayant entre elles tant de ressemblance qu'elles sont difficiles à distinguer.

Sertularia abietina (Lin.). — Sertulaire sapinette.

Cette espèce forme des colonies ramifiées figurant, comme son nom l'indique, de petits sapins en miniature (3 à 4 centimètres de hauteur); ses tiges sont grêles, demi-transparentes; les rameaux sont garnis de chaque côté de cellules saillantes qui les font paraître dentés.

Cette Sertulaire est commune sur nos côtes de l'Océan, où on la trouve souvent fixée sur les coquilles du *Buccinum undatum* et du *Pecten maximus*.

Sertularia cupressina (Lin.). — Sertulaire cupressine.

La tige de cette espèce est rameuse et simplement pinnée ; elle est fixée aux corps sous-marins par des radi-
cules et souvent formée d'un tube unique, corné, un
peu comprimé.

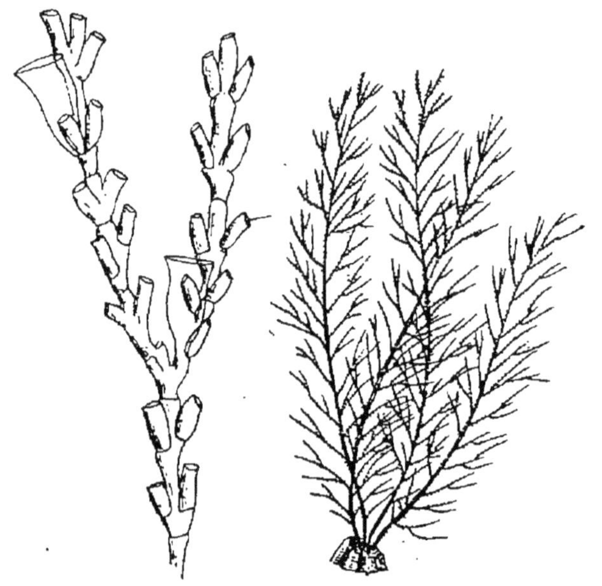

Fig. 108 et 109. — Sertularia argentea.

Cette espèce vit sur toutes nos côtes, où elle adhère aux
fucus et aux coquilles.

Sertularia argentea (Lin.). — Sertulaire argentée.

La colonie (fig. 108 et 109) est divisée, dès la base, en
branches allongées, atténuées en pointe à leur extrémité
et garnies latéralement de rameaux paniculés, serrés les
uns contre les autres. Les cellules sont dentiformes,
oblongues, presque opposées, brillantes, resserrées
contre les rameaux. Longueur 18 à 20 centimètres. Elle
vit sur toutes nos côtes, ainsi que les espèces suivantes :

Sertularia polyzonia (Lin.). — Sertulaire polyzone.

Taille assez petite, rameaux alternes, rares, cellules dentiformes, alternes et distantes.

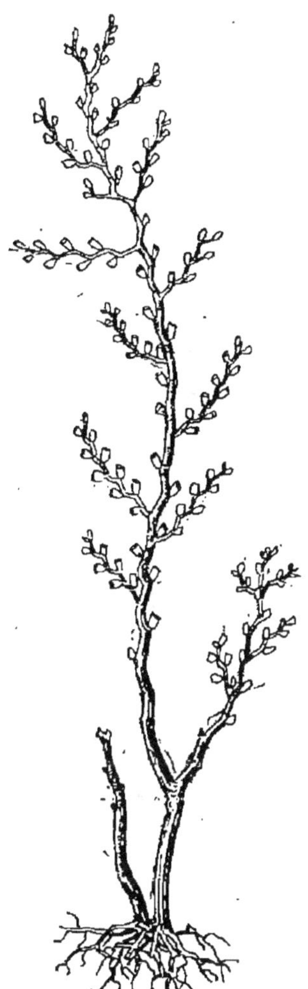

Fig. 110. — *Sertularia limbata.*

Sertularia spinosa (Lin.). — Sertulaire épineuse.

Colonie frêle, allongée, quelquefois volubile, à ramifications latérales courtes, divisées, paniculées, subépineuses. — Longueur 18 centimètres.

Sertularia rugosa. (Flem.). — Sertulaire ridée.

Cellules montrant des saillies en forme de fuseau ou de massue, vésicules renflées et rugueuses.

Sertularia tamarisca (Flem.). — Sertulaire tamarisque.

Colonie à ramifications alternes, cellules tubuleuses, longues, proéminentes et dentées.

Sertularia limbata (Milne-Edw.). — Sertulaire bordée.

Cette espèce (fig. 109) se distingue par la grandeur de ses cellules et les lignes concentriques qui bordent l'orifice de celles-ci. On ne la trouve que dans la Méditerranée.

Genre Dynamena (Lamour.). — **Dynamène**.

Ce genre, très voisin du précédent, est caractérisé par

les tubes cornés qui s'élargissent autour de chaque Polype, sont bilabiés et opposés par paires.

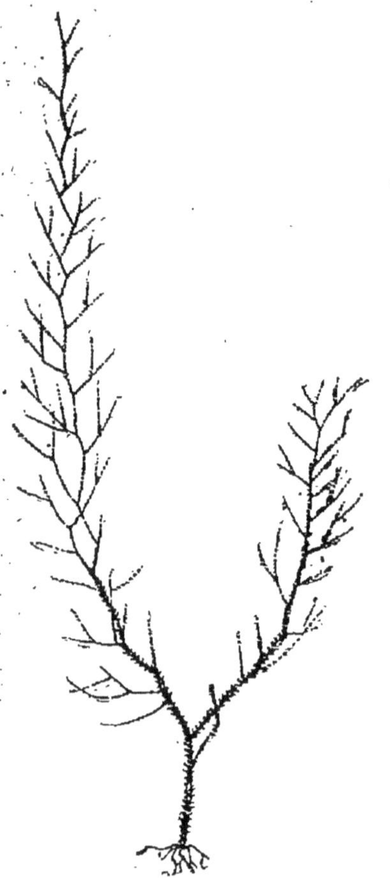

Fig. 111. — Dynamena operculata.

Fig. 112. — Halecium halecinum.

Dynamena pumila (Lamour.). — Dynamène naine.

Dans cette espèce la colonie est formée de branches nombreuses, délicates, les unes simples, les autres un peu rameuses. Longueur 3 centimètres. Elle est commune sur nos côtes de l'Océan.

Dynamena rosacea (Lamour.). — Dynamène rosacée.

La colonie est grêle, rameuse et longue de 6 à 7 centimètres. Elle vit sur nos côtes de l'Océan.

Dynamena operculata (Lamour.) — Dynamène operculée.

Cette espèce (fig. 111) est très facile à distinguer par ses touffes capillacées, très fines et surtout très étendues. Longueur ordinaire 2 décimètres. — Elle est très commune sur nos côtes de l'Océan.

Genre Halecium (OKEN). — Halécium.

Ce genre ne diffère des précédents que par des Polypes qui ne sont pas complètement rétractiles.

Halecium halecinum (Oken). — Sertulaire halécine.

Dans cette espèce (fig. 112) la colonie est rameuse, pinnée, longue de 8 à 10 centimètres, à tiges et rameaux légèrement rigides ; à la base les tiges sont composées de tubes réunis, entortillés et entremêlés ; les Polypes sont saillants.

On la trouve sur nos côtes de l'Océan et au large de Marseille, au sud de Riou et de Planier, par 100 à 200 mètres. (Marion.)

FAMILLE DES CAMPANULARIDÉS.

Les tubes cornés (*hydrosthèques*) qui entourent les Polypes sont fixés sur des pédoncules annelés ; les Polypes présentent, au-dessous de leur trompe conique et saillante, un cercle de tentacules. Les bourgeons sessiles sont sexuels ou se détachent et se transforment en Méduses aplaties ou campanuliformes auxquelles on donne le nom d'*Eucopides*.

Les Campanulaires ont été ainsi nommées parce que

l'extrémité des tiges renfermant les Polypes est élargie en forme de clochettes.

Genre Campanularia (Lam.) = **Clythia** (Lamour.). — Campanulaire.

Dans ce genre les colonies sont ramifiées, les tubes

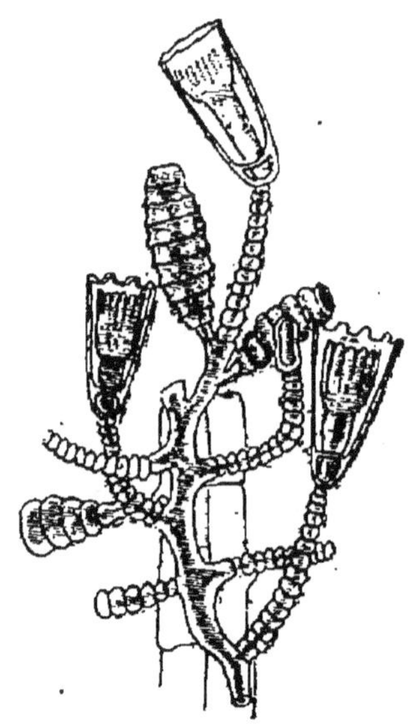

Fig. 113. — Campanularia volubilis.

entourant les Polypes ont le bord entier ou dentelé, sans couvercle.

Campanularia volubilis (Johnst.) = *Clythia Johnstoni* (All.). — Campanulaire grimpante.

Dans cette espèce (fig. 113) la colonie est formée de tiges volubiles, rameuses, qui s'enroulent autour des fucus. Elle est assez commune sur nos côtes de l'Océan et vit également dans la Méditerranée, au large de Marseille.

14

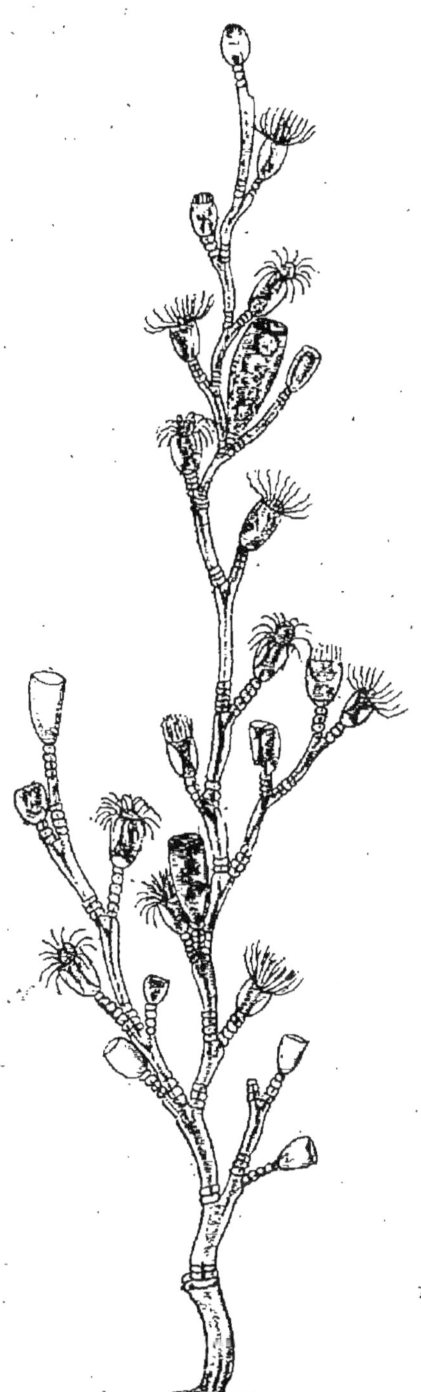

Fig. 114. — Campanularia dicho
toma.

Campanularia dichotoma
(Lam.). — Campanulaire
dichotome.

Cette Campanulaire,
(fig. 114) est une des plus
délicates et des plus élégantes ; elle est facile à
reconnaître à ses tiges
filiformes, rameuses, terminées par des calices
campanulés. Les bour-
geons reproducteurs ébau-
chent la forme médusaire
tout en restant attachés à
la colonie.

« Elle offre une tige
mince comme un fil de
soie, résistante, élastique
et brune ; ses polypes sont
assez nombreux : sur une
arborisation haute de 20
centimètres il en existe
peut-être douze cents.
Les petits Polypes res-
semblent à des cham-
pignons microscopiques.
Au bout d'un certain
temps ils se retournent
de dedans en dehors :
leur chapeau se change
en campanule et leur

pédicule se transforme en tige. » (Moq.-Tandon.)

Cette espèce vit sur tout notre littoral.

Campanularia geniculata (Cuv.) — Campanulaire géniculée.

Cette espèce (fig. 115 et 116) se distingue par ses tiges formant des jets très minces, filiformes, la plupart

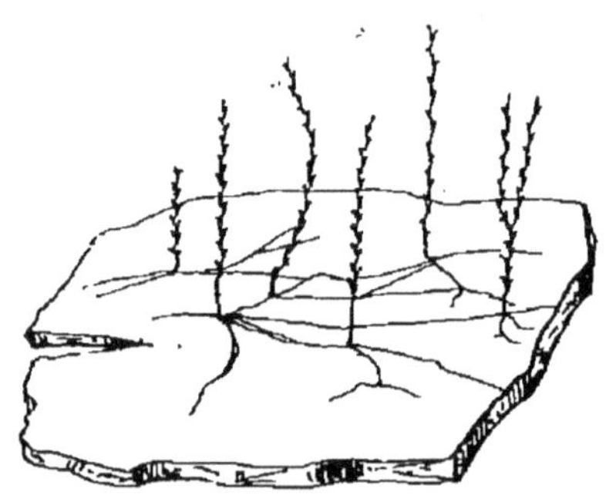

Fig. 115. — Campanularia geniculata.

simples, rampant sur les fucus ou y formant des saillies. — Elle vit sur toutes nos côtes.

Campanularia gelatinosa (Van Ben.) = *Obelia gelatinosa* (Van Ben.). Campanulaire gélatineuse.

Cette espèce (fig. 117) a la tige composée, le sommet des tubes à bords entiers ; les individus prolifères situés sur les rameaux produisent des Méduses campanuliformes (fig. 117).

Cette Campanulaire vit sur tout notre littoral.

On trouve également les *Campanularia flexuosa* (Hincks et *C. exigua* (Sars) sur les côtes de Marseille et la *C. syringa* (Blainv.)dont les calices fixés à la tige par de courts pédoncules sont terminés par un bord faisant l'office d'opercule.

Genre Gonothyrea (All.). — **Gonothyrée.**

Ce genre est caractérisé par ses bourgeons sexuels situés à l'extrémité de l'individu prolifère et qui sont des

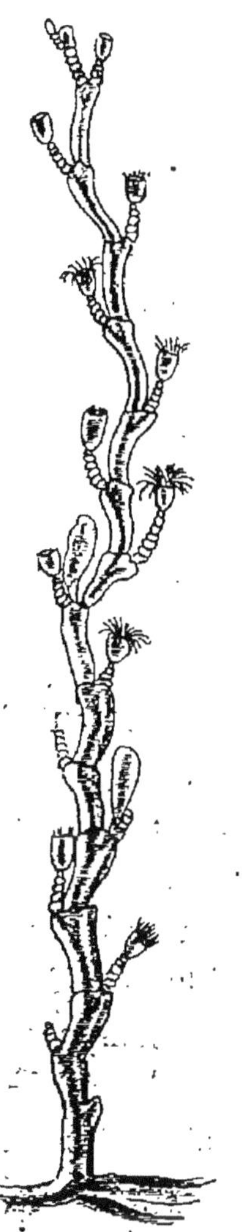

Fig. 115. — Campanularia geniculata.

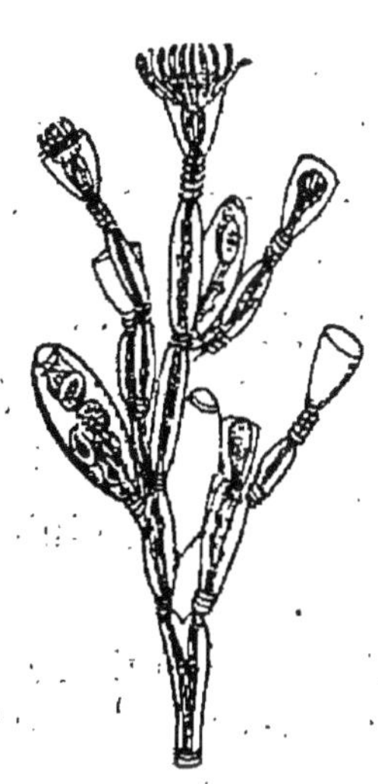

Fig. 117. — Campanularia gelatinosa.

Méduses incomplètes avec un cercle de tentacules filiformes. Une espèce, la *Gonothyrea gracilis* (Sars), habite le littoral de la Méditerranée, sur les Spongiaires.

FAMILLE DES ÆQUORIDÉS.

Méduses larges, discoïdes, à pédoncule buccal court, large et membraneux, à canaux radiaires et à filaments marginaux nombreux. Leur forme polypoïde n'est pas connue.

Genre Æquorea (Lin.). — Equorée.

Ces Méduses sont caractérisées par une ombrelle garnie à son pourtour d'un grand nombre de cirrhes allongés, par les canaux de l'estomac nombreux et linéaires, par leur disque creux en dessous avec un orifice buccal simple ou bordé d'un repli membraneux.

Æquorea Forskalea (Ag.). — Equorée de Forskal.

Cette espèce a l'ombrelle discoïde, très déprimée, presque plane, d'une couleur générale hyaline, les lames du cercle ombrellaire sont brunes, les tentacules très nombreux et fort longs (de 66 à 95 centimètres). Diamètre de l'ombrelle : 36 à 48 centimètres.

Cette Equorée vit dans l'Océan et la Méditerranée ; Risso dit qu'elle apparaît sur les côtes de Nice au printemps.

Æquorea violacea (Milne-Edw.). — Equorée violette.

Cette espèce (fig. 118) a l'ombrelle discoïde, peu bombée, hyaline, garnie tout autour de filaments tentaculaires très courts, grêles et de couleur violacée. Elle habite les côtes de Provence et est assez commune à Cette.

Æquorea Rissoana (Lam.). — Equorée de Risso.

L'ombrelle est subdiscoïde, hyaline, très déprimée et nuancée de rose ; le cercle ombrellaire est formé par un grand nombre d'appendices subclaviformes, bosselés et non prolongés jusqu'au rebord ; les tentacules sont très longs et très nombreux. Diamètre : 0,09 centimètres.

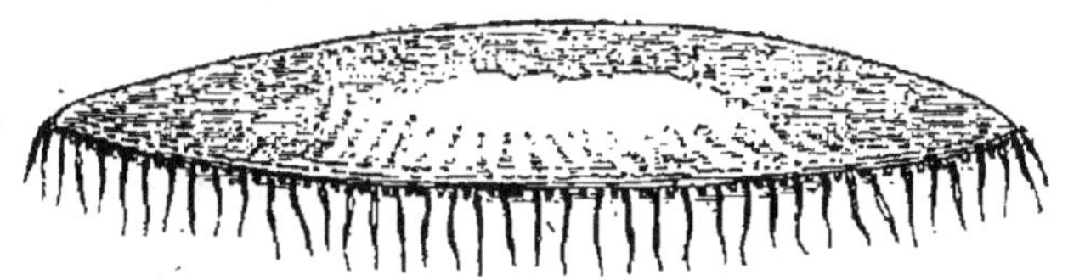

Fig. 118. — *Æquorea violacea.*

Elle vit sur les côtes de Nice, où elle séjourne, car on la trouve au printemps et à l'automne à la surface des eaux.

Deux autres espèces : l'*Æquorea stauroglypha* (Lam.) et l'*Æ. allantophora* (Lam.) ont été signalées sur les côtes de la Manche.

TRACHYMÉDUSES.

Ces Cœlentérés sont des Méduses à ombrelle gélatineuse rigide, plus ou moins soutenue par des cordons cartilagineux, à tentacules rigides. Elles semblent se développer sans passer par la forme polypoïde et directement par métamorphose.

« Après la segmentation totale l'œuf se transforme en une larve ciliée, formée de deux couches de cellules et dépourvue de cavité stomacale, qui s'allonge de manière à présenter deux bras ; plus tard apparaît la cavité centrale ainsi que deux nouveaux tentacules. » (Brehm.)

Les espèces de Trachyméduses signalées sur nos côtes sont peu nombreuses.

FAMILLE DES GÉRYONIDÉS.

Bord du disque avec un large bourrelet urticant, qui recouvre l'anneau nerveux. Pédoncule buccal long, cylindrique ou conique, avec quatre ou six canaux qui se continuent avec les canaux radiaires. (Claus.)

Genre Gergonia (Less.). — **Gergonie.**

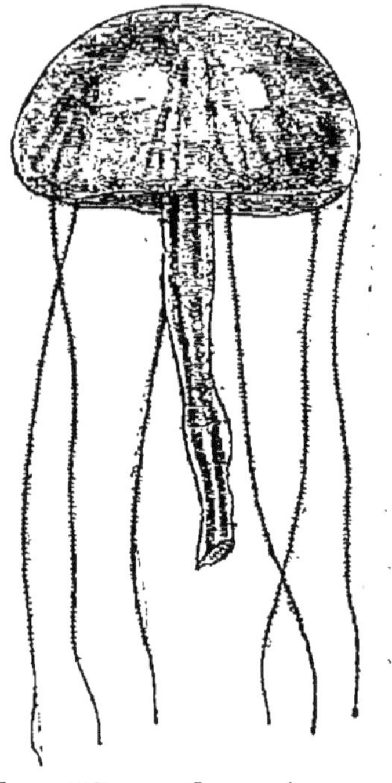

Fig. 119. — Gergonia proboscidalis.

L'ombrelle est hémisphérique, excavée en dessous, ayant 4 à 6 tentacules marginaux, un pédoncule central gros, dilaté au sommet, à six lobes et perforé au milieu.

Gergonia proboscidalis (Less.) = *Liriope proboscidalis* (Risso). Gergonie proboscidale.

Cette espèce a l'ombrelle garnie de six tentacules très longs, le pédoncule en forme de trompe et terminé par une membrane circulaire et plissée ; elle est diaphane avec quelques faibles nuances roses.

Elle vit dans la Méditerranée et apparaît généralement en avril sur les côtes de Nice.

Gergonia dinema (Less.). — Gergonie dinème.

Cette Méduse (fig. 120) a l'ombrelle hyaline, en forme de cloche, subconique, marquée de trois filets simples ; le pédoncule est renflé au sommet, ayant le rebord garni d'un rang de petits tubercules et deux tentacules opposé. On la trouve sur les côtes de la Manche et de la Charente-Inférieure.

Une trachyméduse appartenant à un genre voisin, la

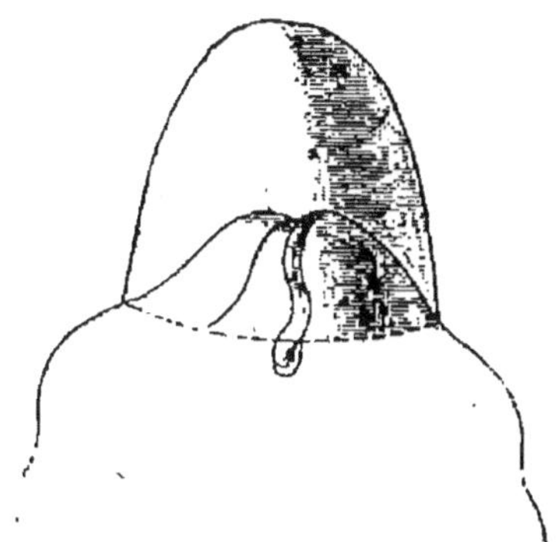

Fig. 120. — Gergonia dinema.

Carmarina hastata (Hœckel), a été signalée sur les côtes de Nice.

2ᵉ *Ordre*. — SIPHONOPHORES.

Les Siphonophores ou *Acalèphes hydrostatiques* sont intimement liés aux colonies d'Hydroïdes ; au lieu de colonies, ils sont composés d'une tige libre, contractile, souvent renflée à son extrémité et contenant une *vessie aérienne*. L'axe de la tige est creusé d'un canal dans lequel le liquide nourricier est constamment mis en mouvement à l'aide de contractions de sa paroi et de cils vibratiles dont il est couvert ; la vessie joue le rôle d'organe hydrostatique.

Nous avons déjà indiqué le singulier mode de développement de ces Cœlentérés dont les colonies flottantes, en formes de grappes, se composent de plusieurs sortes d'individus ayant chacun un rôle dans cette curieuse association. Les individus nourriciers ont la forme de tubes courts, renflés et prolongés en une sorte de trompe. Ils sont suspendus à la tige par un pédoncule, de la base duquel part un long filament préhensible auquel on a donné le nom de *filament pêcheur*, et qui est armé de capsules urticantes. Les bourgeons sexuels qui ont l'aspect de petites Méduses se séparent rarement de la colonie. « Leurs vessies ou leurs cloches les soutiennent dans la mer, leurs tentacules les dirigent dans leur marche et leurs fils pêcheurs leur servent à la fois d'organes de défense, d'organes de préhension et d'organes de succion. » (Moq.-Tandon.)

Ces animaux présentent les formes les plus diverses et les plus gracieuses et sont souvent ornés de brillantes couleurs. « Peu d'animaux marins excitent l'étonnement au même degré que les Siphonophores, peu offrent des formes aussi capricieuses, aussi variées : qu'on imagine de véritables lustres vivants, laissant flotter nonchalamment leurs mille pendeloques au gré des molles ondulations d'une mer calme, repliant sur eux-mêmes leurs trésors de pur cristal, de rubis, de saphirs, d'émeraudes, ou les égrenant de toutes parts, comme s'ils laissaient tomber de leur sein une pluie de pierres précieuses, chatoyant des innombrables reflets de l'arc-en-ciel et montrant un instant à l'œil ébloui les aspects les plus divers. Par les temps calmes ils viennent à la surface, se laissent aller à la dérive, entraînés par les courants ; mais ils savent se soustraire à la poursuite de leurs ennemis. Après avoir suivi longtemps la même route, on les voit brusquement changer d'allure. » (Perrier.)

Les Siphonophores vivent dans toutes les mers et quelques espèces se montrent sur nos côtes.

On les divise en quatre sections :

> Les *Physophorides*.
> Les *Physalides*.
> Les *Calycophorides*.
> Les *Discoïdes* ou *Vélellides*.

Les *Physalides* n'ont pas de représentants sur notre littoral,

PHYSOPHORIDES.

Ces animaux forment une colonie composée d'une tige courte, élargie en forme de sac ou bien allongée en spirale et pourvue d'une ou plusieurs vessies aériennes. Des boucliers et des tentacules existent le plus souvent et alternent d'une manière régulière avec les Polypes et les bourgeons sexuels.

FAMILLE DES AGALMIDÉS.

Tige très allongée, contournée en spirale et munie de vessies natatoires sur deux ou plusieurs rangées.

Genre Agalma (Esch.). — Agalme.

Ces Physophores ont une tige relativement rigide et peu susceptible de se raccourcir, des vessies natatoires sur deux rangs, des boucliers en forme de coin, épais, pressés les uns contre les autres.

Agalma rubra (Vogt). — Agalme rouge.

Dans cette espèce (fig. 121) l'axe commun consiste en un tube musculaire creux, dont la longueur peut atteindre un mètre et la largeur environ un millimètre et demi. Il est traversé par le double courant d'un liquide granuleux et terminé, au sommet, par la vessie aérienne, au-des-

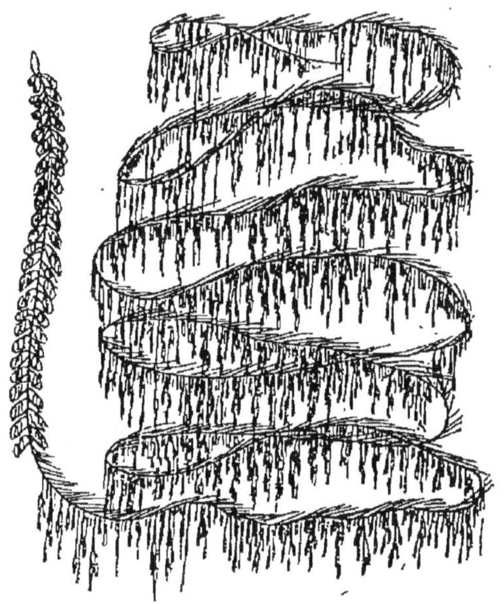

Fig. 121. — Agalma rubra.

sous de laquelle sont les vessies natatoires, formant une double série le long du tronc et atteignant quelquefois le nombre de soixante. A la partie postérieure du tronc on voit, de distance en distance, des Polypes nourriciers dont la base est entourée par un paquet de grains rouges. Chacun de ces Polypes est armé d'un fil pêcheur, muni de filets secondaires, terminé par une vrille d'un rouge vermillon qui renferme les nématocystes.

Cette belle espèce est commune sur les côtes de Nice depuis le mois de novembre jusque vers le mois de mai.

Vers le milieu de décembre, M. Vogt, qui a décrit cette espèce, en trouva dans l'espace d'une heure, en face du port de Nice, près de cinquante individus qui suivaient tous le même courant. « Je ne connais rien de plus gracieux, dit M. Vogt (1), que cette Agalme lorsqu'elle flotte étendue près de la surface des eaux. Ce sont de longues guirlandes transparentes dont l'étendue est marquée par des paquets d'un rouge vermillon brillant, tandis que le reste du corps se dérobe à la vue par sa transparence. L'organisme entier nage toujours dans une position un peu oblique près de la surface, mais il peut se diriger dans tous les sens avec assez de vitesse. »

Genre Stephanomia (Milne-Edw.) = Forskalia (Koll.), Stéphanomie.

Dans ce genre les vessies natatoires sont disposées sur plusieurs rangées ; les Polypes nourriciers sont fixés à l'extrémité des branches latérales contournées en spirale ; les tentacules sont courts et placés sur des pédoncules ; les boutons urticants sont nus et à filament terminal simple.

Stephanomia contorta (Milne-Edw.) = *Apolemia contorta* (Vogt). — Stéphanomie tortillée.

Cette espèce réunit la forme la plus gracieuse à une délicatesse de tissu et une transparence étonnantes. Nous ne pouvons mieux exposer cette organisation si compliquée [qu'en citant la description si exacte qu'en a donnée M. Vogt.

(1) C. Vogt, *Recherches sur les animaux inférieurs de la Méditerranée.*

« Les cloches natatoires composent une masse ayant
la forme d'un œuf allongé, coupé par le milieu, au sommet duquel s'élève une vésicule aérienne très petite,
portée par un col court. Dans cette masse on compte
une douzaine de séries verticales de cloches de cristal,
emboîtées mutuellement par les bords et attachées sy-
métriquement à un axe commun, tordu en spirale. Chacune d'elles présente une tache jaune. L'axe commun est
un ruban rose, garni dans toute sa longueur d'aspérités
creuses. Les longs filaments capillaires qui en naissent
sont onduleux, transparents, à peine visibles à l'œil nu ;
ils portent de petits corps oblongs, suspendus comme
des boucles d'oreille. Les individus nourriciers sont très
petits et remarquables au premier coup d'œil par la
teinte pourpre de leur cavité digestive. Ils sont fixés sur
le tronc commun, à des distances assez égales, et presque
toujours en quinconce, au moyen de pédicules allongés.
La partie antérieure de l'animalcule est armée de capsules urticantes. A la base de la tige naît le fil pêcheur,
qui est extrêmement délié et garni d'une multitude de
vrilles urticantes rouges, attachées à des fils secondaires
dépendant du fil pêcheur. Les organes urticants sont
de deux sortes : de petits *sabres* serrés verticalement les
uns contre les autres, et des *fèves* un peu plus grandes,
posées sur les bords du cordon rouge. La vrille se termine par un fil incolore tordu en spirale et couvert de
lentilles urticantes. Les individus reproducteurs sont placés entre les individus nourriciers. On les a comparés à
des boyaux allongés et dilatables ; ils n'ont pas de bouche et sont toujours disposés par paire sur un pédoncule
bifide. » (C. Vogt.)

Cette belle espèce vit sur nos côtes de la Méditerranée ; elle a été trouvée dans la baie de Villefranche (Alpes-Maritimes).

Stephanomia prolifera (Milne-Edw.). — Stéphanomie prolifère.

Cette Stéphanomie se distingue de la précédente par l'absence de filaments tentaculaires à la base des trompes et par la longueur considérable des sacs piriformes. On la trouve sur les côtes de Nice.

On trouve également sur nos côtes de la Méditerranée une Physophore assez voisine des Stéphanomies : la *Rhizophysa filiformis* (Forsk.) ; sa tige est allongée, les Polypes nourriciers et les filaments pêcheurs sont éloignés les uns des autres ; elle n'a pas de vessies natatoires. Cette espèce peut se contracter et se raccourcir presqu'en une masse subglobuleuse.

CALYCOPHORIDES.

La tige des Calycophores est longue, cylindrique, les vésicules natatoires sont disposées sur deux rangées, ou bien au nombre de deux très grosses, opposées, plus rarement une seule. Pas de tentacules. Chaque groupe d'individus est composé d'un Polype nourricier avec un filament pêcheur muni de boutons urticants nus et de bourgeons sexuels, auxquels s'ajoute d'ordinaire un bouclier en forme d'ombrelle ou d'entonnoir. Ces groupes d'individus se séparent chez quelques genres pour mener une vie libre sous une forme à laquelle on a donné le nom d'*Eudoxie*.

FAMILLE DES DIPHYIDÉS.

Cette famille est caractérisée par ses deux grosses vésicules natatoires opposées et situées à l'extrémité supérieure de la tige.

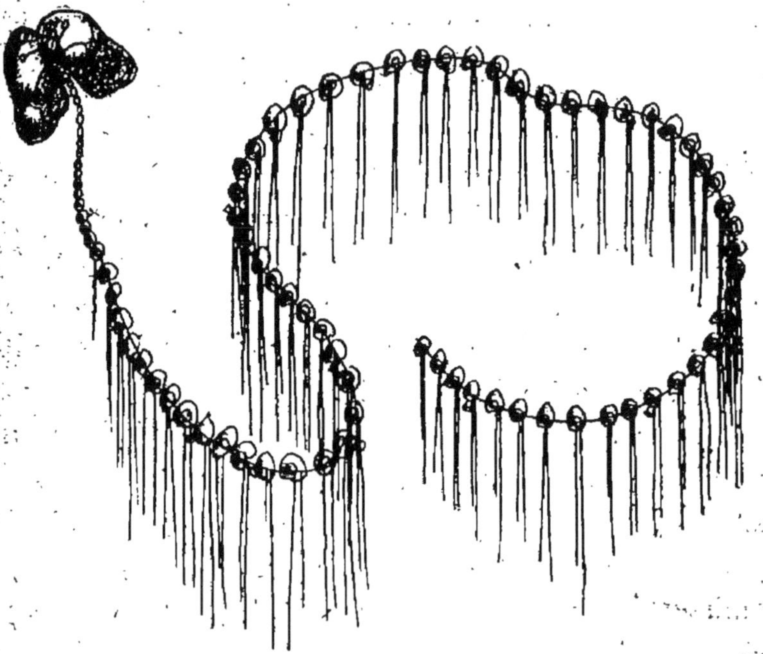

Fig. 122. — Praya diphyes.

Genre Praya (Blainv.). — Praya.

Les deux vessies natatoires sont arrondies, à peu près semblables, situées à la même hauteur vis-à-vis l'une de l'autre.

Praya diphyes (Blainv.). — Praya cymbiforme.

La colonie (fig. 122) n'a que deux grandes cloches entre lesquelles est suspendu l'axe commun qui est rétractile, cylindrique, mince et transparent.

Cette belle espèce vit sur les côtes de Nice, mais est tellement fragile qu'il est difficile de se la procurer entière. M. Vogt en a trouvé un exemplaire long de plus d'un mètre qui nageait à la surface de l'eau et qui, dans l'état de contraction, n'était pas plus long que le doigt.

Genre Diphyes (Cuv.). — Diphye.

Ce genre diffère du précédent par ses deux vésicules natatoires qui sont polygonales et dissemblables ; l'antérieure est de forme conique ou pyramidale, toujours acuminée et plus grande que la postérieure, qui loge la partie antérieure de la tige dans son bord interne creusé en gouttière, ou dans un canal particulier.

Diphyes quadrivalvis (Delle ch.) = *Galeolaria aurantiaca* (Vogt). — Galéolaire orangée.

Cette espèce présente dans son organisation une certaine ressemblance avec la *Praya cymbiforme* : elle est composée de deux cloches natatoires réunies par un long cordon garni de nombreuses branches unilatérales parallèles et portant de petits Polypes piriformes, les uns jaunes, les autres orangés.

Cette merveilleuse colonie hydrostatique a été trouvée par M. Vogt sur les côtes de Nice.

DISCOIDES ou VÉLELLIDES.

Chez les Discoïdes la tige est remplacée par un disque aplati pourvu d'un système de cavités remplissant l'office de canaux et surmonté d'un réservoir discoïde hyalin, de consistance cartilagineuse, formé de canaux concentriques s'ouvrant à l'extérieur. Le Polype nourricier est central, très gros, entouré de nombreux petits Polypes, portant à leur base des bourgeons sexuels ; il existe des tentacules près du bord du disque. Les bourgeons sexuels deviennent libres sous la forme de petites Méduses.

FAMILLE DES VÉLELLIDÉS.

Cette famille, qui a tous les caractères que nous venons d'indiquer pour le groupe des Discoïdes, est représentée sur notre littoral par deux genres : *Velella* et *Porpita*.

Genre Velella (Lam.). — Vélelle.

Dans ce genre le disque est ovale, surmonté d'une crête verticale placée en diagonale.

Les Vélelles sont des animaux pélagiens qui vivent en grandes troupes et flottent à la surface de la mer à une distance plus ou moins grande des côtes ; elles nagent au moyen de leurs tentacules, et leur crête dorsale paraît leur servir de voile. Après une tempête on en trouve souvent de grandes quantités sur nos plages où elles ont été jetées, comme les Méduses, les Janthines et les Hyales, qui vivent dans les mêmes conditions. Leur frêle organisation ne peut, en effet, résister à la fureur des vagues, car elle ne se compose que d'un cartilage intérieur, ovale et transparent, qui soutient la charpente gélatineuse de leur corps. Lorsque les flots les ont abandonnées sur les plages, la lame dorsale mollit, se racornit et la Vélelle ne présente bientôt plus que l'aspect d'une feuille desséchée que le vent roule sur le sable.

Velella limbosa (Lam.) = *V. spirans* (Esch.). — Vélelle au limbe nu.

Cette espèce est composée d'un disque cartilagineux d'un bleu foncé garni en dessous de nombreux suçoirs et surmonté d'une crête verticale, en forme de voile, placée obliquement.

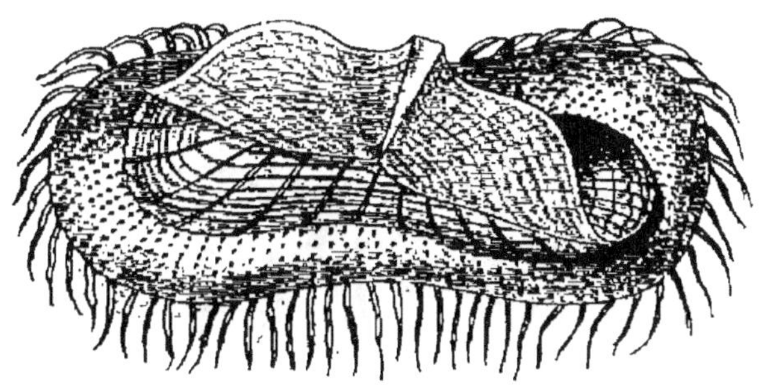

Fig. 122. — Velella mutica.

Elle est commune sur nos côtes de la Méditerranée.

Velella mutica (Lam.). — Vélelle mutique.

Cette Vélelle (fig. 122) a le disque oblong, recouvert de suçoirs blancs et bordé de tentacules bleus, larges et filiformes ; la bouche offre une saillie subtubuleuse.

Elle est rare sur notre littoral.

Genre Porpita (Lam.). — Porpite.

Ce genre, très voisin du précédent, en diffère par la forme du disque qui est rond et dépourvu de crête.

Porpita Mediterranea (Esch.). — Porpite de la Méditerranée.

Cette espèce (fig. 123) a le disque blanc, à stries radiées, bordé d'un limbe bleu.

Elle vit sur nos côtes de la Méditerranée.

Les *Rataires*, qui formaient autrefois le genre *Rataria*. ne sont que de jeunes Vélelles.

3ᵉ *Ordre*. — ACALÈPHES.

Le nom d'*Acalèphe*, qui est aussi employé pour désigner tous les Cœlentérés, a été réservé par Claus pour

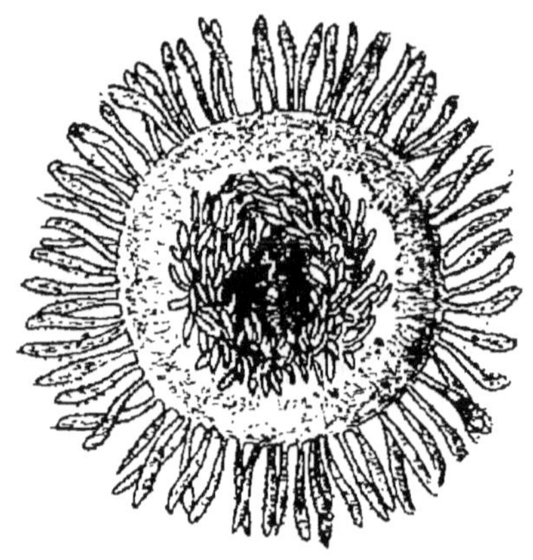

Fig. 123. — Porpita mediterranea.

un ordre spécial renfermant les Acalèphes proprement dits, c'est-à-dire ceux qui par leurs propriétés urticantes justifient bien leur nom d'*orties de mer*. Cet ordre comprend des Méduses présentant des caractères spéciaux qui les séparent du groupe des Méduses *hydroïdes*. Elles atteignent généralement une taille beaucoup plus considérable et leur ombrelle, d'ordinaire très épaisse, discoïde et aplatie, renferme, au milieu d'une masse gélatineuse abondante, un grand nombre de fibrilles résistantes ainsi que des réseaux de fibres élastiques, ce qui lui donne une consistance plus rigide. Les bords de l'ombrelle sont divisés par des incisures, ordinairement en huit groupes de lobes, entre lesquels sont situés les corps marginaux dans des fossettes spéciales (Claus).

Les tentacules des Acalèphes, très variables dans leur forme et la position qu'ils occupent sont, en général, des sacs creux, allongés, renfermant un canal vasculaire central. Un trait caractéristique de l'organisation de ces Cœlentérés est la présence de bras puissants à l'extrémité libre de leur large pédoncule buccal et que l'on considère comme les prolongements de la bouche. Leurs organes génitaux sont très faciles à distinguer par leur grosseur et leur vive couleur ; ils sont constitués par des rubans pelotonnés et plissés comme une fraise ou comme une guirlande et contenus dans des cavités spéciales de l'ombrelle que l'on nomme *cavités génitales*. Leur développement est rarement direct et, en général, les Acalèphes fournissent des phénomènes de génération alternante et passent par les diverses formes larvaires de *planula*, *scyphistome*, *strobile* et *ephyra* que nous avons déjà décrites.

« Les Méduses de grande taille se nourrissent principalement de matières animales. Des animaux doués d'une organisation élevée, tels que les Crustacés et les Poissons, sont capturés vivants à l'aide des filaments marginaux et des bras buccaux et, par l'action des nématocystes, entraînés peu à peu dans la cavité gastrique et digérés. Chez les *Rhizostomidés* la digestion commence en dehors du corps pour la proie qu'elles tiennent entre leurs bras ; les liquides nourriciers sont aspirés par les nombreux orifices que ces derniers présentent. Beaucoup d'Acalèphes, tels que les *Pelagia*, sont phosphorescents. » (Claus.)

Les Acalèphes vivent de préférence dans le voisi-

nage des côtes et se rencontrent dans toutes les mers.
On les divise en trois sections :

Les *Calycozoaires*,
Les *Charybdées*,
Les *Discophores*.

CALYCOZOAIRES.

Les Zoologistes sont partagés d'opinion sur la position que ces Cœlentérés doivent occuper dans la classification : les uns les considèrent comme des Actinies ou des Polypes, les autres les réunissent aux Méduses. Milne-Edwards en a formé une division de la classe des Coralliaires et les a nommés *Zoophytes Podactiniaires*. A l'exemple de Claus, nous les plaçons dans cette section des Acalèphes, cette classification basée sur le mode de développement de ces animaux paraissant la plus rationnelle.

Les Calycozoaires ont le corps mou, ressemblant à une ombrelle ou cloche renversée, dont la partie bombée se prolongerait en manière de pédoncule, dont le centre de la face concave porterait une sorte de trompe et dont les bords seraient ordinairement prolongés sur un certain nombre de points pour constituer un certain nombre de bras terminés chacun par un groupe de tentacules à sommet discoïde (Milne-Edwards).

Ces Acalèphes offrent une certaine ressemblance avec les Actinies, mais en diffèrent par leurs tissus plus mous, par leur partie supérieure dilatée comme un parasol renversé, par leur base terminée par un pédoncule, par leurs tentacules réunis en faisceaux et entourant quatre espèces de cornes qui partent de la cavité digestive.

Les Calycozoaires peuvent nager à l'aide des contractions campanuliformes de leur corps; mais généralement ils vivent fixés aux algues ou à des corps sous-marins par l'extrémité inférieure de leur pédoncule.

FAMILLE DES ÉLEUTHÉROCARPIDÉS.

Calycozoaires à structure simple. Quatre poches radiaires. Pas de poches génitales (Claus).

Genre Lucernaria (FABR.). — Lucernaire.

Les Lucernaires ont le corps transparent, cylindrique, élargi en avant en une sorte d'entonnoir divisé en lobes rayonnés, plus ou moins profonds, les bras longs, rapprochés deux par deux; le pédoncule est garni de quatre bourrelets longitudinaux internes.

Ces Acalèphes se distinguent par leur faculté surprenante de reproduction : A. Meyer a constaté que la coupe reproduit le pédoncule que l'on a artificiellement retranché

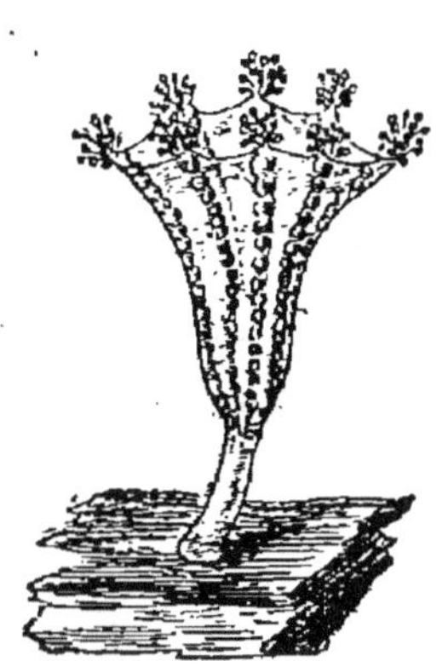

Fig. 124. — *Lucernaria auricula.*

et que des individus mutilés ou des parties séparées peuvent se compléter de manière à reconstituer un animal.

Lucernaria auricula (Milne-Edw.) = *L. campanulata* (Lamour). — Lucernaire campanule.

Cette espèce (fig. 124) a le corps très évasé vers le haut, fort mou, très contractile et coloré tantôt en vert, tantôt en brun violacé. Les bras tentaculifères sont également espacés et de longueur variable. Sa hauteur est d'environ 3 centimètres.

Elle vit sur nos côtes de l'Océan, principalement sur celles du nord-ouest, et est très commune sur les rochers tabulaires près de Langrune (Calvados).

CHARYBDÉES.

La forme singulière du corps de ces Acalèphes, qui ressemble à une cloche profonde, les a fait placer tour à tour dans des groupes très divers, tantôt avec les Lucernaires, tantôt avec les Hydroméduses. « Effectivement on rencontre dans l'organisme des Charybdées des caractères des Méduses hydroïdes à côté d'autres caractères appartenant manifestement en propre aux Acalèphes. » (Claus.) On remarque sur le corps de ces animaux quatre bandes ou zones cloisonnaires qui correspondent à un même nombre de saillies longitudinales ou côtes sur la surface de l'ombrelle qui, par suite, prend une forme nettement quadrangulaire. A l'extrémité inférieure de ces quatre côtes se trouvent, près du bord de la cloche, quatre lobes de la masse gélatineuse qui portent les longs tentacules vermiformes. Les phénomènes du développement de ces animaux ne sont pas connus.

FAMILLE DES CHARYBDÉIDÉS.

Cloche plus haute que large, conique, arrondie, terminée à son bord, qui est largement ouvert, par quatre faux bras renflés ou comprimés.

Genre Charybdea (Pér.). — **Charybdée.**

Ce genre, qui a tous les caractères du groupe, n'est représenté sur nos côtes que par une espèce :

Charybdea marsupialis (Pér.) = *Marsupialis Planci* (Less.). — Charybdée marsupiale.

Dans cette espèce l'ombrelle est subovale, hyaline, à bord entier, garni de quatre lobes ou appendices tentaculaires très gros et fort courts. Longueur 4 centimètres.

Cette Charybdée vit dans la Méditerranée et apparaît en mai sur les côtes de Nice.

DISCOPHORES.

Les Discophores sont caractérisés par leur ombrelle discoïde, aplatie, lobée, et par le développement considérable des bras buccaux.

On les divise en deux tribus :

Les *Monostomés*,
Les *Rhizostomés*.

Discophores monostomés.

Ces Méduses sont discoïdes, pourvues d'une bouche large, centrale, entourée de quatre bras plus ou moins considérables, souvent lobés, portés sur le pédoncule buccal. Le bord de l'ombrelle est lobé et généralement muni de filaments marginaux, qui peuvent être remplacés par des touffes de filaments très longs placés sur la face inférieure du disque (*Cyanéidés*), ou par une

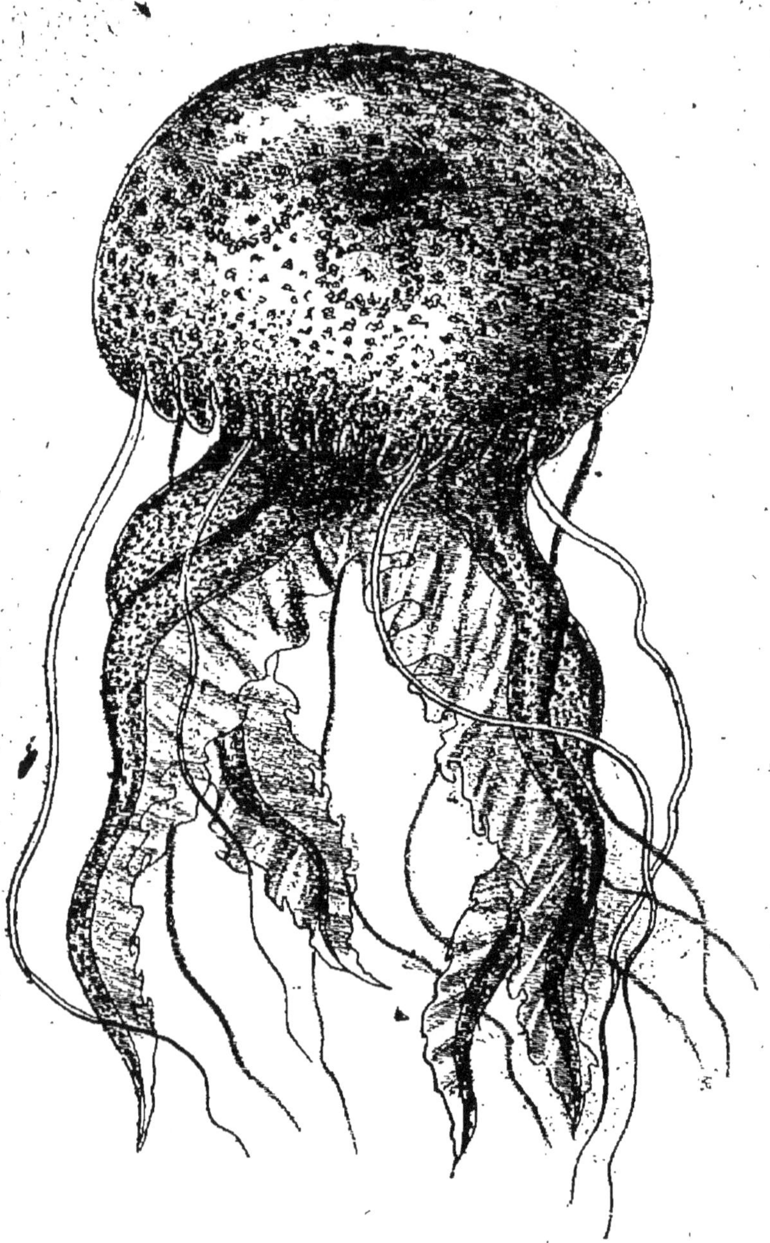

Fig. 125. — Pelagia noctiluca.

frange formée par des tentacules courts situés à la face supérieure (*Aurélidés*). Leur développement peut avoir lieu par simple métamorphose, sans passer par les phases de la génération alternante.

FAMILLE DES PÉLAGIDÉS.

Ombrelle hémisphérique, dont les paires de lobes marginaux peuvent se subdiviser en lobes oculaires et en lobes tentaculaires ; tentacules très longs, vermiformes, situés sur le bord de l'ombrelle. Pédoncule buccal grêle, avec quatre bras buccaux rubanés et plissés.

Genre Pelagia (PÉR.). — Pélagie.

Dans ce genre les tentacules principaux, au nombre de huit, sont très longs ; pas de tentacules accessoires, ni lobes tentaculaires spéciaux au bord du disque. Développement direct.

Pelagia noctiluca (Pér.). —Pélagie noctiluque.

Cette Pélagie (fig. 125) a l'ombrelle déprimée, hyaline, roussâtre et verruqueuse. Elle est phosphorescente et vit dans la Méditerranée : on la rencontre sur les côtes de Nice.

FAMILLE DES CYANÉIDÉS.

Filaments réunis par groupes à la face inférieure d'un disque épais et profondément lobé ; bras buccaux très larges et plissés ; sous-ombrelle présentant des replis concentriques nombreux.

Genre Cyanea (Pér.). — Cyanée.

Ce genre est caractérisé par le bord de l'ombrelle qui présente des incisures profondes ; l'ombrelle est orbiculaire, ayant les appendices de l'estomac disposés en forme de sacs alternativement grands et petits ; les quatre bras sont plus ou moins chevelus.

Cyanea Lamarcki (Esch.). — Cyanée bleue.

L'ombrelle est aplatie, à seize échancrures ou huit lobes triangulaires profondément incisés dans leur milieu. Sa coloration est d'un beau bleu, avec le rebord pâle ; les tentacules sont blanchâtres et arborescents. Diamètre 12 à 15 centimètres.

Cette Cyanée vit sur nos côtes de l'Océan, une autre espèce, la *Cyanea Lusitanica* (Lam.) a été signalée par Risso sur les côtes de Nice : son ombrelle est orbiculaire, convexe, à douze échancrures, ayant sur la face convexe un réseau de vaisseaux capillaires d'un brun rouge.

FAMILLE DES AURÉLIDÉS.

Méduses à ombrelle aplatie, à tissu gélatineux extrêmement délicat, à bras buccaux très développés horizontalement et frangés.

Genre Aurelia (Pér.). — Aurélie.

Dans ce genre l'ombrelle est orbiculaire, garnie de cirrhes nombreux sur le pourtour. Les Aurélies, dans leur développement, passent par toutes les métamorphoses que nous avons indiquées.

Aurelia aurita (Pér.) = *Medusa aurita* (Lin.). — Aurélie auriculée.

Cette Méduse (fig. 126) a l'ombrelle hémisphérique, déprimée, à ovaires rosés ; les bras sont lancéolés. La

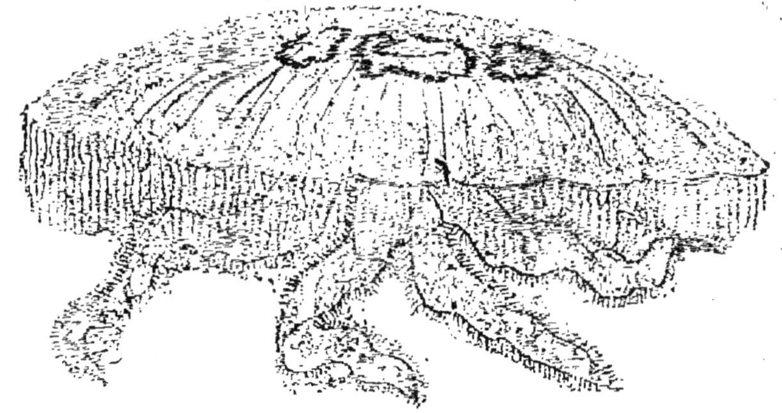

Fig. 126. — Aurelia aurita.

coloration générale est d'un rose pâle et hyalin. C'est une des espèces dont le contact produit le plus d'effets irritants, causés par ses propriétés urticantes.

On la trouve sur toutes nos côtes.

Discophores rhizostomés.

Ces Discophores sont des Méduses dépourvues de filaments marginaux, munies de nombreux petits suçoirs sur les huit bras buccaux et de huit (rarement douze) corps marginaux sur le bord lobé du disque.

FAMILLE DES RHIZOSTOMIDÉS.

Bras simples, au nombre de huit, soudés par paires à

la base et présentant des bords plissés sur lesquels sont disposées les ouvertures buccales.

Genre Rhizostoma (Cuv.). — Rhizostome.

Dans ce genre le pédoncule est divisé en quatre paires de bras fourchus et dentelés qui sont garnis chacun, à leur base, de deux oreillettes également dentelées.

Rhizostoma Cuvieri (Pér.). — Rhizostome de Cuvier.

L'ombrelle de cette espèce (fig. 127) est hémisphérique, festonnée, bleue ainsi que les bras, avec le pourtour d'un beau violet. Elle atteint jusqu'à 6 décimètres de largeur.

C'est une des Méduses les plus communes sur nos côtes de l'Océan, où elle est souvent rejetée en nombre considérable pendant les tempêtes. On la désignait autrefois sous le nom vulgaire de *poumon marin*. Sur le littoral de la Saintonge, où elle est très commune au mois de juin, on la nomme *marmouth* ou *boule de mer*.

On rencontre fréquemment sur nos côtes, un peu au large, une association curieuse de jeunes poissons avec le Rhizostome de Cuvier. Ces poissons sont des genres du Saurel commun (*Trachurus omorus* ou *Caranx trachurus*). Beaucoup de ces méduses sont accompagnées d'une flottille de ces jeunes Saurels, très nombreux lorsqu'ils accompagnent de gros Rhizostomes. Rien n'est plus curieux que de voir un de ces Rhizostomes nageant doucement sur le côté, comme le montre la figure ci-après, et escorté d'une quantité de petits poissons qui vont et qui viennent, s'introduisant même dans les cavités sousgénitales et visibles de l'extérieur en raison de la transparence.

Rhizostoma Aldrovandi (Pér.) = *Medusa pulmo* (Gmel.).
— Rhizostome d'Aldrovande.

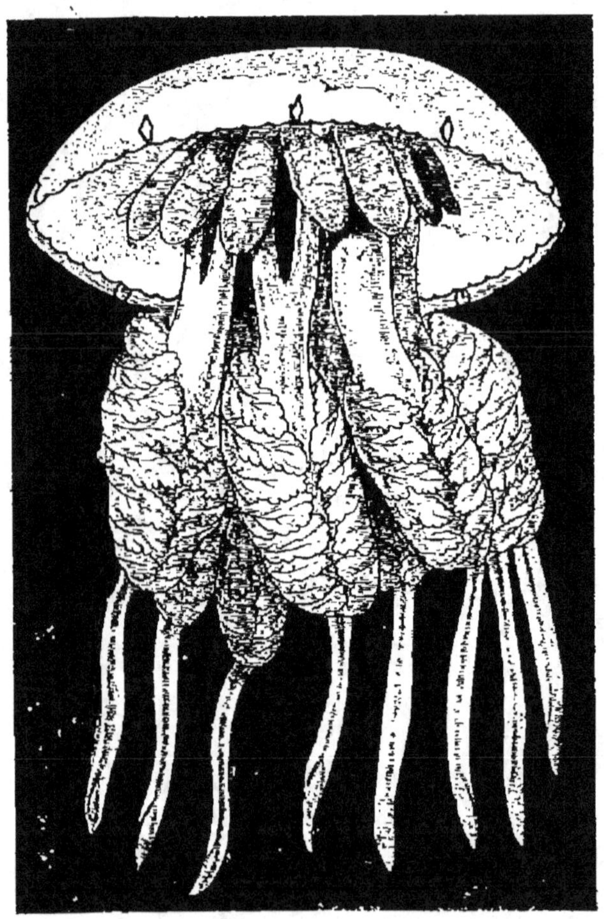

Fig. 128. — Rhizostoma Aldrovandi.

Dans cette espèce (fig. 128) l'ombrelle est festonnée, à rebord azuré, avec une étoile d'un blanc d'opale et quatre rayons sur le disque. Sa coloration est d'un rose carné, sa longueur de 0,30 centimètres.

Elle habite la Méditerranée et on la trouve toute l'année sur les côtes de Nice.

On trouve au printemps dans les mêmes parages une espèce de Rhizostome : la *Cephea polychroma* (Pér.), dont l'ombrelle a, sur le pourtour, huit échancrures marquées chacune d'une élévation en forme de grain fauve, huit bras arborescents ; la coloration de l'ombrelle est fauve pâle, carnée au centre ; les bras sont bleus à leur naissance, blancs à l'extrémité.

Troisième classe. — CTÉNOPHORES.

Les Cténophores sont des Cœlentérés libres, de consistance gélatineuse et dont la structure birayonnée passe à la symétrie bilatérale ; leur forme, très variable, peut se ramener à celle de la sphère ; à l'extérieur leur corps paraît déjà souvent comprimé sur deux côtés, de sorte que l'on peut distinguer deux plans passant par l'axe longitudinal. (Claus.)

Leur progression est produite généralement par les oscillations régulières de palettes natatoires hyalines, qui sont placées sur la surface, suivant huit rangées méridiennes. Ces palettes sont formées de cils vibratiles soudés les uns aux autres et situés sur de petits bourrelets de l'épiderme.

Les Cténophores, à l'exception des *Eurystomés*, possèdent deux filaments latéraux analogues aux filaments pêcheurs des Méduses et des Siphonophores.

Leur développement semble être direct et ne présente qu'exceptionnellement de métamorphose.

Ces Cœlentérés vivent tous dans la mer, principalement dans les climats chauds, et apparaissent souvent en grande quantité à la surface. La plupart nagent rapidement, le pôle buccal tourné en arrière, en étendant et en contractant alternativement leurs filaments tactiles, sans contractions du corps. Ils se nourrissent d'animaux marins qu'ils capturent à l'aide de ces filaments armés de nématocystes. Bien que d'ordinaire leur taille soit peu considérable, certaines espèces peuvent atteindre la longueur d'un mètre.

On les divise en quatre ordres :

> Les *Eurystomés*,
> Les *Globuleux*,
> Les *Rubanés*,
> Les *Lobaires*.

1er *Ordre*. — CTÉNOPHORES EURYSTOMÉS.

Les Eurystomés ont le corps comprimé parallèlement au plan transversal et dépourvu de filaments tactiles. La bouche est grande et prolongée par un large tube digestif, pouvant se projeter en partie au dehors comme une trompe.

FAMILLE DES BÉROIDÉS.

Corps ovale, comprimé latéralement ; bord de la bouche entier.

Genre Beroe (BROWN.). — **Béroé.**

Dans ce genre le corps est ovale ou allongé, à tissu mou, à rangées régulières de cils vibratiles, allant d'un pôle à l'autre.

Les Béroés se nourrissent généralement de petits Crustacés et peuvent avaler et digérer des corps relativement volumineux ; mais ils servent à leur tour de nourriture à d'autres animaux, principalement aux Actinies : Johnston a constaté que deux Béroés ont été avalés par une *Actinia gemmacea* dans le cours de vingt minutes ; le lendemain matin des portions de bandes des cils, jointes à des parties solides des Béroés roulées ensemble, adhéraient, avec quelques petites boules noirâtres, aux tentacules de l'Actinie, d'où, après quelque temps, elles furent rejetées au dehors.

Ces animaux si fragiles offrent un exemple surprenant de vitalité : si l'on coupe avec des ciseaux quelque fragments des bandes qui portent les palettes natatoires, celles-ci continuent à vibrer encore pendant plusieurs jours, si l'on a soin de les maintenir dans l'eau, et cependant la fragilité de leur organisme est telle que, si un Béroé vient à échouer sur la plage, il disparaît sans laisser de traces, comme une bulle de savon qui éclate au contact de l'air.

Beroe Forskali (Milne-Edw.) = *B. rufescens* (Forsk.). — Béroé de Forskal.

Cette espèce (page 246) a le corps cylindrique, allongé-oblong, blanc rosé, avec des canaux rouges dans l'intérieur et des taches rousses à la surface. Elle présente huit côtes bleues, sur lesquelles s'agitent des cils vibratiles irisés et très fins. La substance du corps est gélatineuse, son aspect hyalin ; à son extrémité inférieure s'ouvre une large bouche, tandis que l'extrémité supérieure est terminée par un petit mamelon, offrant à sa base un point sphérique, de couleur rouge, renfermant plusieurs corpuscules cristalloïdes qui reposent sur une sorte de ganglion nerveux.

« Très commune dans la baie de Nice, elle y présente des variations individuelles si considérables qu'au premier abord on serait porté à la considérer comme formant deux ou trois espèces distinctes ; mais ces différences paraissent dépendre principalement de l'âge de ces animaux; et on trouve facilement tous les degrés intermédiaires entre les états les plus disparates. Les individus de petite et de moyenne taille sont presque incolores ; ceux d'une grande taille offrent une teinte ferrugineuse d'un rouge violacé plus ou moins intense, due à une multitude de petits points de cette couleur répandus dans le tissu hyalin du corps. Ces derniers individus sont aussi plus aplatis que les premiers et la grande ouverture buccale qui les termine inférieurement est moins souvent contractée. Cette diversité dans l'aspect et dans la structure des différents individus appartenant évidemment à une même espèce est encore augmentée par les changements qui peuvent s'opérer dans la forme générale d'un même individu; suivant qu'il est en repos ou en mouvement, qu'il contracte ou qu'il dilate la grande ouverture terminale de son corps, qu'il s'allonge, qu'il se renfle en forme de boule, qu'il se renverse sur lui-même de façon à ressembler à une cloche à bords relevés, ou qu'il fasse rentrer l'extrémité supérieure de son corps au point de prendre l'apparence d'un cylindre percé aux deux bouts. Plusieurs naturalistes ont cru que le corps de ces Béroés avait la forme d'un sac ouvert aux deux bouts, et effectivement, lorsque l'animal n'est pas dans son plus grand état de dilatation, son extrémité supérieure est rentrée en elle-même et se fronce de façon à simuler un orifice assez grand, bien que contracté, et opposé à celui qui occupe l'extrémité inférieure de son corps ; mais cette apparence est trompeuse et, lorsqu'on observe avec un peu de persévérance un de ces Acalèphes, vivant dans de l'eau de mer, on ne tarde pas à se convaincre de l'absence de ce prétendu orifice central à la partie supérieure du corps et à s'apercevoir que ce point est occupé par une fossette au centre de laquelle est logé un organe oculiforme. » (Milne-Edwards.)

Cette espèce se rencontre sur nos côtes Méditerranéennes, et les marins provençaux la nomment *concombre de mer*.

Lesson a décrit une autre espèce, le *Beroe Santonum*, qu'il a recueillie sur les grèves sablonneuses de Fouras (Charente-Inférieure) ; le corps est arrondi, transparent, d'un blanc argentin, avec deux vaisseaux de couleur rose pâle au centre.

2e *Ordre*. — Cténophores globuleux ou Saccatés.

Ces animaux ont le corps sphérique ou cylindrique, à peine comprimé latéralement et muni de deux filaments tactiles qui sont rétractiles dans une large poche.

FAMILLE DES CYDIPPIDÉS.

Corps sphérique ou cylindrique, à côtes également développées.

Genre Cydippe (Esch.). — **Cydippe.**

Les Cydippes ont le corps globuleux ou de forme ovée,

à huit rangées de cils allant d'un pôle à l'autre, et terminé par deux longs tentacules filiformes à ramifications latérales simples. Ces animaux sont phosphorescents ; on peut les capturer en promenant un filet à la surface de la mer par un temps calme.

Les Cydippes servent souvent de proie aux Beroés, qui n'hésitent pas à s'attaquer à des individus plus gros qu'eux. La figure 129 montre dans l'intérieur d'un Beroé un Cydippe qu'il vient d'absorber ; cette figure a été exécutée d'après nature, suivant une observation faite au laboratoire de Saint-Waast, par M. A. Goux.

Cydippe pileus (Esch.). — Cydippe globuleux.

Cette espèce a le corps globuleux, blanc, hyalin, avec huit rangées de cils irisés et deux tentacules allongés ; elle ressemble à un globe de verre ou une bulle de savon que l'on a peine à distinguer au sein des eaux. Cette boule est recouverte de bandes longitudinales s'étendant d'un pôle à l'autre et que l'on a comparées aux méridiens d'un globe terrestre ; ces bandes sont couvertes de cils qui fonctionnent par des mouvements vibratiles, comme les aubes d'une roue et facilitent la locomotion de l'animal. Les deux longs tentacules peuvent rentrer complètement dans la cavité du corps ou être projetés à une assez grande distance ; quelquefois le Cydippe s'en sert pour s'amarrer à un corps sous-marin, et il ressemble alors à un ballon captif se balançant sur ses câbles.

On trouve cette espèce sur nos côtes de la Manche.

Cydippe ovatus (Less.). — Cydippe ovale.

Dans cette espèce le corps est ovalaire allongé, échancré dans le bas et saillant à la bouche, avec huit rangées

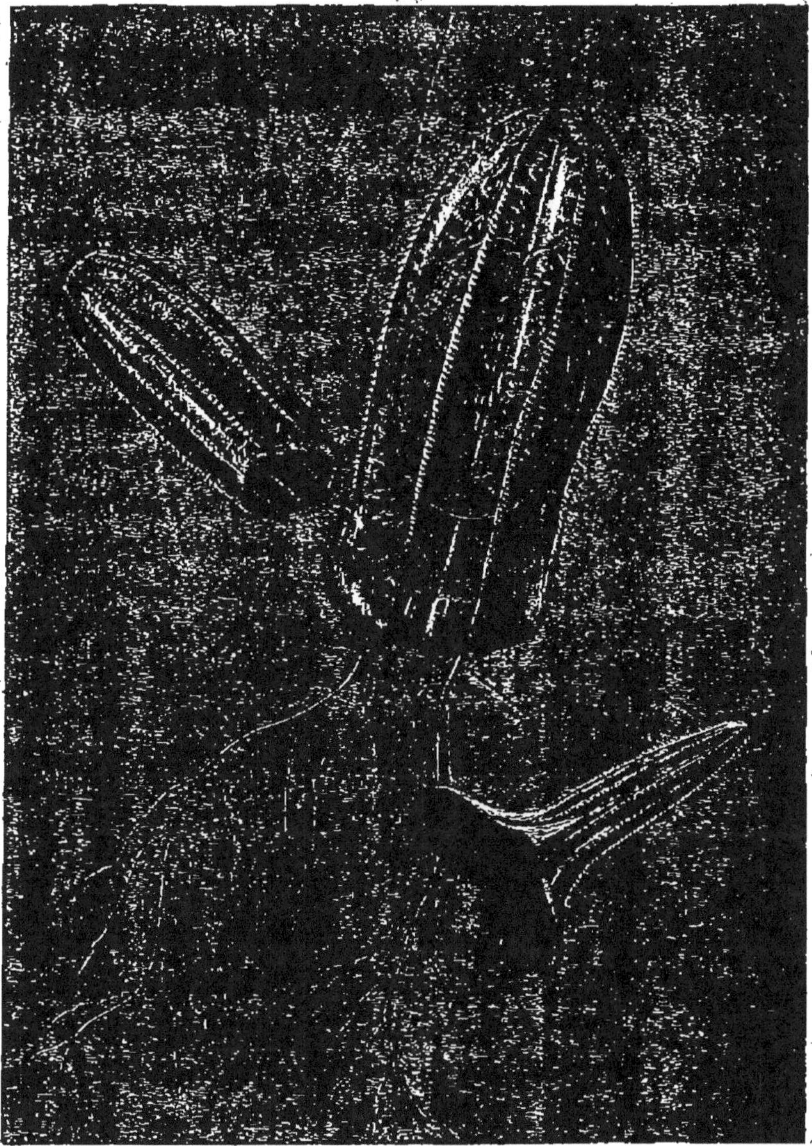

Fig. 129. — Beroé et Cydippe; dans l'intérieur d'un Beroé se voit un Cydippe.

de cils à lamelles courtes et pectinées; il est hyalin et d'un blanc laiteux.

On le trouve sur les côtes du nord de la France.

Cydippe densus (Esch.). — Cydippe dense.

Cette espèce, qui est de la grosseur d'une noisette, a le corps ovalaire, gélatineux, blanc, hyalin, à rangées de cirrhes rougeâtres et terminé par deux longs tentacules colorés en rouge. Longueur 0,024 millimètres.

Elle apparaît en juin sur les côtes de Nice.

3e *Ordre*. — CTÉNOPHORES RUBANÉS OU TÉNIATÉS.

Dans cet ordre le corps est comprimé, aplati et offre l'aspect d'un large ruban. On voit deux filaments tactiles pourvus chacun d'un filament accessoire soudé à la face buccale. Quand l'animal nage, la progression du corps est aidée par les ondulations des deux moitiés du ruban et le pôle buccal est tourné en bas.

FAMILLE DES CESTIDÉS.

Les Cestidés possèdent tous les caractères de l'ordre.

Genre Cestum (LESS.). — Ceste.

Les Cestes ont le corps peu élevé, mais développé démesurément dans le sens transversal ; ils nagent dans la mer sous forme de longs rubans gélatineux ; leur diaphanéité est relevée par l'éclat des faisceaux de cils de leur rebord ; ils semblent organisés pour les vastes espaces de mer et ne s'approcher des côtes que poussés par les vagues et les vents. (Milne-Edwards.)

Cestum Veneris (Lesueur). — Ceste de Vénus.

Dans cette belle espèce (fig. 130) le corps se prolonge de chaque côté en forme de bande, et cette ceinture transparente, d'un blanc hyalin bleuâtre, se colore de mille reflets aux rayons du soleil.

« Déjà fort élégant par lui-même, cet animal gagne encore en beauté par ses mouvements à la fois vifs et délicats, qui mettent en relief ses deux bandes contour-

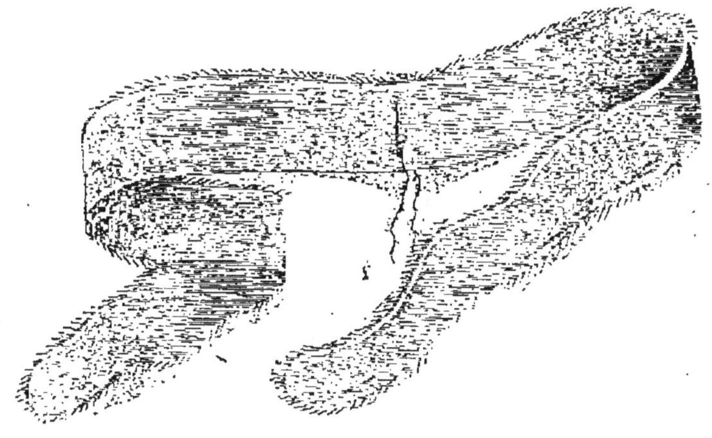

Fig. 130. — Cestum Veneris.

nées suivant toutes les courbes imaginables. Troublé brusquement, il s'enroule généralement en spirale en commençant par l'une des bandes. Lorsqu'on le laisse en paix, il a bientôt fait de déployer ses appendices, tantôt tous deux plus ou moins enroulés, tantôt étendus d'un côté et enroulés de l'autre. Il peut, comme les autres Cténophores, se maintenir en suspens dans l'eau par le simple jeu des cils vibratiles ; il peut aussi en serpentant changer de lieu. » (Brehm.)

Ce Ceste, qui peut atteindre plus d'un mètre de longueur, nage dans une position horizontale, la bouche en haut ; ses mouvements sont lents et onduleux ; on dirait un serpent plat avec des reflets d'un rose irisé ; les pêcheurs le nomment *sabre de mer*.

Cette espèce habite la Méditerranée ; elle apparaît au printemps et en été sur les côtes de Nice.

Cestum Rissoanum (Less.). — Ceste de Risso, espèce voisine de la précédente et qui vit dans les mêmes parages, en diffère par sa taille plus petite, sa bouche plus longue, sa coloration d'un blanc opalin, à cils irisés.

4e *Ordre*. — Cténophores lobaires.

Ces Cténophores ont le corps plus ou moins comprimé et remarquable par la présence des appendices en forme de lobes sur lesquels se continuent les prolongements des côtes inégalement développées. Il existe des filaments tactiles principaux et d'autres accessoires, mais souvent très réduits.

FAMILLE DES MNÉMIDÉS.

Cette famille est caractérisée par deux lobes très grands situés dans le voisinage de la bouche et par deux filaments tactiles généralement petits.

Genre Lesueuria (Milne-Edw.). — Lesueurie.

Dans ce genre le corps est ovale, comprimé, à huit côtes saillantes, dont quatre de la longueur de l'animal et n'en dépassant pas le milieu, avec huit rangées de cils et un lobe buccal à bords découpés.

Lesueuria vitrea (Milne-Edw.). — Lesueurie vitrée.

Cette espèce, qui est longue d'environ deux centimètres,

a le corps ovalaire assez fortement comprimé, de façon à offrir quatre pans d'inégale longueur, ou plutôt deux faces et deux bords dont la disposition est parfaitement symétrique. Son extrémité supérieure est creusée par une dépression évasée et profonde, qui simule l'entrée d'une cavité intérieure, mais qui n'est point perforée et donne naissance par son bord à huit côtes verticales légèrement saillantes. La portion inférieure du corps possède huit grands lobes arrondis par le bas et séparés entre eux par des échancrures très profondes. Les franges vibratiles qui garnissent les huit côtes, sont disposées par petites rangées transversales et fixées sur une série de petites crêtes arrondies et parallèles ; ce sont de petites lanières membraneuses, plus ou moins profondément divisées en filaments vers le bout et offrant, quant à leur disposition et leurs mouvements, la plus parfaite ressemblance avec ceux des Cydippes et des Béroés. (Milne-Edwards.)

Ce Cténophore est commun sur les côtes de Nice.

SPONGIAIRES.

Les *Spongiaires* (Éponges) étaient connus dans la plus
haute antiquité ; mais ce n'est qu'à une époque relativement récente que leur nature animale a été véritablement
connue. Tandis que les premiers naturalistes : Aristote,
Pline, en faisaient des animaux d'un ordre plus élevé
que ne le comporte leur organisation, affirmant qu'ils
fuyaient sous la main qui voulait les saisir et qu'ils adhéraient aux rochers en raison d'une force qui leur était
propre, des auteurs plus modernes : Rondelet, Tournefort,
Linné lui-même, dans ses premières éditions du *Systema
naturæ*, les plaçaient dans le règne végétal ; mais, grâce
aux travaux de Trembley, Peyssonnel, Ellis, Grant, etc.,
la nature animale de l'Éponge ne laisse plus aucun doute
aujourd'hui ; toutefois la place que ces animaux doivent
occuper dans la série zoologique est encore discutée :
Lamouroux comprend les Spongiaires dans ses *Polypiers
flexibles* et en forme l'ordre des *Spongiés* ; Cuvier les
range près des *Alcyons* dans sa classe des *Polypes à Polypiers* ; enfin Blainville en fait un type distinct qu'il
nomme *Amorphes* ou *Hétéromorphes*. Claus les place parmi
les Cœlentérés et en forme son premier sous-embranchement : *Spongiaires* ou *Porifères*. Tout en suivant la
classification adoptée par Claus pour ces animaux, nous
séparons, à l'exemple de M. le professeur Perrier, les
Spongiaires pour en former une classe spéciale établis-

sant une transition naturelle entre les Cœlentérés et les Protozoaires. « L'ancienne division, d'après la nature du squelette, en *Éponges cornées, siliceuses, calcaires*, a subi dans ces derniers temps de nombreuses modifications, grâce surtout aux recherches d'O. Schmidt. Dans tous les cas, la classification actuelle n'est que provisoire : car on n'a pu trouver jusqu'ici aucun principe suffisant qui permette d'établir des groupes naturels, pas même de caractériser les familles et les genres. On a reconnu que les particularités dont on s'était servi comme caractères de classification, telles que la forme générale, la structure des oscules, etc., étaient très sujettes à varier dans une étendue plus ou moins considérable. La forme des spicules et la nature des tissus du squelette sont les caractères les plus constants : aussi doit-on les employer en première ligne, avec ceux tirés de la structure du système des canaux, pour distinguer les genres. » (Claus.)

Si tout le monde connaît les Eponges qui servent à nos usages domestiques, bien peu de personnes ont étudié l'organisation de ces singuliers animaux. Les Spongiaires sont des corps composés d'agrégations de cellules et ordinairement constitués par une charpente solide, formée par des filaments cornés, siliceux ou calcaires, présentant, dans son intérieur, un système de canaux et à sa surface de nombreux pores et une ou plusieurs ouvertures désignées sous le nom d'*oscules*. Ces agrégations constituent des masses plus ou moins élastiques et affectant des formes très variables ; c'est ce squelette intérieur qui, lorsqu'il a été suffisamment nettoyé et purifié, devient l'Éponge employée aux usages domestiques. Mais à l'état vivant cette masse est recouverte d'une matière gélatineuse, peu consistante, ne présentant à la vue aucune trace d'organisation : c'est cependant cette mucosité qui est la partie animale de l'Éponge.

L'Éponge est donc constituée par deux parties dis-

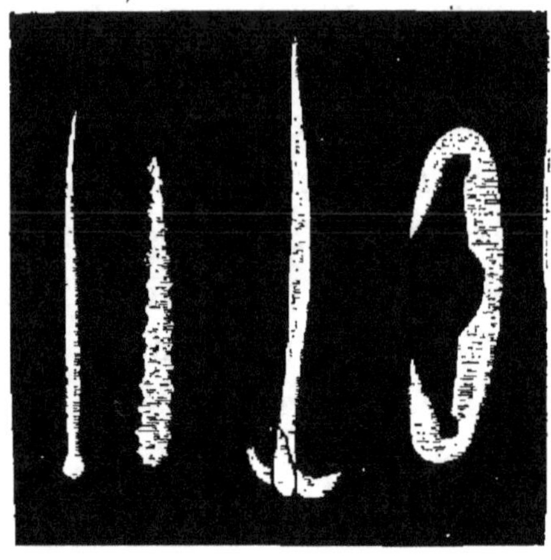

Fig. 131. — Spicules d'éponges.

tinctes : 1° le *squelette*, charpente solide, composée de fibres cornées ou de *spicules*, tantôt siliceux, tantôt calcaires, affectant les formes les plus diverses et simulant des aiguilles, des fuseaux, des crochets, des ancres, des croix ou des cylindres (fig. 131) ; 2° la masse charnue, dans laquelle ces productions se développent ; cette masse est creusée de canaux aboutissant à des orifices extérieurs de deux sortes et constituant les *pores inhalants* et les *oscules*.

« Quand on plonge une Éponge d'eau douce dans un vase rempli d'eau, tenant en suspension une poussière colorée, on constate, grâce au mouvement de cette poussière, qu'un courant d'eau continu pénètre dans la substance de l'animal et qu'il ne tarde pas à en ressortir. Il est facile d'expliquer ce phénomène : l'Éponge théorique présente une enveloppe percée de pores, une cavité intérieure et une ouverture. Les pores sont les *pores inhalants* par où l'eau pénètre dans la cavité; l'ouverture est l'*oscule* servant d'issue à l'eau inhalée. Cette disposition élémentaire reste constante ou, en raison de l'accroissement de l'Eponge, se développe en un système de canaux. Ces canaux traversent toute l'épaisseur des parois du corps en rayonnant depuis la cavité générale. Ce système débouche, par une ou plusieurs ouvertures larges, les oscules, et communique à l'extérieur par les pores inhalants; de plus il correspond à la cavité générale. Les canaux, sur leur trajet, présentent toujours une cavité sphérique tapissée de cellules munies chacune d'un flagellum. C'est là ce qui constitue la corbeille vibratile. Le mouvement des cils dont ces organes sont revêtus empêche l'eau d'y séjourner, la chasse sans cesse dans le même sens; de là les courants dont les poussières colorées de tout à l'heure indiquent la marche. » (Perrier.)

C'est au moyen de ces canaux, sans cesse traversés par des courants d'eau et qui se réunissent pour constituer des troncs plus ou moins gros, à la manière des racines d'une plante ou des ramifications d'une veine, que s'opèrent la nutrition et la respiration des Spongiaires.

Développement. — *Métamorphoses.* La reproduction des Éponges est généralement *asexuelle*, c'est-à-dire qu'elle a lieu soit par division, soit par *gemmiparité* : on a observé, en effet, que, sous l'influence de conditions de milieu défavorables, les cellules qui composent la colonie quittent le squelette commun et se répandent dans l'eau ambiante. Loin de périr, chaque cellule se divise, bourgeonne et devient une nouvelle Éponge. Les *Spongilles* (Éponges d'eau douce) offrent un phénomène encore plus remarquable : « A la fin de l'automne et vers le commencement de l'hiver le corps sarcodique qui remplit les interstices du squelette se contracte en masses sphériques en laissant le squelette à nu. Chacune de ces masses ou gemmules s'entoure d'une capsule jaunâtre ou brune, s'enkyste et se prépare à passer l'hiver. Le squelette, restant complètement abandonné, quelquefois se détruit, d'autres fois conserve sa forme et sa solidité. Au printemps, avec le réveil de la vie sous toutes ses formes, le Kyste renaît, la capsule se déchire et laisse passage à la cellule spongiaire, qui va se nicher de nouveau dans son ancien habitacle, ou bien, si celui-ci a disparu, elle se comporte comme une larve ou une spore et reproduit un nouveau spongille. » (Capus.)

Indépendamment du mode de reproduction que nous venons d'indiquer, on trouve également chez les Spongiaires la reproduction sexuelle ; si à certaines époques de l'année on coupe une Éponge à l'état frais, on trouve fixés aux parois des canaux aquifères une multitude de petits ovules jaunes de la grosseur d'une graine de pavot : ce sont les œufs qui tombent ensuite dans la cavité générale, puis sont expulsés par les oscules. Dans ces petits corps qui ont, au début, une forme sphérique et une apparence finement granuleuse, on voit un gros noyau avec un nucléole : « La fécondation a pour effet de dédoubler le noyau et toute la masse de l'œuf ; les deux moitiés se subdivisent entièrement à leur tour et donnent un amas de petites sphérules arrondies. Celles-ci vont se ranger, en ordre parfait, en deux couches, l'une externe garnie de cils vibratiles, l'autre interne, non ciliée, et ainsi se constitue la larve ciliée. Après avoir nagé pendant quelque temps, la larve arrondie s'allonge, devient ovalaire et se creuse d'une cavité interne qui se perce au sommet d'un petit oscule. Toute garnie de nombreux cils longs et flottants, comme velue, la larve se fixe alors par son extrémité opposée à l'oscule et, dès ce moment, perd ses organes locomoteurs, les cils devenus sans emploi. La petite Eponge dès lors est constituée et elle n'a plus qu'à se développer. Son corps se consolide par l'adjonction de spicules cornés, calcaires ou siliceux suivant les genres, et se creuse de pores aquifères. Si l'Eponge est *monozoïque*, c'est-à-dire composée d'un seul individu, le développement est complet après cette première phase, mais dans les Eponges *polyzoïques* le développement de la colonie est dû au bourgeonnement de la forme simple. » (Capus.)

M. Hœckel, qui a fait une étude spéciale des transformations de la larve chez les Spongiaires, a donné à ces différents états les noms de *Morula*, *Planula*, *Gastrula*, *Ascula*, qui sont adoptés aujourd'hui par beaucoup de zoologistes.

Mœurs des Spongiaires. — Les Spongiaires sont tous marins, à l'exception des *Spongilles*, qui vivent dans les eaux douces, où ils forment des masses irrégulières et friables qui s'étalent sur les plantes ou sur les corps solides submergés.

On trouve des Spongiaires dans toutes les mers, principalement dans la Méditerranée, la Mer Rouge et le golfe du Mexique. Les Eponges cornées, ainsi que les *Halisarcines* et les *Chalinides*, vivent dans les eaux peu profondes, tandis que les *Hexactinellides* ne se plaisent que dans les grandes profondeurs. En général les Spongiaires recherchent les eaux chaudes et s'attachent aux anfractuosités de rochers à des profondeurs qui varient de 5 à 25 brasses. Certaines espèces sont perforantes et percent les roches et les coquilles de Mollusques sur lesquelles elles se fixent.

La propriété d'imbibition que possèdent les Eponges les fait rechercher depuis longtemps, et si un certain nombre de Spongiaires ne peuvent être utilisés à cause de leurs spicules siliceux qui les rendent impropres aux usages domestiques, les autres constituent une branche de commerce importante ; leur pêche occupe chaque année un grand nombre de bateaux et prend une extension de plus en plus grande. Le cadre de cet ouvrage ne nous permet pas d'exposer ici les procédés employés pour cette pêche, qui se pratique principalement dans l'Archipel, sur les côtes de Syrie et dans le golfe du Mexique, sur les bancs des iles Bahamas. Certaines Eponges, dites *de luxe* ou *de toilette*, se vendent à des prix relativement élevés : l'Eponge *fine-douce de Syrie* (*Spongia mollissima* O. Schmidt) peut atteindre une valeur de 100 à 150 francs la pièce.

Les Spongiaires sont également utilisés en médecine : les Eponges fines servent à préparer les Eponges dites *à la cire* ou *à la ficelle*, employées par les chirurgiens pour dilater les ouvertures des plaies que l'on veut empêcher de se fermer. Enfin les débris calcinés des Eponges sont employés comme remède, à cause de l'iode qu'ils contiennent. On trouve dans les Eponges une matière azotée, la *Spongine*, dans laquelle l'azote ammoniacal entre dans la proportion d'un quart de l'azote total, comme dans l'albumine.

La consommation toujours croissante des Eponges menace de tarir dans un avenir prochain cette source si importante de commerce. « La pêche des Eponges sur tous les points de la Méditerranée, dit M. Lamiral, manque d'une direction intelligente : car elle est exploitée sans prévoyance préservatrice. La consommation commerciale va toujours en augmentant, et il est bien certain que la spéculation, qui éclaircit chaque année les champs sous-marins de ces zoophytes, causera une destruction telle que la reproduction ne sera plus en rapport avec la demande, ce qui sera très préjudiciable à l'intérêt général. Il devient donc urgent de prévenir ce cas fâcheux et de s'y soustraire en naturalisant les diverses espèces d'Eponges en France et en Algérie et en favorisant par la culture la reproduction sur les côtes rocailleuses de la Méditerranée, depuis le cap de Cruz jusqu'à Nice, autour des îles de la Corse et d'Hyères, dans les eaux de l'Algérie et même dans certains lacs ou étangs salés des départements voisins de la Méditerranée. »

M. Lamiral, considérant que la composition de l'eau de la Méditerranée est la même sur les côtes de France et d'Algérie que sur celles de Syrie, tenta en 1862 d'acclimater sur le littoral de Toulon des spicules d'Eponges qu'il avait recueillis sur les côtes de Syrie. Cette tentative de *spongiculture* ne réussit pas : placées sur des points constamment ravagés par les filets traînants des pêcheurs, ces petites Eponges disparurent ; mais il n'en a pas été de même sur d'autres points : le général Garibaldi a tenté l'aventure dans son île de Caprera et a vu ses efforts couronnés de succès ; l'acclimatation de l'Eponge dans nos eaux n'est donc pas impossible, d'autant plus que d'autres tentatives ont été faites sur les côtes de la Dalmatie et ont au moins démontré que la culture artificielle était praticable. Le principal obstacle paraît être le transport des Eponges destinées à la multiplication, de leur pays d'origine jusqu'au lieu de leur destination. Quant à la multiplication, on l'obtient facilement en divisant l'Eponge souche en fragments qui sont fixés sur une pierre et abandonnés au fond de l'eau, on fait par ce moyen de la scissiparité artificielle. Il est vivement à désirer que de nouveaux essais soient tentés sur nos côtes, sans attendre la destruction des Eponges qui est à prévoir dans un avenir plus ou moins éloigné.

« D'après mes observations recueillies à Naples, dit O. Schmidt, la reproduction des Eponges par des œufs d'où éclosent des larves libres a lieu en mars et en avril et peut-être aussi plus tard. Le progéniture d'une Eponge de moyenne grandeur s'élève à un chiffre extraordinaire. Si, malgré cela, les pêcheurs d'Eponges se plaignent du peu de profit qu'ils tirent de leur pénible industrie et si le prix des exemplaires augmente toujours, la nécessité des périodes de ménagement dont j'ai signalé à plusieurs reprises l'utilité dans cette pêcherie, se trouve réellement démontrée. Les pêcheurs d'Eponges commencent leur pillage dès les premières semaines du printemps ; ils anéantissent ainsi chaque année d'innombrables millions de couvées avant leur éclosion ! »

Un grand nombre de parasites vivent sur les Spongiaires ; on trouve fréquemment dans leur tissu des Oscillaires et des filaments d'Algues qui peuvent d'autant plus induire en erreur que parfois des Algues telles que la *Cladophora spongiomorpha* ont été décrites comme de véritables Eponges ; on trouve aussi des Spongiaires vivant sur des Polypes hydroïdes.

Nous divisons, à l'exemple de Claus, les Spongiaires en deux ordres :

Les Eponges fibreuses (*Fibrospongies*).

Les Eponges calcaires (*Calcispongies*).

RECHERCHE DES SPONGIAIRES.

Les Spongiaires sont peut-être, de tous les animaux, ceux qui ont été le moins étudiés et que les amateurs d'histoire naturelle collectionnent le plus rarement. Deux causes peuvent expliquer l'abandon dans lequel est laissée toute une classe intéressante pouvant offrir des études aussi attrayantes que les autres branches de la zoologie : d'une part la récolte des Spongiaires présente certaines difficultés et exige de fréquentes excursions à la mer et d'autre part la variabilité de leurs caractères rend leur détermination difficile.

« Beaucoup de naturalistes, dit M. Topsent, ne connaissent les Spongiaires que par les comptes rendus d'expéditions scientifiques et par ces quelques formes généralement sans nom et sans indication de provenance qui figurent dans tous les musées. Bien peu savent que les mers d'Europe en contiennent un grand nombre

d'espèces et songent à tirer parti de la situation excep-
tionnelle de la France entre deux mers dont les faunes
diffèrent à tous égards. L'exploration de nos plages et
les dragages à petites distances du rivage sont loin sans
doute de rencontrer une exubérance de vie comparable
à celle des profondeurs de l'Atlantique et pourtant l'étude
de nos Eponges offre encore un intérêt considérable,
puisque, dans une monographie forcément incomplète,
un spongologiste célèbre, J. S. Bowerbank, en signalait
plus de 300 sur les côtes d'Angleterre. »

Pour ceux qui voudront se livrer à la recherche des
Spongiaires les procédés devront différer selon le littoral que l'on explorera ; sur nos côtes de l'Océan le mouvement des marées, en découvrant de vastes étendues,
facilitera les recherches et l'on pourra aisément recueillir sur les rochers ou les grosses pierres certaines
Eponges des mieux caractérisées. A l'époque des équi-
noxes la mer, se retirant davantage, met à découvert
des rochers littéralement tapissés de Spongiaires, dont
beaucoup ne se trouvent pas au large ; c'est dans ces
conditions qu'on pourra recueillir des Eponges siliceuses souvent placées dans les anfractuosités des rochers, des Eponges calcaires telles que les *Grantia* et
quelques Eponges fibreuses.

« Les Eponges calcaires recherchent l'obscurité et
fuient la lumière. Un petit nombre d'espèces seulement
croissent dans les lieux plus ou moins exposés aux rayons
lumineux. Aussi ces espèces, qui s'installent de préférence contre les rochers et contre les pierres, se trouvent
surtout dans les cavités et les grottes des côtes maritimes,
dans les fentes des rochers et à la face inférieure des

pierres. Le plus grand nombre des espèces vivent dans les buissons de Varechs, à l'ombre des fourrés de Conferves et des obscures forêts de Fucoïdes. Cet amour de l'obscurité pousse aussi un grand nombre de ces organismes à s'installer dans l'intérieur de retraites construites par d'autres animaux et devenues vides, telles que des valves de Coquillages et d'Oursins, des coquilles de Gastéropodes, des tubes construits par des Vers etc. » (O. Schmidt.)

Indépendamment des recherches à marée basse, on peut opérer des dragages ; dans ce cas on emploie la drague ou l'engin (fig 66) que nous avons indiqué pour la recherche des Coralliaires.

Sur notre littoral de la Méditerranée on est réduit à faire des dragages ou à se contenter des épaves de la plage.

On peut encore obtenir des Spongiaires par l'intermédiaire des pêcheurs, mais généralement on n'obtient par eux que des formes massives ou arboréscentes souvent fort communes. Quant aux échantillons qu'on pourrait se procurer par les négociants qui font le commerce d'Eponges, on ne doit accueillir qu'avec circonspection ces exemplaires, souvent d'une provenance peu authentique, qui ne parviennent jamais à l'état brut, mais ont toujours subi des lavages et des préparations à l'acide destinées à les blanchir, opérations qui dénaturent complètement leurs tissus.

Les Eponges d'eau douce sont faciles à recueillir : elles vivent dans les eaux courantes où elles s'étendent en larges plaques sur les piliers des passerelles et les arches des ponts ou vivent en parasites sur les tiges des plantes aquatiques.

Détermination des Spongiaires. — La détermination des
Spongiaires est difficile, non seulement à cause de la variabilité de leurs caractères, mais encore par la rareté
des ouvrages spéciaux pouvant aider le spongologiste
dans ses recherches. Nous empruntons à M. Topsent les
renseignements si précis qu'il a publiés à ce sujet :

« Une Eponge étant donnée, il faut en premier lieu
chercher la nature de son squelette pour savoir à quel
ordre elle appartient. En vérité rien n'est plus aisé, et
s'il est nécessaire au début de traiter les spicules par
l'acide chlorhydrique pour s'assurer de leur composition,
un peu d'expérience suffit pour faire distinguer de
prime abord Silisponges et Calcisponges. Un fragment
porté sous le microscope apparaît comme une masse de
chair éminemment dissociable, soutenue par un réseau
de fibres cornées souples ou renforcées par des spicules
siliceux inclus dans leur épaisseur. Les Halisarcines
échappent plus naturellement à l'observation de qui n'a
pas encore puisé dans les ouvrages spéciaux une certaine somme de connaissances sur la question. Ce serait
les désigner d'une façon tout à fait insuffisante qu'indiquer seul ici le caractère négatif de l'absence en elles
de toute charpente solide. Pour le reste, bien qu'une
classification satisfaisante ne soit pas encore établie, on
parvient sans trop de peine, en suivant le système de
tel ou tel auteur, à passer de l'ordre à la famille et de la famille au genre ; on arrive même très souvent à l'espèce. En
effet une multitude d'Eponges ont une forme définie, et
d'autres amorphes présentent dans leur squelette des
particularités sur lesquelles les spongologistes n'ont
pas manqué d'insister et qui ne permettent pas d'hési-

tation. En revanche beaucoup d'espèces créées d'après un seul échantillon sont réellement indéterminables si l'on n'a pas sous les yeux le type de l'auteur, ou tout au moins si l'on n'a réuni une série propre aux comparaisons ; il s'agit toujours alors d'Eponges sans forme, sans productions squelettiques remarquables et sans couleur définissable dans une diagnose. Mettant de côté ces formes ingrates, en attendant une occasion favorable, on doit atteindre le but proposé en s'armant d'objectifs grossissant environ six cents fois et en s'aidant des monographies de Bowerbank (1) d'O. Schmidt (2) et d'Hœckel (3), complétées par les travaux plus restreints ou épars, mais aussi plus récents, d'une dizaine de savants. Il n'est pas difficile de préparer les Calcisponges et les Fibrosponges, mais il ne faut pas se laisser rebuter par le traitement assez compliqué que doit subir toute Eponge siliceuse en détermination ; car ce n'est guère qu'en opérant de la manière suivante qu'on obtient des préparations lisibles : on détache deux morceaux minces du spécimen en question ; l'un est pris immédiatement à la surface, l'autre dans la profondeur, pour obtenir à la fois connaissance des organites généralement spéciaux du derme et de la disposition des spicules principaux du squelette ; on les fait bouillir à la lampe à alcool dans une goutte d'acide azotique pour les débarrasser du sarcode où ils sont noyés ; en poussant l'ébullition trop loin on risquerait de détériorer les coupes ; on

(1) Bowerbank. — *A monography of British Spongiadœ.*
(2) O. Schmidt. — *Die Spongien des Adriatischen Meeres.*
(3) Hœckel. — *Die Kalkschwamme.*

l'arrête donc en ajoutant une goutte d'eau distillée qu'on étanche après refroidissement ; on lave ensuite à l'alcool à 70°, puis à l'alcool absolu pour enlever toute trace d'eau. Après dessiccation complète on laisse enfin tomber sur la préparation une goutte d'essence de girofle ou de bois de cèdre qui l'éclaircit et fait apparaître les petits organites siliceux jusqu'alors invisibles. L'examen de la spiculation devient possible, et si l'on juge la préparation réussie, on la conserve en remplaçant l'essence par du baume du Canada qu'on peut choisir dissous dans le chloroforme, pour s'éviter d'autres manipulations. »

Nous ne saurions trop recommander aux naturalistes l'étude des Spongiaires de nos côtes ; ils seront largement récompensés de leur peine par la découverte d'espèces nouvelles ou non encore signalées, principalement parmi les Eponges encroûtantes ; car bon nombre de nos Eponges n'ont pas encore été décrites, et celles du littoral de la Méditerranée ne nous sont connues que par les travaux fort incomplets de Schmidt sur les espèces qu'il a recueillies pendant son séjour à Cette en 1868.

Conservation des Spongiaires. — Les Spongiaires peuvent être disposés en collection comme les échantillons minéralogiques, c'est-à-dire placés sur des socles en bois ; mais on doit éviter pour ces collections la poussière et l'humidité qui pénétreraient dans le tissu des Eponges.

FAUNE FRANCAISE DES SPONGIAIRES.

1ᵉʳ *Ordre.* — EPONGES FIBREUSES (Fibrospongiés).

Le squelette manque complètement, et alors le corps

est exclusivement composé de parenchyme contractile, ou bien il existe des fibres cornées et parfois aussi, concurremment à ces fibres, des corpuscules siliceux de formes diverses. Dans d'autres cas les spicules siliceux sont unis en réseau par des couches enveloppantes silicifiées (Claus).

On divise cet ordre en cinq sections :

1° *Eponges gélatineuses* (Myxospongies).
2° *Eponges cornées* (Cereaspongies).
3° *Eponges gommeuses* (Halichondries).
4° *Eponges pierreuses* (Lithospongies).
5° *Eponges vitreuses* (Hyalospongies).

EPONGES GÉLATINEUSES (Myxospongies).

Les Myxospongies sont des Eponges molles, charnues, sans aucun squelette, formant des masses hyalines, gélatineuses, souvent traversées par des faisceaux de fibres.

FAMILLE DES HALISARCIDÉS.

Cette famille, qui a tous les caractères que nous venons d'indiquer, est représentée sur nos côtes par un seul genre :

Genre Halisarca (DUJ.). — **Halisarcine**.

Ces Spongiaires forment des croûtes sur les rochers ou des revêtements blanchâtres sur les Laminaires.

Halisarca lobularis (O. S.). — Halisarcine lobulaire.

Cette espèce s'étale sur les rochers en croûtes de couleur violette. Elle est commune au large de Marseille, dans les prairies de zostères, de 10 à 25 mètres de profondeur. Elle a été signalée au Quihot sur les côtes du Calvados.

Halisarca Dujardini (Johns.).—Halisarcine de Dujardin.

Ce Spongiaire (fig. 132) s'étend en couches blanchâtres sur les pierres. On le trouve sur nos côtes de l'Océan,

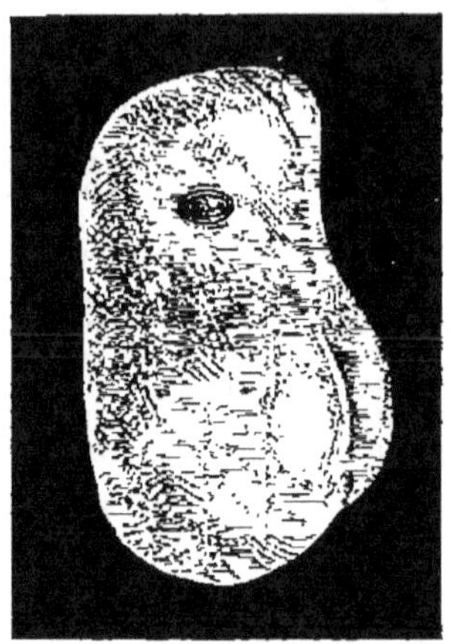

Fig. 132. — Halisarca Dujardini.

principalement sur celle du Calvados, où il fut découvert par Dujardin en 1835 et au large du bassin d'Arcachon.

Éponges cornées (Cereaspongies).

Ce groupe comprend des Eponges généralement ramifiées ou massives, dont la charpente est formée de fibres cornées parmi lesquelles on rencontre des corpuscules siliceux et des grains de sable. Ces Spongiaires vivent principalement dans la Méditerranée.

FAMILLE DES SPONGIDÉS.

Eponges cornées, polyzoïques, dont le squelette est formé de fibres cornées, élastiques, renfermant parfois des corps étrangers, mais jamais de spicules siliceux.

C'est dans cette famille que se rencontrent les Éponges employées dans les usages domestiques.

Genre Spongelia (Nardo). — Spongelie.

Dans ces Spongiaires le réseau est lâche, composé de fibres cornées, minces, tubuleuses et recouvrant des corps étrangers.

Spongelia elegans (Nardo). — Spongélie élégante.

Cette espèce est incolore et forme un revêtement sur les corps sous-marins. On la trouve au large de Marseille dans les grandes profondeurs, fixée sur l'*Eschara fascialis*; elle n'est pas rare sur le plateau sous-marin entre Riou et la falaise Peyssonnel, où elle vit associée à la *Spongelia pallescens* qui est d'une coloration violette.

La *Spongelia fragilis* se rencontre au large du bassin d'Arcachon.

Genre Cacospongia (O. S.). — Cacospongie.

Ce genre se distingue du précédent par la grande solidité des fibres qui constituent sa charpente.

On trouve sur nos côtes de la Méditerranée les *Cacospongia mollior*, *scalaris* et *cavernosa*, qui vivent à d'assez grandes profondeurs au large de Marseille et sur la côte de Porquerolles (Var).

Genre Euspongia (O. S.). — Euspongie.

Dans ce genre la charpente est très élastique et formée de fibres d'égale consistance.

Euspongia officinalis equina (Schulze). — Euspongie équine.

Cette espèce (fig. 133) est une des plus connues; elle

a pour caractère le peu de fermeté de ses fibrilles, la densité de son tissu, l'amplitude de ses cavités et de ses canaux aquifères. Elle renferme beaucoup de corps étrangers retenus parmi les extrémités des fibrilles ; c'est une des Éponges usuelles, mais les corpuscules

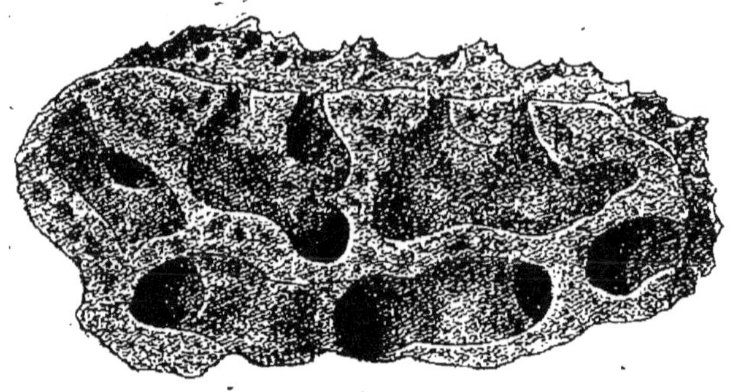

Fig. 133. — Euspongia equina.

étrangers qu'elle renferme la rendent impropre aux usages de la toilette.

On la trouve sur nos côtes de la Méditerranée, généralement à d'assez grandes profondeurs.

Genre Sarcotragus (O. S.). — Sarcotrage.

Dans ce genre le tissu est épais, ne se laissant déchirer que difficilement ; l'enveloppe est noirâtre et a la consistance du cuir.

Sarcotragus spinulosus (O. S.). — Sarcotrage épineux.

Ce Spongiaire, qui réunit tous les caractères du genre, est commun au large de Marseille, dans les prairies profondes de zostères (de 10 à 25 mètres).

Genre Hircinia (NARDO). — Hircinie.

La charpente est formée de fibres cornées, résistantes,

jointes à des filaments cornés très fins, terminés par un renflement.

Les *Hircinia flavescens* (O. S.). *panicea* (O. S), *hirsuta* (O. S.), *hebes* (O. S.), *dura* (Nardo), vivent sur le littoral du Var. Les H. *hebes* et *variabilis* (O. S.) sont très abondantes sur les côtes de Marseille dans les fonds coralligènes de la rade du Prado et dans les sables vaseux au large du Rouet et de Gignac, à une profondeur de 40 à 60 mètres (Marion).

FAMILLE DES APLYSINIDÉS.

Eponges cornées, à fibres cornées et tubuleuses, entourant une masse centrale molle, dépourvue de spicules siliceux.

Genre Aplysina (O. S.). — Aplysine.

Dans ce genre les fibres cornées, disposées en réseaux irréguliers, entourent un large canal central et sont terminées en pointe fine.

Aplysina aerophoba (Nardo). — Aplysine aérophobe.

Cette Eponge est de consistance molle, élastique ; sa surface présente un réseau de crêtes saillantes ; sa coloration d'un jaune de soufre passe au bleu foncé hors de l'eau. Côtes de Porquerolles (Var).

Deux espèces appartenant à la famille des Aplysinidés ont été signalées sur nos côtes de l'Océan : la *Verongia rosea* (Barrois), espéce caractérisée par ses fibres à canal très étroit et réunies en réseau, et la *Dysidea fragilis* (Bow.) se présentant sous deux aspects : tantôt massive, quelquefois formée uniquement d'un paquet de fibres entrelacées, peu compactes et ne contenant que peu de

grains de sable et de spicules (Topsent). — Ces deux
Spongiaires vivent sur les côtes de Luc (Calvados).

EPONGES GOMMEUSES (Halichondries).

Ces Eponges sont de conformation très variable, munies d'aiguilles le plus souvent à un axe, de spicules siliceux simples, réunis par des enveloppes plasmatiques
plus ou moins résistantes, disposés en réseau ou enfermés
dans les fibres du parenchyme (Claus).

Quelques formes de ce groupe (les *Spongilles*) fournissent
le rare exemple d'Eponges d'eau douce.

FAMILLE DES CHONDROSIDÉS.

Les Spongiaires qui composent cette famille sont des
masses arrondies ou lobées, ayant la consistance du
caoutchouc et offrant, sous une coupe fraîche, un aspect graisseux. Le tissu cortical est coriace, teint en
noir ou en brun ; le parenchyme central ressemble à
une pulpe laiteuse. La structure du tissu est caractérisée
par la présence de filaments très fins entrecroisés ; on
y rencontre quelquefois des formations siliceuses.

Genre Chondrosia (NARDO). — **Chondrosie.**

Ce genre se rapproche des Halisarcidés par l'absence
de corpuscules siliceux dans son tissu.

Chondrosia reniformis (Nardo). = C. *ecaudata* (O. S.).
— Chondrosie réniforme.

Cette espèce (fig. 134) se montre sous l'aspect de
petits gâteaux offrant généralement un orifice de sortie
unique et constituant ainsi un être individuel. La face

supérieure est onctueuse et d'une couleur sombre ; la face appliquée au plan du support est d'une teinte plus claire.

« Lorsqu'on détache cette espèce et qu'on la retire de l'eau, elle se contracte fortement. En raison de sa forme les pêcheurs la désignent sous les noms de *Carnume* ou

Fig. 134. — Chondrosia reniformis.

de *Rognone di mare*, c'est-à-dire de *poisson de mer* ou de *Rein marin*. A l'état frais elle est déjà très résistante, mais desséchée à l'air en masses réunies, elle est aussi ferme qu'un cuir épais. On peut la conserver en cet état pendant des années, et lorsqu'on l'humecte à nouveau, elle reprend tout à fait l'aspect des spécimens frais. Même dans l'eau douce, où beaucoup de Spongiaires sont déjà en décomposition au bout de quelques heures, elle ne s'altère qu'après un grand nombre de jours, bien que son activité se trouve suspendue également dans ce liquide. (Brehm.)

Cette Eponge ne vit que sur nos côtes de la Méditerranée ; elle n'est pas rare au large de Marseille dans les prairies de zostères et dans les grands fonds où on la trouve fixée sur des *Eschara fascialis*.

FAMILLE DES CHALINIDÉS.

Le tissu de ces Spongiaires est formé de fibres cornées, dans l'intérieur desquelles sont situés des spicules siliceux, simples et fusiformes.

Genre Chalina (O. S.). — **Chaline.**

Ce genre, qui a tous les caractères que nous venons

d'indiquer, est représenté sur notre littoral par les espèces suivantes :

Chalina oculata (Bow.) = *Halicondria oculata* (Johnst.)
— Chaline oculée.

Dans cette espèce le développement des fibres est très
variable, ainsi que la coloration, qui est tantôt jaune
avec une teinte verte, tantôt rose ou d'un blanc laiteux.

Fig. 135. — Spicules de Chalina oculata.

Elle est très commune sur nos côtes du nord-ouest,
où chaque coup de vent en jette une grande quantité sur
la plage.

Chalina Montagni (Bow.). — Chaline de Montagne.

Cette Eponge est caractérisée par la disposition bien
nette des lignes et par ses fibres étroitement accolées
aux spicules. On la trouve dans les mêmes parages que
l'espèce précédente ; elle se fixe fréquemment sur les
valves du *Cardium norvegicum*.

Chalina gracilenta (Bow.). — Chaline frêle.

Eponge revêtante, délicate, de couleur jaune pâle ;
vit avec les espèces précédentes.

On trouve au large de Marseille une espèce voisine,
la *Chalina fongophila* (O. S.), dans les fonds vaseux entre
Riou et la falaise Peyssonnel.

FAMILLE DES RENIERIDÉS.

Eponges à réseau lâche, unissant des spicules très
courts.

Genre Reniera (Nardo). — Renierie.

Ces Spongiaires ont des formes incrustées, à réseau assez régulier servant de moyen d'union aux spicules siliceux.

Reniera Normani (O. S.). — Renierie de Norman.

Cette espèce, qui est jaune teinté de rose à l'état frais, vit sur nos côtes de la Manche. Les *Reniera calyx* (Nardo) et *R. aquæductus* (O. S.) ont été signalées sur notre littoral de la Méditerranée, ainsi que la R. *porrecta* (O. S) qui recouvre de couches épaisses les pierres du bassin de la Joliette à Marseille. La *R. indistincta* (Bow.) et la *R. simulans* (Bow.) vivent sur la côte de Guéthary (Basses-Pyrénées).

Genre Hyméniacidon (Bow.) = Amorphina (O. S.). — Hyméniacidon.

Ce genre renferme un certain nombre d'espèces qui ont été placées les unes, dans la famille des Reñieridés, les autres dans celle des Suberitidés. Ces Spongiaires vivent sur nos côtes de l'Océan, principalement sur celles du Nord-Ouest; ils n'ont pas été signalés sur notre littoral de la Méditerranée où ils doivent être certainement représentés.

Hymeniacidon sanguineus (Bow.) = *Reniera sanguinea* (Gray). — Hyméniacidon couleur de sang.

Cette espèce a une coloration d'un rouge vif qui se conserve assez bien en se desséchant ; on la trouve sur les pierres et les rochers.

Hymeniacidon caruncula (Bow.) = *Reniera caruncula* (Gray). — Hyméniacidon caroncule.

Éponge molle, d'un rouge orangé à l'état frais, gris verdâtre après dessiccation ; ses spicules affectent une forme *acuée* : une de leurs extrémités est arrondie et l'autre pointue. Elle est très commune sur nos côtes du Nord-Ouest. On la trouve également au large du bassin d'Arcachon et sur les côtes de Guéthary.

Hymeniacidon ficus (Bow.) = *Ficulina ficus* (Gray). — Hyméniacidon figue.

Espèce revêtante, jaune, plus ou moins massive ; la

Fig. 136. — Spicule de Hyméniacidon.

membrane dermique est armée d'une grande quantité de petits spicules cylindriques avec dilatation vers le milieu. Côtes de Normandie et bassin d'Arcachon.

Hymeniacidon sulphureus (Bow.) = *Suberites sulphurea* (Gray). — Hyméniacidon soufré.

Cette espèce a généralement une belle coloration jaune soufre, quelquefois pâle et presque blanche. Elle est commune sur les pierres et les rochers.

Hymeniacidon plumosus (Bow.) = *Microciona plumosa* (Gray). — Hyméniacidon plumeux.

Éponge massive, d'une belle coloration rouge orangé. Côtes de Cherbourg.

On trouve plus rarement sur cette partie de notre littoral : *Hymeniacidon subereus* (Mont.), *H. Dujardini* (Johns.) et *H. Aldousii* (Bow).

Un genre voisin, le genre *Microciona* (Bow.), est représenté sur nos côtes de l'Océan par la *Microciona armata* (Bow.) et la *M. atrosanguinea*, espèce assez commune qui forme sur les rochers des plaques larges et très minces de couleur rouge-sang.

Genre Hymedesmia (Bow.). —Hymédesmie.

Ces Spongiaires, très voisins du genre Hymeniacidon, forment des plaques encroûtantes sur les corps sous-marins.

Hymedesmia radiata (Bow.) — Hymédesmie rayonnée.
Cette Eponge est mince, grisâtre, hispide et s'étale sur les rochers. — Côte du Calvados.

Hymedesmia Zetlandica (Bow.) — Hymédesmie des Shetland.

Cette espèce, plus rare que la précédente, a été draguée sur les côtes de Luc (Calvados), où elle recouvre les Cellépores d'une pellicule jaune clair.

L'*H. stellata* (Bow.) vit sur la côte de Guéthary (Basses-Pyrénées).

Genre Halichondria (Bow.). —Halichondrie.

Ce genre, qui a donné son nom au groupe des Éponges gommeuses, comprend un certain nombre d'espèces dont plusieurs ont été séparées par quelques spongologistes et placées dans des genres voisins.

Halichondria panicea (Bow.). — Halichondrie panicée.
Cette espèce, qui est le type du genre, est très poly-morphe : « Tantôt c'est une mince pellicule appliquée aux rochers, et tantôt un lacis de branches grêles perdu dans des filaments d'algues, tantôt encore une masse énorme, grosse comme la tête, hérissée de larges crêtes » (Topsent). Elle est le plus souvent colorée en jaune ver-dâtre ou en vert clair.

Ce Spongiaire est commun sur nos côtes du Nord-Ouest et au large du bassin d'Arcachon.

Halichondria incrustans (Bow.). — Halichondrie incrustante.

Espèce d'une coloration jaunâtre, vivant principalement sur le littoral où elle revêt d'une mince pellicule les pierres et les coquilles. — Côtes de Normandie. L'*H. irregularis* (Bow.) en est probablement une variété.

On trouve également sur cette partie de nos côtes l'*H. coalita* (Grant), espèce voisine de l'*H. panicea*.

Genre Isodyctia (Bow.). — Isodyctie.

Ce genre est très voisin du précédent, dont il ne diffère que par des caractères peu tranchés, principalement par ses spicules acérés.

Un certain nombre d'espèces vivent sur nos côtes du Nord-Ouest :

Isodyctia simulans (Bow.). — Isodyctie simulante.

Espèce d'une coloration brune, branchue, très commune.

Isodyctia parasitica (Bow.). — Isodyctie parasite.

Eponge sessile, grise, à surface inégale, rude au toucher.

Isodyctia elegans (Bow.). — Isodyctie élégante.

Éponge molle, de couleur fauve, à oscules larges.

Isodyctia fucorum (Bow.). — Isodyctie des Algues.

Espèce d'une coloration rose vif à l'état frais, blanchâtre après dessiccation.

Isodyctia densa (Bow.). — Isodyctie dense.

Espèce à surface très visqueuse, de coloration très variable : tantôt d'un brun clair, tantôt lie-de-vin etc...

Isodyctia uniformis (Bow.). — Isodyctie uniforme.

Éponge grise, à spicules acués formant un réseau assez peu régulier.

Isodyctia ramusculus (Bow.). — Isodyctie rameuse.

Éponge de coloration violette, branchue, à rameaux longs de 3 à 4 centimètres.

Les *I. cinerea* et *rosea* ne sont que des variétés de cette espèce.

M. Marion a signalé au large de Marseille l'*Isodgctia Ingalli* (Bow.), sur laquelle on trouve souvent une grande espèce de *Zoanthus* (*Z. Marioni*).

Le genre *Raphiodesma* n'est représenté sur notre littoral que par une seule espèce : *Raphiodesma sordidum* (Bow.), éponge pelliculaire, dont la couleur varie d'un gris jaunâtre au jaune orangé ; les spicules sont nombreux et à doubles crochets. — Commune sur les côtes du Nord-Ouest.

FAMILLE DES SPONGILLIDÉS.

Éponges ayant les caractères de la famille des Renieridés, mais ne vivant que dans les eaux douces.

Genre Spongilla (Lam.) = **Ephydatia** (Lamour.). — **Spongille.**

Beaucoup de naturalistes, parmi lesquels Gray et Linck, avaient placé les Spongilles dans le règne végétal ; les caractères différentiels attribués aux espèces ne sont souvent que des phases parcourues par un même individu, ces caractères changeant suivant la saison ou suivant l'habitat où la Spongille s'est développée.

Les Spongilles se plaisent dans les eaux froides, renou-

velées ou souvent agitées, des lacs et des rivières, dans
les régions tempérées et septentrionales ; elles forment
des revêtements d'aspect assez variable sur les plantes,
les pierres ou les corps submergés.

M. Lecoq, qui a fait d'intéressantes recherches sur ces
animaux, a reconnu que la coloration verte des Spongilles signalée par plusieurs naturalistes était due à des
Algues d'eau douce, la plupart des individus observés

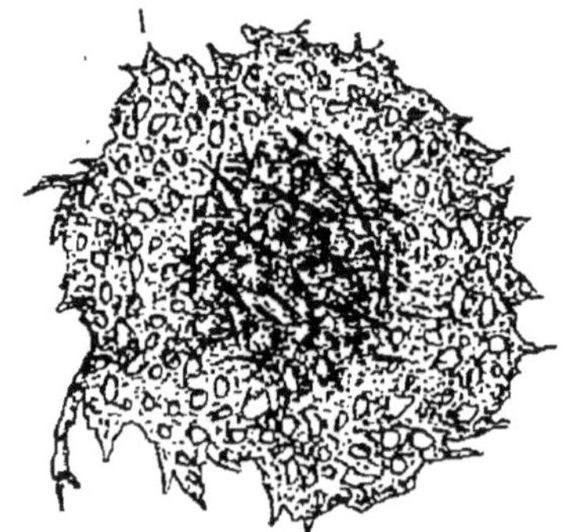

Fig. 137. — Spongilla fluviatilis.

étaient blanchâtres dans leur jeunesse et fauves à l'état
adulte. Il a constaté également que la reproduction
avait lieu de deux manières principales : d'abord par
l'extension de la partie animale glaireuse dans laquelle
se forment les spicules ; c'est ainsi que l'apparition d'une
Spongille sur une branche submergée ou sur un rocher
détermine bientôt son extension dans tous les sens : la
Spongille gagne de proche en proche à la manière des
Lichens et des Mousses. Puis quand l'être est adulte, on
voit paraître, très près de la surface où il est attaché, et
fixés à des masses de spicules de petits corps arrondis
très nombreux qui sont les véritables organes de la re-

production. Nous avons déjà indiqué (*Développement des Spongiaires*) les curieuses métamorphoses des Spongilles.

Spongilla fluviatilis (Lam.). *Ephydatia fluviatilis*.(Gray). — Spongille fluviatile.

Dans cette espèce (fig. 137) la surface, assez irrégulière, est limitée par une pellicule blanche percée d'une multitude de petits pores. Les spicules microscopiques sont des fuseaux très fins, dont les pointes, agglutinées par groupes de deux ou de trois au moyen d'une masse de sarcode qui durcit, forment un réseau assez résistant; les spicules qui émergent un peu à la surface du Spongiaire lui donnent une apparence épineuse, quand les parties molles se sont affaissées après quelques minutes passées hors de l'eau.

L'aspect de cette Spongille est très variable : « A son début elle est verte, plucheuse, toute pénétrée de spicules, formant sur les corps submergés des couches peu convexes, molles et drapées. Plus tard cette masse devient une base sur laquelle s'élèvent des branches plus ou moins rameuses, longues de 0.06 à 0.10 millimètres. A l'arrière-saison sa couleur devient grisâtre et la Spongille se remplit de corps reproducteurs globuleux et jaunâtres, semblables à de petites graines et destinés à reproduire d'autres Spongilles l'année suivante » (Dujardin).

M. Topsent, dans son *Catalogue des Éponges du Calvados*, a constaté également les différents aspects que prend la *Spongilla fluviatilis* :

« Elle abonde dans le ruisseau qui traverse la prairie et dans le canal de Caen à la mer, où elle paraît s'avancer jusqu'au près de Ouistreham, car je l'ai recueillie sur des bouées en aval du pont de Bénouville. Elle se présente sous deux aspects bien différents : le long des berges du canal et sur les bouées c'est une Éponge bru- nâtre, formée de petites masses arrondies, attachées à des supports arborescents, plantes ou colonies d'Hy- draires ; elle s'étend, au contraire, sur les murs des ca- niveaux en larges plaques, à surface mamelonnée, blan- châtres, fréquemment teintées de vert » (Topsent).

Cette Spongille vit dans les ruisseaux de toute la France, sur les pierres, les pilotis, les bois submergés, les piliers des ponts.

FAMILLE DES SUBERITIDÉS.

Cette famille comprend des Éponges de forme massive à spicules capités.

Genre Suberites (Nardo). — **Subérite.**

Ce genre a été créé pour des Éponges revêtant des co- quilles de Gastéropodes qu'elles recouvrent peu à peu complètement, de manière à former une masse globu- leuse.

Suberites domuncula (Lamour.) — Subérite maisonnette.

Cette espèce avait été placée par Lamarck parmi les Alcyons et nommée *Alcyonium domuncula* ; c'est un des Spongiaires les plus curieux de nos côtes de la Méditerranée : on trouve fréquemment sur la plage cette singulière éponge en forme d'orange et généralement ha- bitée par un *Bernard-l'Hermite.*

Le Subérite s'étend d'abord comme une mince couche

rouge sur une coquille de Gastéropode ; il forme peu à peu une masse arrondie qui recouvre entièrement la coquille et dans laquelle le Crustacé s'est ménagé une galerie continuant la spire du Gastéropode défunt. Généralement c'est le *Pagurus maculatus*, quelquefois le *P. striatus* qui habitent cette singulière demeure.

La contexture du Spongiaire, dans l'état de dessiccation, est fibreuse, mais à fibres très fines, peu élastiques, très serrées et très douces ; la surface est lisse, presque toujours sans pores ni cellules, ou bien avec quelques oscules virguliformes, petits, épars et clairsemés. La coloration extérieure est d'une belle nuance orangée. Lorsqu'on brise la masse, on trouve dans l'intérieur la coquille sur laquelle elle s'est développée et qui est le plus souvent celle d'un *Cerithium vulgatum* ou d'une *Turritella cornea*, quelquefois d'une *Natice*.

Cette espèce est très commune sur toutes nos côtes de la Méditerranée ; les pêcheurs en draguent au large de grandes quantités, qu'ils rapportent pour les briser et en extraire les Pagures qu'ils emploient comme appât pour la pêche. On trouve dans les pores et dans les tissus des Subérites de nombreux parasites, principalement des *Amphipodes*, des *Syllidiens* et des *Néréidiens*.

Le genre *Papillina* (O. S.), qui est caractérisé par ses oscules placés à l'extrémité de prolongements en forme de papilles, est représenté sur nos côtes de la Méditerranée par les *Papillina nigricans* et *B. suberea* (O. S.) assez communes au large de Marseille.

Genre Tethy. (Lam.) — Téthye.

Ces Spongiaires ont un corps globuleux, mais irrégulier et en quelque sorte sans forme déterminée : l'intérieur est hérissé de longs spicules siliceux, réunis sur un noyau central également siliceux.

Tethya lyncurium (Lam.). — Téthye orange.

Cette espèce est facile à reconnaître à sa forme globuleuse qui lui a fait donner le nom d'*orange* ou de *pomme de mer*, à sa surface mamelonnée, à sa coloration ordinairement d'un jaune de chrôme.

Elle est commune sur presque tout notre littoral.

Genre Vioa (NARDO). = Cliona (GRANT). — Vioa.

Ces Éponges sont caractérisées par leurs habitudes perforantes : elles s'introduisent dans les trous percés par les Annélides dans les pierres ou les coquilles de Mollusques, adhèrent à leurs parois et s'y développent. « Néanmoins jamais de leur vivant les coquilles ne sont rongées par les Spongiaires foreurs à ce point que la vie du coquillage soit compromise ; on trouve toujours la couche la plus intérieure de la valve, celle qui s'applique contre le manteau, imperforée. La destruction n'est jamais aussi avancée sur les coquilles que sur les pierres. Ce fait dépend sans doute de la constitution particulière des valves et de la présence d'une couche fondamentale organique qui offre plus de résistance à la force perforatrice » (O. Schmidt).

Vioa cœlata (Johns.) = *Cliona cœlata* (Grant). — Vioa cachée.

Cette espèce est le type classique des Éponges perforantes ; elle est de toutes la plus anciennement connue, en même temps que la plus répandue. Elle est très petite, globuleuse, de couleur jaunâtre ; ses spicules sont très variables : tantôt en épingle, longs, forts, un peu fusi-formes, quelquefois courbes, tantôt grêles, acérés et fas-ciculés.

La Vioa cachée contribue dans une proportion considé-rable à la désorganisation des roches sous-marines et des différents corps durs, Coquilles, Polypiers, dans les-quels elle s'introduit.

« Une grande partie des côtes de la Méditerranée et de l'Adriatique est formée de terrains calcaires qui, par leur tendance à s'émietter, donnent au littoral son cachet particulier, parfois si séduisant. Partout où la côte n'est pas trop abrupte, le sol est couvert de pierres, grandes et petites, et de débris de rochers. Parmi ces milliards de pierres on peut à peine en lever une qui ne soit plus ou moins criblée ou rongée ; souvent même la pression de la main suffit pour casser en deux ces restes friables d'une roche d'ailleurs extrêmement dure. L'aspect de leurs excavations est généralement analogue à celui que nous avons représenté. Toutes ces excavations sont reliées entre elles. On n'a pas à chercher bien loin pour trouver soit des pierres libres, soit des couches extérieures de rochers rongées ainsi jusqu'au niveau où l'eau peut atteindre et dont les excavations renferment encore la Vioa cachée jaunâtre qui les perfore. Chaque trou à la surface de la pierre correspond à un oscule ; ou bien le Spongiaire parvient jusqu'à la surface en forant ces trous, ou bien il commence, lors-qu'il s'installe à l'état de larve, à affouiller une dépression déjà existante pour pénétrer à partir de là, en tous sens, dans la pierre qu'il détruit en la criblant. » (O. Schmidt).

Cette espèce vit sur toutes nos côtes, où on trouve

également deux espèces voisines : les *Vioa lobata* et *vastifica* (Hancock).

FAMILLE DES DESMACIDONIDÉS.

Éponges massives et ramifiées, à corpuscules siliceux

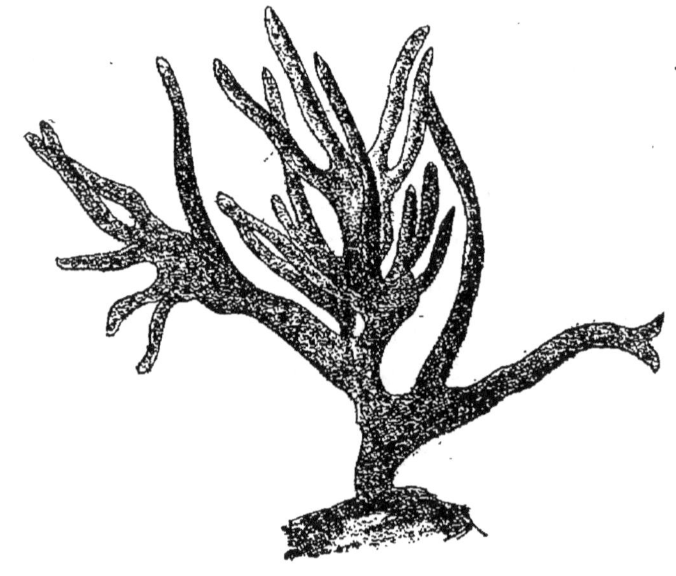

Fig. 138. — Desmacidon conique.

variant de position et formant tantôt une charpente lâche, tantôt une charpente solide.

Genre Desmacidon (Bow.). — **Desmacidon**.

Ce genre est caractérisé par ses spicules formant des doubles crochets symétriques et tridentés.

Desmacidon caducum (O. S.) — Desmacidon caduque.

Cette espèce est d'une coloration jaune sale; elle se présente sous l'aspect d'une croûte plus ou moins mince, disposée en forme de buisson. On la trouve sur nos côtes de la Méditerranée.

Les *Desmacidon fruticosus, similaris* et *copiosus* ont été indiqués sur les côtes du Calvados et au large du bassin d'Arcachon.

Genre Esperia (Nardo). — Espérie.

Ce genre diffère du précédent par ses spicules siliceux en forme de crochets. Plusieurs espèces vivent sur notre littoral de la Méditerranée. M. Marion a trouvé sur les côtes de Marseille les *Esperia massa, syrinx* et *foraminosa* (O. S.), qui sont communes à une profondeur de 40 à 60 mètres et forment des masses énormes dans les fonds vaseux au large de Méjean et du cap Pinède.

FAMILLE DES CHALINOPSIDÉS.

Éponges résistantes, arborescentes, avec ou sans tissu fibreux, ne présentant jamais les crochets ni les spicules courbés des Desmacidonidés.

Genre Axinella (O. S.). — Axinelle.

Ces Spongiaires ont un axe solide formé d'un réseau longitudinal entourant de longs spicules siliceux ; le parenchyme extérieur est dépourvu de fibres cornées.

Axinella polypoïdes (O. S.). — Axinelle polypoïde.

Cette espèce est commune sur nos côtes de la Méditerranée ; elle est très abondante dans les fonds coralligènes de la rade du Prado, ainsi qu'une espèce voisine, l'*Axinella cinnamomea* (O. S.), que l'on y trouve associée à des colonies de *Palythoa arenacea.*

Genre Dictyocylindrus (Mont.) = Raspailia (Nardo). — Dictyocylindrus.

Ces Éponges sont flexibles, de couleur foncée ; une croûte mince sert de base à des baguettes de forme élancée, de l'épaisseur d'un tuyau de plume, simples ou se divisant régulièrement par dichotomie.

On trouve sur nos côtes du Nord-Ouest :

Dictyocylindrus ventilabrum (Bow.) — Espèce de coloration grise, hispide, à ramification dans un seul plan ; hauteur 0m.08. Spicules longs, grêles, acérés et flexueux.

Dictyocylindrus ramosus (Bow.) — Espèce très polymorphe, coloration variable, souvent pourpre foncé, hispide à l'état sec. Plongée dans l'eau douce, elle y abandonne rapidement une partie de sa matière colorante.

Dictyocylindrus hispidus (Bow.) — Éponge jaune, arborescente, très hispide, à ramifications peu nombreuses et allongées.

Dictyocylindrus fascicularis (Bow.) — Éponge grêle et arborescente, d'un beau jaune ; surface lisse à l'état frais, chagrinée à l'état sec.

Dictyocylindrus virgultosus (Bow.) — Espèce de petite taille, blanche à l'état vivant, pleine de cellules conjonctives incolores qui la rendent visqueuse.

Genre Clathria (O. S.) — Clathrie.

Ce genre est composé d'Éponges ramifiées dès la base ; les spicules sont en partie entièrement enveloppés par la substance cornée, en partie faisant saillie par leurs extrémités pointues dans les mailles irrégulières.

On trouve sur nos côtes de la Méditerranée deux espèces appartenant à ce genre :

Clathria coralloïdes O. S.) = *Grantia coralloïdes* (Nardo) et *C. pelligera* O. S.). Ces Spongiaires vivent dans les sables vaseux à une profondeur de 40 à 60 mètres.

Le genre *Polymastia*, voisin du précédent, est représenté sur nos côtes du Nord-Ouest par les espèces suivantes :

Polymastia mamillaris (Bow.) = *Pencillaria mamillaris* (Gray). — Éponge grisâtre à l'état sec, jaune d'ocre à l'état frais, émettant de longs appendices en forme de lanières.

Polymastia robusta (Bow.) — Éponge molle, jaune d'ocre, devenant brune et dure par dessiccation ; plus rare que la précédente.

ÉPONGES PIERREUSES (Lithospongies).

Ce groupe se compose d'Éponges siliceuses, compactes, résistantes, pourvues de spicules siliceux à quatre rayons (*Tetractinellides*) et de forme très variable. Ces spicules sont tantôt vermiformes, allongés et réunis en plaques ou en disques, tantôt ce sont des pièces dures, sphériques, en forme d'ancres, réunies également en réseau et constituant un squelette solide.

FAMILLE DES GÉODIDIÉS.

Éponges revêtues d'une écorce ; spicules en forme d'ancre et formations siliceuses dans l'écorce.

Genre Geodia (Lam.). — Géodie.

Dans ce genre les Éponges sont bosselées et percées de canaux irréguliers ; leur écorce renferme des sphérules siliceuses et des spicules de formes diverses.

Geodia gigas (O. S.). — Géodie géante.

Cette espèce est de forme sphérique, d'une coloration jaune-soufre et d'un diamètre de 25 à 50 centimètres.

« Bien qu'en les détachant et en les brisant on ressente une vive douleur due aux fines pointes des aiguilles qui vous entrent dans la main, on doit recommander

Fig. 139. — Geodia gigas.

aux collectionneurs d'examiner minutieusement ces Géo--dies, dans lesquelles se rencontrent en abondance des Crustacés divers, des Némertines et des Vers annelés. On n'y cherche jamais en vain non plus, en dehors de la couche des aiguilles, des animaux marins microsco-piques et notamment de nombreux Rhizopodes. »(Brehm.)

Ce Spongiaire vit sur nos côtes de la Méditerranée ; il est commun au large de Marseille dans les prairies de zostères, à une profondeur de 10 à 25 mètres et dans les fonds coralligènes de la rade du Prado.

FAMILLE DES ANCORINIDÉS.

Éponges à écorce dépourvue d'étoiles ou de sphérules

et traversée par des spicules en forme d'ancre faisant librement saillie au dehors.

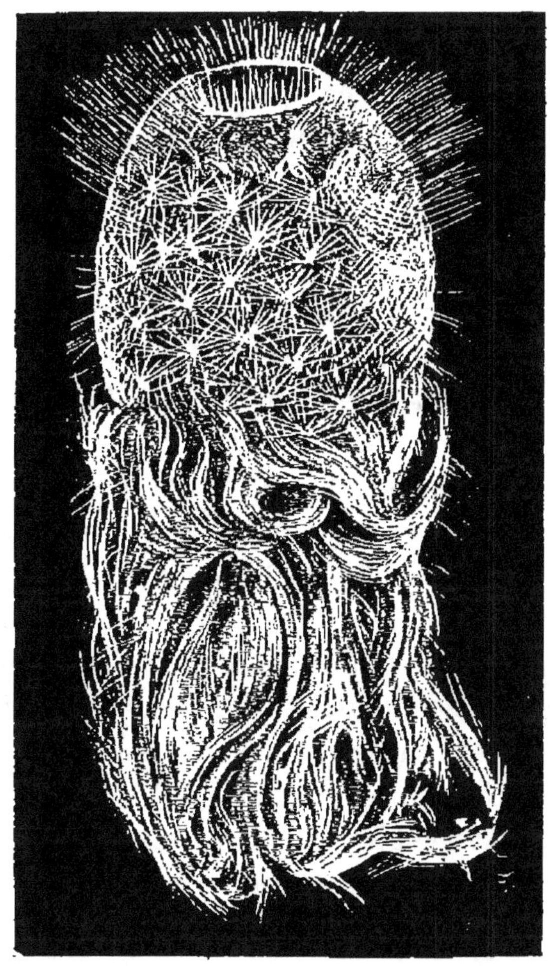

Fig. 140. — Pheronema Carpenteri.

Genre Stelletta (O. S.). — Stellette.

Ce genre, qui a tous les caractères que nous venons d'indiquer, est représenté sur notre littoral par la *Stel-*

letta dorsigera (O. S.), qui n'est pas rare sur nos côtes de la Méditerranée.

EPONGES VITREUSES (Hyalospongies).

Ce groupe comprend les *Hexactinellides*, dont les spicules blancs et allongés ressemblent à du verre filé. Ces Éponges ne vivent que dans les grandes profondeurs et une espèce bien connue : l'*Euplectella aspergillum*, des côtes des Philippines, est un des plus beaux Spongiaires.

Nous ne mentionnons ces Hyalosponges, qui sont presque toutes exotiques, que parce qu'une espèce vit sur nos côtes de la Méditerranée :

Pheronema Carpenteri (Thomp.). = *Holtenia Carpenteri* (W. T.). — Phéronème de Carpenter.

Cette belle Éponge (fig. 140) a la forme d'une coupe à large ouverture. Les parois sont formées d'aiguilles grandes et petites, figurant un feutrage serré et offrant des types très variés. Elle s'enracine dans la vase par sa partie inférieure, formée d'une houppe courte et irrégulièrement contournée. Cette espèce, qui fut découverte pendant le voyage du *Porcupine* sur les côtes des îles Feroë, a été draguée dans le golfe de Marseille, dans les régions abyssales, au pied de la falaise Peyssonnel par une profondeur de 500 à 700 mètres.

ÉPONGES CALCAIRES (Calcispongies).

Les Calcispongies sont des Éponges et des colonies d'Éponges le plus souvent incolores, parfois colorées en rouge, dont le squelette est formé de spicules calcaires très variables, les uns simples, les autres étoilés. On trouve fréquemment ces diverses formes réunies chez un même individu et il est à remarquer que les spicules simples sont les premiers qui se développent chez les larves.

« Les Calcispongiaires tirent leur nom de la propriété que possèdent toutes les espèces de sécréter des productions calcaires microscopiques ou même perceptibles à l'œil nu. Ces productions se trouvent disséminées à travers le tissu du corps ou disposées élégamment en houppes ou en rangées. Ces sécrétions calcaires ont la forme de bâtonnets, d'aiguilles ou d'étoiles à 3 ou 4 rayons. Tandis que ces Spongiaires sont extrêmement pauvres en parties molles, ils sont remplis ordinairement de ces productions calcaires à tel point que leur corps conserve sa forme et son contour même pendant le dessèchement et qu'ils offrent, vivants ou morts, un aspect crayeux ou plâtreux. » (O. Schmidt.)

La variabilité est excessive dans ce groupe et on trouve dans la même espèce des Éponges simples et des colonies d'Éponges ; la structure des oscules est également très variable.

Les Éponges calcaires recherchent le voisinage des côtes ou ne vivent qu'à une faible distance du rivage ; on ne les trouve pas dans les grandes profondeurs. Elles recherchent l'obscurité et s'installent de préférence sur les rochers qui ne sont pas exposés aux rayons lumineux.

FAMILLE DES ASCONIDÉS.

Éponges calcaires à parois minces percées de canaux simples, à squelette formé de spicules triradiés et aciculaires.

Hœckel a divisé cette famille en plusieurs genres n'ayant d'autres caractères que la forme des spicules et qui sont représentés sur nos côtes du Nord-Ouest par les espèces suivantes :

Ascandra contorta (Hœckel). = *Leucosolenia contorta*

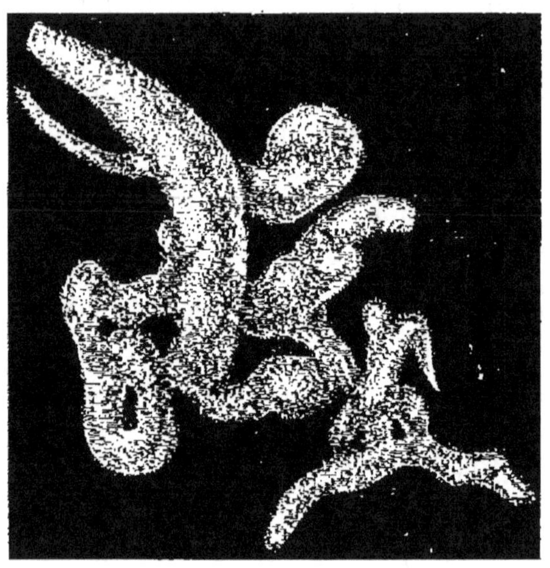

Fig. 141. — Ascathys botrylle.

(Bow.) — Éponge blanche, se fixant souvent sur les valves du *Pecten maximus*.

Ascandra variabilis (Hœckel) — Espèce voisine de la précédente, mais présentant des spicules acérés de deux sortes : les uns grands, arqués, avec une pointe conique, proéminente à l'extérieur, les autres plus grêles, formant un feutrage assez serré sur la surface.

Ascetta coriacea (Hœckel.)= *Leucosolenia coriacea* (Bow.). —Éponge tantôt de couleur lilas pâle, tantôt d'un blanc pur, vivant sur les Mélobesiées.

Ascaltis botryoïdes (Hœckel). = *Leucosolenia botryoïdes* (Bow.).

Cette Éponge (fig. 141) forme des cylindres à parois étroites, fermés ou ouverts, simples ou ramifiés et souvent tellement frêles que leur présence ne se révèle dans l'eau que par un reflet blanchâtre, mais fréquemment ces cylindres forment des entrelacements serrés qui atteignent la grosseur d'une noix ou même les dimensions du poing: alors ils frappent le regard naturellement, sous l'aspect de végétations blanchâtres, ou jaunâtres (Brehm). Ce Spongiaire habite généralement parmi les ramifications du thalle des Floridées.

FAMILLE DES LEUCONIDÉS.

Éponges calcaires à paroi épaisse, percée de canaux ramifiés. Les parois des canaux irrégulièrement ramifiés s'épaississent par l'accumulation des aiguilles calcaires très nombreuses et produisent des formes plus ou moins irrégulières : des bulbes, des sphères, des cupules et même des flacons.

Genre Leucandra (Hœckel). — Leucandre.

Ces Spongiaires sont de forme très variable : tantôt simples, tantôt en colonie d'un petit nombre d'individus. Une seule espèce a été signalée par M. Topsent sur notre littoral :

Leucandra nivea (Hœkel). = *Leuconia nivea* (Bow.) — Leucandre couleur de neige (fig. 142).

Éponge d'un blanc pur. — Berges du Quihoc (Calvados).

La *Leucaltis solida* (Hœckel). = *Grantia solida* (O. S.) a

été trouvée sur les côtes du Var : cotte Éponge est tantôt
solitaire avec un oscule le plus souvent nu et fermé,
tantôt en colonie composée de 2 à 4 individus.

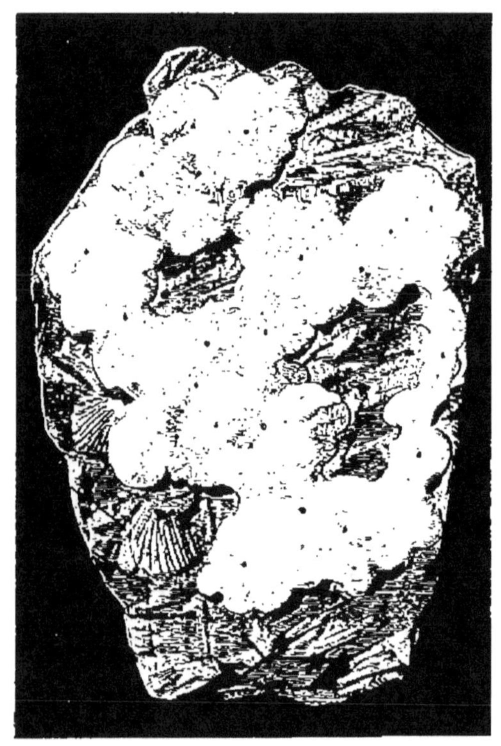

Fig. 142. — Leucandra nivea.

FAMILLE DES SYCONIDÉS.

Éponges à paroi épaisse, percée de canaux radiaires
droits qui forment à la périphérie des éminences coniques.

Genre Sycandra (Hœckel). — **Sycandre.**

Dans ce genre les individus et les colonies sont de

configuration variable, à tubes radiaires cylindriques et à cônes soudés seulement à leur base.

Sycandra ciliata (Hœckel). — Sycandre ciliée.

Cette espèce (fig. 143) présente la forme d'une coupe allongée ou d'un cylindre généralement pédiculé dont les parois épaisses portent des cercles réguliers correspondant à des dépressions profondes qui se continuent avec la cavité centrale.

Cette Éponge vit sur les côtes du Calvados avec une espèce très voisine, la *S. coronata* (Hœckel).

Sycandra capillosa (Hœckel). = *Ute capillosa* (O. S.). — Sycandre chevelue.

Éponge monozoïque, de grande taille, à tubes radiaires prismatiques et à canaux intermédiaires étroits en forme de prismes à trois faces. — Côtes de Provence.

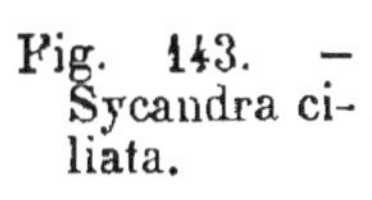

Fig. 143. — *Sycandra ciliata.*

Sycandra raphanus (Hœckel). = *Sycon raphanus* (O. S.) — Sycandre rave.

Éponge solitaire ou en colonies, à oscules nus entourés d'une couronne ; tubes radiaires, la plupart à six faces, soudés dans toute leur longueur jusqu'à la base du cône ; canaux intermédiaires étroits, à trois faces. — Côtes de Provence.

Sycandra quadrangulata (O. S.). = *Sycortis quadrangulata* (Hœckel). — Sycandre quadrangulaire.

Éponge formant des colonies composées d'individus à oscule nu, proboscidiforme, quelquefois entouré d'une couronne. — Côtes du Nord-Ouest.

PROTOZOAIRES

On réunit sous le nom général de *Protozoaires* ou *Microzoaires* les organismes les plus petits situés à la limite du règne animal et qui sont dépourvus d'organes complexes formés de tissus et de cellules.

« Le terme de *Protozoaires*, dit O. Schmidt, a une portée à la fois considérable et nulle : considérable en ce sens qu'il semble nous promettre un aperçu sur les mouvements du monde vivant, c'est-à-dire sur les séries inférieures qui, depuis l'état amorphe, se perfectionnent jusqu'aux formes les plus élevées ; nulle en ce sens qu'il laisse notre esprit dans une obscurité complète à l'égard du contenu propre de cette grande division. Les expressions de *Vers*, de *Mollusques*, de *Vertébrés*, se rattachent pour nous à la représentation d'animaux que nous avons journellement sous les yeux et à des conceptions qui sont à la portée de tout le monde ; le mot *Protozoaire* ne représente rien à la pensée sans le secours d'un guide déterminé ; alors même qu'on a vu quelques-uns de ces êtres, on ne peut tirer aucune conclusion sur la conformation et sur la constitution des autres.

« Toutefois ces animalcules ont un point de similitude constant dans les propriétés de la substance qui constitue leur corps : on retrouve chez tous une matière informe, contractile, sans éléments nerveux, sans cellules ni fibres. Cette matière, que Dujardin a nommée *sarcode*, est la forme la plus simple de la vie animale. Le sarcode offre une telle similitude avec le *protoplasma*, contenu contractile de la cellule des végétaux, qu'on le désigne généralement sous ce nom.

« Dans le cas le plus simple le corps tout entier est formé par une petite masse de sarcode dont la contractibilité n'est entourée par aucune membrane extérieure résistante, aucun test, aucune coquille, qui, tantôt pousse des prolongements, puis les rentre bientôt, tantôt, quand les parties qui la composent ont une plus grande consistance, émet sur toute la périphérie et en grand nombre des filaments et des rayons très grêles. » (Claus.)

Pour étudier ces infiniment petits il faut l'aide du microscope, ce *sixième sens de l'homme*, comme l'appelle Michelet. En plaçant un fragment de *protoplasma* sous un grossissement de 7 à 800 diamètres on peut constater que cette substance visqueuse se fond et se modifie constamment, et que le mouvement s'y manifeste principalement par la progression de fines granulations qui s'y trouvent contenues. Le protoplasma est répandu dans le monde animal, tantôt enfermé dans des cellules et tantôt à l'état libre ; mais tandis que chez les animaux supérieurs il subit des transformations qui aboutissent au contenu des fibres musculaires ou nerveuses, chez les Protozoaires il persiste à l'état amorphe et par sa simplicité primitive imprime à l'organisme tout entier le sceau d'un stade originel.

Par les lignes précédentes on comprend combien est difficile la classification définitive des Protozoaires ; aussi les naturalistes sont-ils partagés sur les limites qu'il convient d'assigner à cet embranchement, qui s'arrêle aux confins du règne végétal. Tandis que certains Infusoires se rapprochent des Vers (*Turbellariés*), d'autres Protozoaires se confondent avec les Champignons ; c'est ainsi que les *Myxomicètes* ont été classés par quelques zoologues parmi les Protozoaires tandis que les Botanistes les revendiquent et les classent parmi les plantes cryptogames.

Mais si les deux règnes, animal et végétal, se confondent dans les formes les plus simples, on trouve chez certains Protozoaires (*Infusoires, Rhizopodes*) des formes possédant un caractère d'animalité suffisant pour lever toute incertitude. Ces animaux, plus ou moins translucides, présentent dans certaines espèces les formes les plus variées : les uns sont globuleux, ovoïdes, renflés comme une ampoule, aplatis comme un disque ou amincis comme une feuille ; d'autres ont l'apparence d'un dé, d'une clochette, d'une tourelle, d'une fleur, d'une graine ; un grand nombre sont revêtus d'une carapace calcaire ou siliceuse.

Les Protozoaires se rencontrent partout : dans la mer, les eaux douces, les eaux croupissantes, la terre humide, les détritus végétaux, les fluides des divers animaux, les organismes en décomposition, les poussières de l'air, dans le sang et les organes de l'Homme et des animaux. « Là où la rigueur du climat tue les plus robustes végétaux, là où quelques rares animaux peuvent à peine subsister, la frêle organisation des Microzoaires ne souffre aucune atteinte ; plus de cinquante espèces d'animalcules à carapace siliceuse ont été trouvées par James Ross sur les glaces qui flottent en blocs arrondis dans les mers polaires, au 78 degré de latitude. Quelques uns de ceux que cet illustre navigateur avait recueillis dans les parages de la terre Victoria, malgré la distance et les orages, n'en sont pas moins arrivés pleins de vie à Berlin. » (Pouchet.)

Le Gange en transporte, dans l'espace d'une année, une masse égale à six ou huit fois le volume de la plus grande pyramide d'Egypte. Parmi ces animalcules on a compté soixante et onze espèces différentes (Ehrenberg) ; à des profondeurs de la mer qui dépassent les hauteurs des plus puissantes montagnes chaque couche d'eau est animée par des phalanges innombrables d'imperceptibles habitants (Humboldt).

Par leur accumulation les Protozoaires contribuent en grande partie à la formation des sables, des vases et des dépôts, soit au fond des mers, soit sur les rivages, soit dans le lit des lacs et des fleuves. L'eau et la vase recueillies entre les îles Philippines et les îles Mariannes, à une profondeur de 6.600 mètres, en ont donné cent seize espèces. « Ces corpuscules vivants, qui pullulent dans les plus transparentes régions de l'Océan, abondent également dans les eaux limoneuses de nos fleuves et de nos étangs, et, sans nous en apercevoir, nous en engloutissons chaque jour des myriades avec nos boissons. Si, l'œil armé du microscope, nous scrutions tout ce que contient parfois une seule goutte, il y aurait de quoi effrayer bien des gens. » (Brehm.)

On sait que certains Protozoaires (les *Noctiluques*) contribuent à la phosphorescence de la mer ; d'autres colorent les eaux en rouge ; une espèce, la *Disceræa nivalis*, produit le singulier phénomène de la neige rouge que l'on observe quelquefois sur les sommets les plus élevés des montagnes. « L'eau n'est pas le seul domaine des animalcules microscopiques ; on en rencontre aussi dans la terre des amas dont la puissance dépasse toutes les supputations du calcul ; certaines espèces, dont l'infinie petitesse n'égale peut-être pas la 1500ᵉ partie d'un millimètre, constituent sous le sol de quelques endroits humides de véritables couches vivantes, qui ont parfois plusieurs mètres d'épaisseur. » (Brehm.)

Mais si les Protozoaires se rencontrent partout en quantité innombrable, leur petitesse les rend difficiles à recueillir. Nous indiquons les procédés pour la recherche de ces animaux au chapitre spécialement consacré à chaque classe de cet embranchement.

Nous avons adopté dans ce volume la classification la plus généralement admise pour les Protozoaires :

Première classe. — INFUSOIRES.

Deuxième classe. — RHIZOPODES.

Troisième classe. — GRÉGARINES et SCHIZOMYCÈTES.

Première classe. — INFUSOIRES.

Les Infusoires sont les Protozoaires les plus élevés en organisation, et si quelques-uns sont infiniment petits, beaucoup peuvent être facilement observés à l'œil nu en plaçant le verre qui les contient au-devant de la lumière. On a donné à ces animaux le nom d'*Infusoires* parce qu'ils se développent principalement dans les infusions artificielles ou naturelles de matières organiques, dans les liquides chargés de substances en décomposition et dans les eaux impures qu'ils envahissent jusqu'à leur communiquer leur propre coloration : brune, verte ou rouge.

C'est à Leeuwenhœcq que l'on doit la découverte en 1685 de ces animalcules dans une goutte d'eau de pluie qu'il avait recueillie. La recherche des Infusoires devint à la mode à cette époque et on essaya d'infusions dans les substances les plus diverses. Mais c'est aux naturalistes Müller, Ehrenberg, Dujardin et Siebold qu'on doit une connaissance plus approfondie de ces animaux.

L'organisation des Infusoires est plus complète que celle des autres Protozoaires : leur corps est composé d'une couche corticale élastique ou contractile, et du protoplasma qui se trouve à l'intérieur.

« On peut aisément, sous le microscope, observer les Infusoires au moment où ils prennent leur nourriture ; on n'a qu'à les maintenir sous le verre servant de couvercle, de façon à ce qu'ils ne sortent pas du champ visuel, tout en leur ménageant un espace suffisant pour le jeu de leurs cils ; on voit alors ces organes provoquer des tourbillons qui amènent vers la bouche des particules alimentaires fragmentées, telles que des Algues unicellulaires, et notamment des matières colorantes comme du carmin ou de l'indigo. Les oscillations des cils de la fente buccale donnent naissance, ainsi que l'indiquent les mouvements vifs des corpuscules entraînés, à un courant direct ou à un tourbillon, en rapport avec la conformation de l'entonnoir buccal qui aboutit à la bouche ; on voit s'agglomérer, le long de ces courants et dans ces tourbillons, un bol alimentaire assez considérable qui se trouve poussé ensuite plus loin dans l'intérieur du corps par une sorte d'œsophage. » (O. Schmidt.)

Les Infusoires sont d'une grande voracité ; non seulement ils avalent tout ce qui passe à proximité de leurs bouches : organismes microscopiques, plantes inférieures (*Naviculacées* et *Oscillatoires*), mais il dévorent également d'autres Infusoires.

Ces Protozoaires se multiplient facilement par scission ou par bourgeonnement. « La multiplication par scissiparité divise le corps de l'Infusoire soit longitudinalement, comme chez les *Vorticelles*, soit transversalement comme chez les *Stentors* et beaucoup d'autres, soit dans les deux directions à la fois, généralement les fragments ainsi détachés deviennent libres et se développent en individus nouveaux ; quelquefois ils restent attachés les uns aux autres ou sur un pédoncule commun, et le parent forme ainsi avec sa progéniture des colonies élégantes. Ces colonies ressemblent souvent à de minuscules plantes étalant à leur sommet des grappes de fleurs. » (Capus.)

Beaucoup d'Infusoires ont la propriété de s'enkyster : ils s'entourent d'une enveloppe protectrice qui leur permet d'être emportés dans la poussière au moment du desséchement des cours d'eau ou d'attendre dans la vase desséchée une résurrection jusqu'à l'époque du retour des pluies.

Recherche des Infusoires. — Les Infusoires se rencontrent partout : dans l'eau de mer et surtout dans l'eau douce. Pour les espèces qui vivent dans les étangs ou à la surface de la mer on peut employer pour leur capture un petit filet en soie.

« La majeure partie des Infusoires vivent dans les eaux stagnantes ; il faudra donc, pour les obtenir, recueillir dans des vases de verre l'eau et les herbes aquatiques des localités les plus diverses et à toutes les saisons de l'année. La couche de débris et de petites algues qui recouvre les tiges et les feuilles submergées, les pierres, les branches mortes tombées au fond des marais sont riches en organismes microscopiques. On doit racler ces objets et réunir les résidus obtenus dans des tubes. Les infusions artificielles procurent également un grand nombre de ces animaux. On a varié de mille manières la nature de ces infusions ; pour donner un résultat convenable elles doivent être préservées de la fermentation putride et pour cela il faut éviter que la proportion de la substance mise en infusion ne soit trop considérable, surtout en été quand la température activerait la putréfaction. On devra aussi faciliter l'accès de l'air et de la lumière sur cette infusion, mais éviter la chaleur des rayons solaires. » (Dujardin.)

« Une infusion végétale qu'on a l'occasion d'observer c'est l'eau des vases où sont placées des fleurs coupées, quand la putréfaction n'est pas encore commencée ; l'eau des bassins et des tonneaux d'arrosage du jardin devient souvent une véritable infusion s'il est tombé une certaine quantité de feuilles et de fleurs. Parmi les infusions que tout le monde peut faire on a beaucoup préconisé autrefois celle de poivre ; elle est en effet fort riche en organismes, mais toute autre graine broyée de même, le chènevis par exemple, peut donner des résullats semblables, celle de foin est aussi très avantageuse, toujours à la condition de ne pas présenter un commencement de putréfaction. » (Robin.)

Pour étudier les organes de ces animalcules on peut colorer avec du carmin ou de l'indigo le liquide dans lequel on les a placés ; on dépose une goutte de cette liqueur colorée sur une lame de verre et on place à côté une goutte d'eau pure ; avec la pointe d'une aiguille on met les deux gouttes en communication ; les Infusoires passent de la goutte colorée à la goutte incolore et présentent alors à l'observateur leurs principaux organes remplis de carmin ou d'indigo.

Classification des Infusoires. —On divise généralement les Infusoires en 6 ordres :

Hypotriches.
Hétérotriches.
Holotriches.
Péritriches.
Suceurs.
Flagellés ou *Flagellates.*

1er *Ordre.* — Hypotriches.

Les Hypotriches sont des Infusoires bilatéraux avec une face dorsale convexe et une face ventrale plane qui porte des cils très fins, des soies, des crochets, des pieds en griffes. La bouche est située, de même que l'anus, sur la face ventrale, loin de l'extrémité antérieure.

FAMILLE DES ASPIDISCIDÉS.

Ces Infusoires ont le corps cuirassé en forme de bouclier épaissi sur le bord droit de la face ventrale ; le long du bord gauche existe une zone de cirrhes buccaux.

L'espèce la plus connue est l'Aspidisce tourelle (*Aspidisca turrita*, Müll., fig. 144);

Fig. 144. — *Aspidisca turrita*.

elle possède une carapace presque carrée, un bec crochu, une bouche ciliée et a le bord postérieur garni de soies.

Elle habite les eaux douces d'Europe.

FAMILLE DES OXYTRICHINIDÉS.

La face ventrale est garnie de chaque côté d'une rangée continue de cirrhes marginaux et de cirrhes en forme de stylets et de crochets.

Stylonichia mytilus (Ehr.). — Stylonichie moule.

Cette espèce (fig. 145), une des plus grandes connues, atteint 14 à 28 millimètres; elle a le corps ovale-oblong, déprimé, élargi et arrondi anx deux extrémités. Elle est pourvue d'appendices très longs et de cils recourbés en crochets. Au moyen de ces cils elle grimpe avec agilité parmi les plantes microscopiques en engloutissant sans cesse des Algues

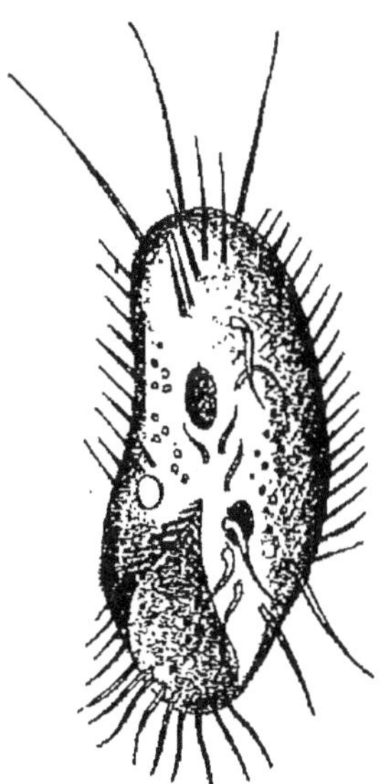

Fig. 145. — *Stylonichia mytilus*.

minuscules et de petits Infusoires. On trouve cette espèce dans l'eau des marais conservée depuis longtemps, surtout celle où se trouvent des Conferves.

2e *Ordre*. — HÉTÉROTRICHES.

Le corps de ces Infusoires est couvert de cils très fins sur toute sa périphérie ; de la bouche ventrale part **une** rangée de cils longs, rigides et diversement disposés.

FAMILLE DES BURSARIDÉS.

Les cils buccaux forment une ligne droite ou oblique et se continuent dans l'intérieur de l'œsophage généralement très développé.

— *Bursaria truncatella* (O. Müll.). — Bursaria truncatelle.

Cette espèce a le pourtour de la bouche (*péristome*) large et en forme de poche à l'extrémité antérieure, l'œsophage est très développé.

Fig. 146. — Plagiotoma cordiformis.

Les Bursaria sont d'une grande voracité : « Elles avalent des Algues et des Conferves plus longues que le corps de l'Infusoire qui nage alors avec ce butin, comme s'il portait une poutre enfoncée à moitié de son corps. » (O. Schmidt.)

Plagiotoma cordiformis (Ehr.). — Plagiotome en forme de cœur.

La forme de cette espèce (fig. 146) est ovale, échancrée du côté en forme de rein ; la bouche est presque spirale et munie d'une rangée de cils. Ehrenberg avait découvert cet Infusoire dans les intestins de la Grenouille.

Les *Balantidium*, qui appartiennent à cette famille,

habitent dans le gros intestin de l'Homme et du Porc et dans le tube digestif de la Rainette verte.

FAMILLE DES STENTORIDÉS.

Les Stentoridés ont le corps allongé et élargi en

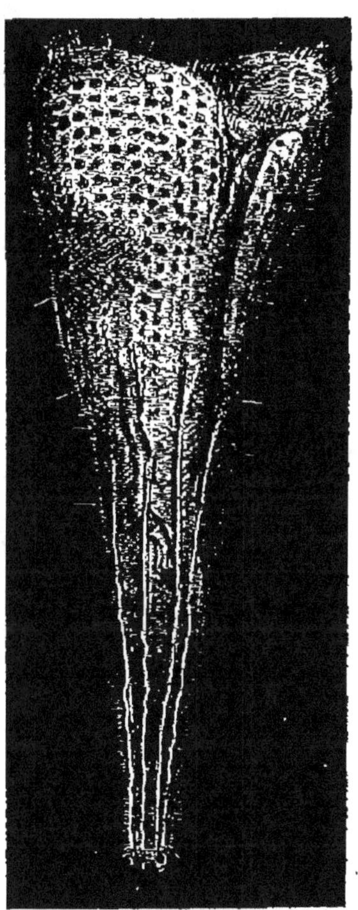

Fig. 147. — Stentor Rœseli.

avant en forme d'entonnoir; le bord tout entier du péristome est recouvert d'une zone de cils disposés suivant une spirale dirigée vers la droite. Ces Infusoires peuvent se fixer par l'extrémité postérieure du corps.

Stentor Rœseli (Ehr.). — Stentor de Rœsel.

C'est à Rœsel que l'on doit la découverte de ce curieux Infusoire (fig. 147) qu'il a décrit sous le nom de *Pseudopolype en forme de chalumeau*. Dujardin l'a observé à Paris, dans les bassins du jardin des Plantes. Cette espèce, qui est d'assez grande taille, se rencontre le plus souvent à la face inférieure des Lentilles d'eau, où l'animal se fixe par son extrémité postérieure qui est pointue.

Sa forme, très caractéristique, est celle d'un entonnoir ou d'une sorte de trompette ; l'animal absorbe les aliments par la partie évasée. Le Stentor nage assez rarement et se tient le plus souvent fixé aux plantes ; lorsqu'il nage, il modifie sa conformation et paraît tantôt court et épais, tantôt allongé, tantôt large et raccourci. Sa coloration verte est due à la présence d'Algues |parasites.

Fig. 148. — Spirostomum ambiguum.

FAMILLE DES SPIROSTOMIDÉS.

Le corps de ces Infusoires est généralement aplati, rarement cylindrique, avec un péristome ventral situé à gauche. Les cils placés sur le bord extérieur du péristome décrivent une spirale dirigée vers la droite.

Spirostomum ambiguum (Ehr.). — Spirostome ambigu.

Cette espèce (fig. 148) a le corps transparent, très allongé, blanchâtre, un peu renflé au milieu. Elle atteint une ligne à une ligne et demie de longueur, ce qui la fait prendre au premier abord pour un Ver. Son corps est sillonné de stries disposées en spirale et, lorsque l'animal se contracte, son corps se raccourcit et se contourne en spirale ; il semble alors que cet Infusoire progresse en forme de vis.

Le Spirostome est commun dans les étangs ; on le trouve partout dans les environs de Paris.

3e *Ordre.* — HOLOTRICHES.

Le corps des Holotriches est couvert sur toute sa périphérie de cils très fins, toujours plus courts que le corps et paraissant disposés suivant des lignes longitudinales. Les zones de cils manquent autour de la bouche.

FAMILLE DES OPALINIDÉS.

Cette famille comprend des Infusoires parasites dépourvus de bouche et d'anus et pourvus de nombreux noyaux vésiculaires à la périphérie.

Opalina ranarum (Park. et Jon.). — Opaline des grenouilles.

Cette espèce se rencontre dans le tube digestif des grenouilles. Vers la fin de l'hiver les Opalines se transforment, par suite de divisions obliques et transversales répétées, en très petits individus qui s'enkystent. Les Kystes sont avalés au printemps avec les particules de vase par les tétards de grenouilles dans l'intérieur de l'intestin desquels les jeunes Opalines acquièrent plusieurs noyaux, puis s'échappent de leurs kystes et achèvent leur développement. (Zeller.) L'*Opalina lineata*

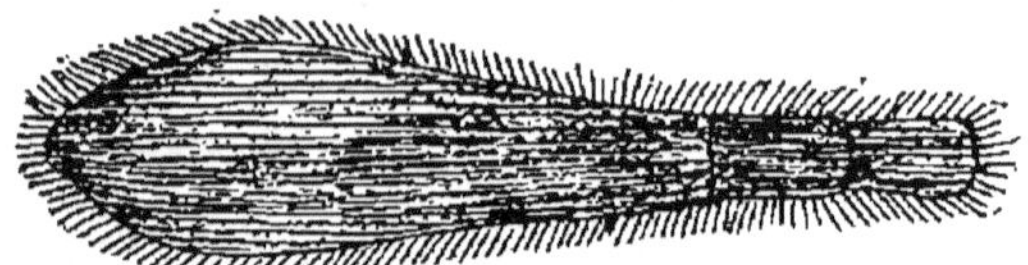

Fig. 149. — Opalina lineata.

(M. Sch.) — (fig. 149) est un parasite commun chez les Naïs.

FAMILLE DES TRACHÉLIDÉS.

Ces Infusoires ont le corps prolongé en forme de cou, la bouche ventrale dépourvue de cils longs.

Trachelius ovum (Thr.). — Trachélie œuf.

« Lorsque l'on prend l'eau d'une mare ou d'un fossé herbeux dans lequel les détritus de la végétation se mêlent aux conferves et aux algues filamenteuses et que l'on examine cette eau par transparence, à travers les parois d'un bocal ou d'un verre, l'on aperçoit souvent de petites masses blanches arrondies, semblables à des outres minuscules semi-transparentes, qui flottent de-ci et de-là. Avec un peu d'attention et de patience on ne tarde pas à remarquer que ces petites outres sont animées d'un mouvement propre, qu'elles se déplacent d'elles-mêmes lentement, lourdement et qu'elles tendent à se rapprocher des bords de leur prison de verre. Ces petites outres sont des *Trachelius ovum* (fig. 150), l'un

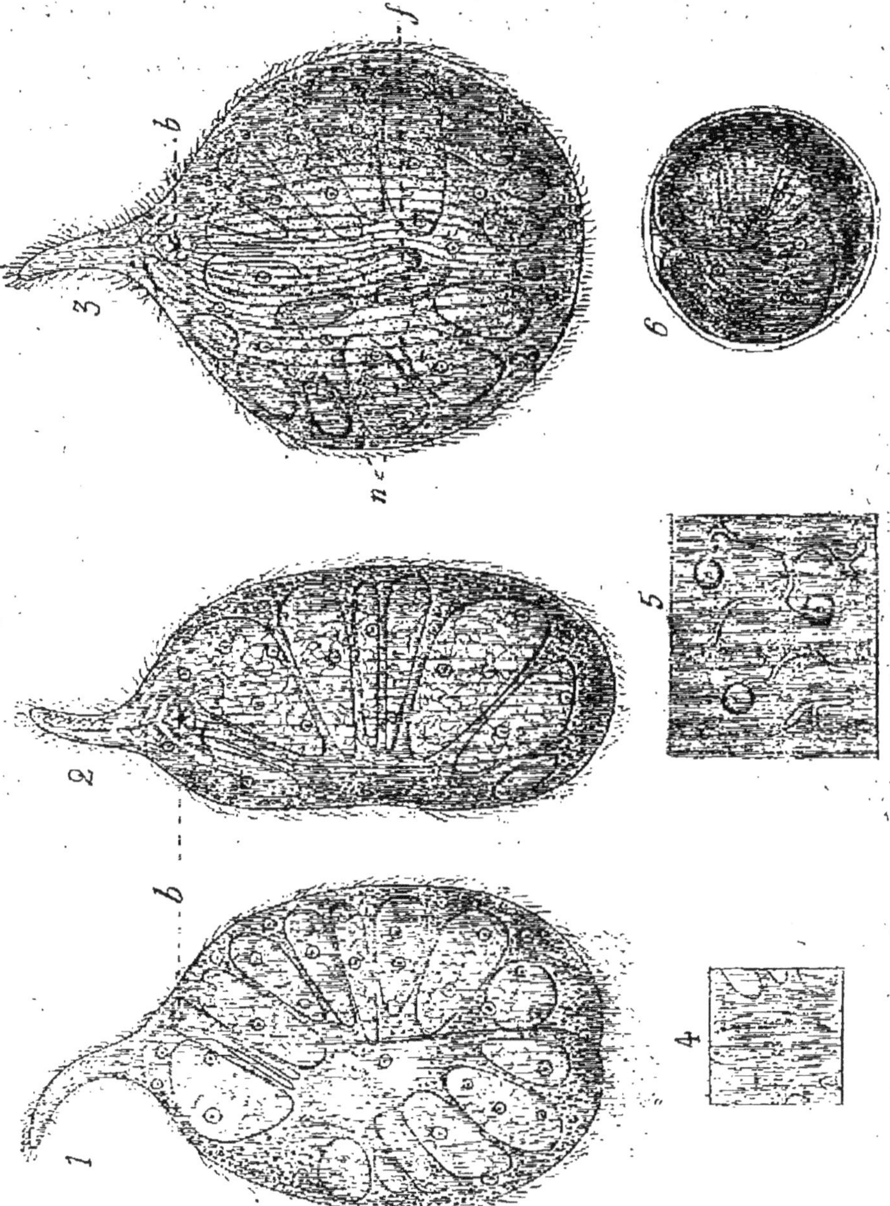

Fig. 150. — *Trachelius.* — 1, vu par la face ventrale et nageant librement ; 2, vu de centre ; 3, légèrement comprimé ; 4, région de la fossette buccale, vue en face pour montrer la disposition des stries ; 5, portion grossie de la surface du corps ; 6, Trachelius en train de s'enkyster. (Dans toutes ces figures, *b*, bouche *n*, noyau ; *f*, fossette ventrale.)

des plus ramarquables types des Infusoires ciliés. Pour les étudier il suffit de les recueillir au moyen d'une pipette effilée et de les transporter sur une lame de verre dans une gouttelette d'eau. » (Fabre-Domergue.)

Le corps de cet Infusoire présente à peu près la forme d'une poire un peu plus déprimée d'un côté que de l'autre. Au sommet antérieur du corps on remarque un tentacule, la queue de la poire, et à sa base la bouche formée par une petite ouverture entourée d'un bourrelet saillant.

Cette espèce se rencontre dans les mares et les fossés de presque toute la France.

FAMILLE DES ENCHÉLIDÉS.

Les Enchélidés ont le corps de consistance très variable ; la bouche est terminale ; l'œsophage paraît dentelé.

Coleps uncinatus (Duj.). — Coleps hérissé.

Dans cette espèce (fig. 151) le corps est ovoïde, grisâtre, terminé à sa partie antérieure par une couronne de 10 à 12 dentelures correspondant à autant de rangées symétriques de nodules anguleux et saillants.

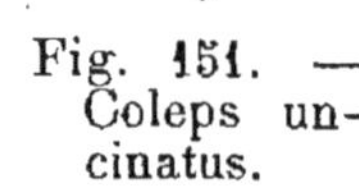

Fig. 151. — Coleps uncinatus.

Ce Coleps n'est pas rare en France ; il est commun dans l'eau de la Seine, où il nage lentement parmi les *Myriophyllum*.

4e *Ordre*. — Péritriches.

Cet ordre comprend des Infusoires à corps cylindrique,

nu ou exceptionnellement recouvert d'un revêtement ciliaire complet ; la bouche est entourée d'une zone de cirrhes en spirale très longs et soyeux.

FAMILLE DES TINTINNIDÉS.

Ces Infusoires ont reçu le nom de *Tintinnidés* parceque
leur corps est en forme de cloche ; il est entouré d'une
enveloppe gélatineuse avec laquelle il nage au moyen
des mouvements ciliaires de sa moitié antérieure, qui
fait saillie au dehors. Le péristome est creux et présente
au fond une saillie dont le bord antérieur porte des cils
longs et rigides qui s'étendent jusque dans l'œsophage.

Tintinnus lagenula (Müll.) — Tintinnus petite gourde.

Cette espèce, qui offre tous les caractères indiqués ci-
dessus, est commune dans nos eaux douces.

FAMILLE DES TRICHODINIDÉS.

Les Trichodinidés n'ont pas d'organe ondulatoire ; ils
sont caractérisés par une couronne postérieure de cils,
par une spirale de cils placés horizontalement autour
de la bouche et par des appareils de fixation à l'extrémité
postérieure du corps.

Trichodina pediculus (Ehr.). — Trichodine pou.

Cette espèce (fig. 152) vit en parasite sur l'Hydre
d'eau douce que l'on rencontre dans tous les fossés
remplis de plantes aquatiques. Son corps a la forme d'un
palet dont l'une des faces est conformée pour l'adhésion
et l'autre pour la nutrition. « La Trichodine veut-elle
se tenir à la surface de l'Hydre : elle applique contre

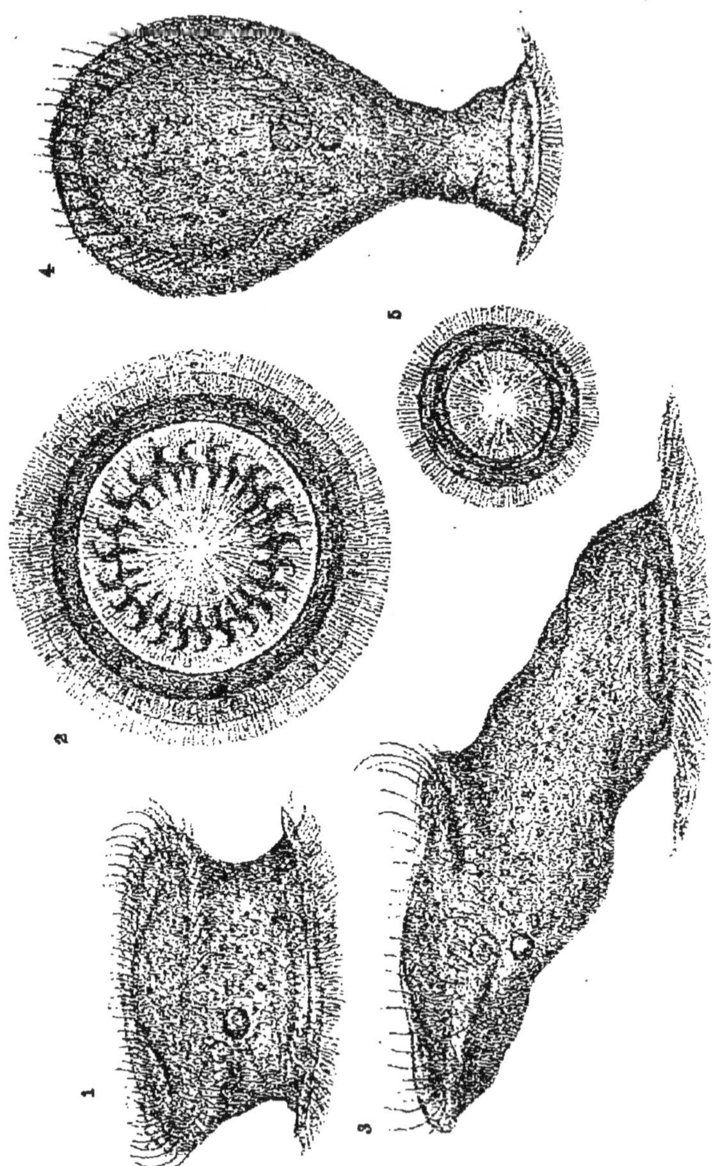

Fig. 152. — 1, Trichodine de l'hydre, vue latéralement du côté de la bouche. — 2. La même, vue par sa face inférieure montrant de dehors en dedans sa corne ciliaire, sa membrane, sa cupule striées et sa roue dentée. — 3. Urceolaria parasite des planaires d'eau douce. — 4. Liemophora parasite de l'Ophiura squammata. — 5. Disque d'adhésion de la même vue inférieurement.

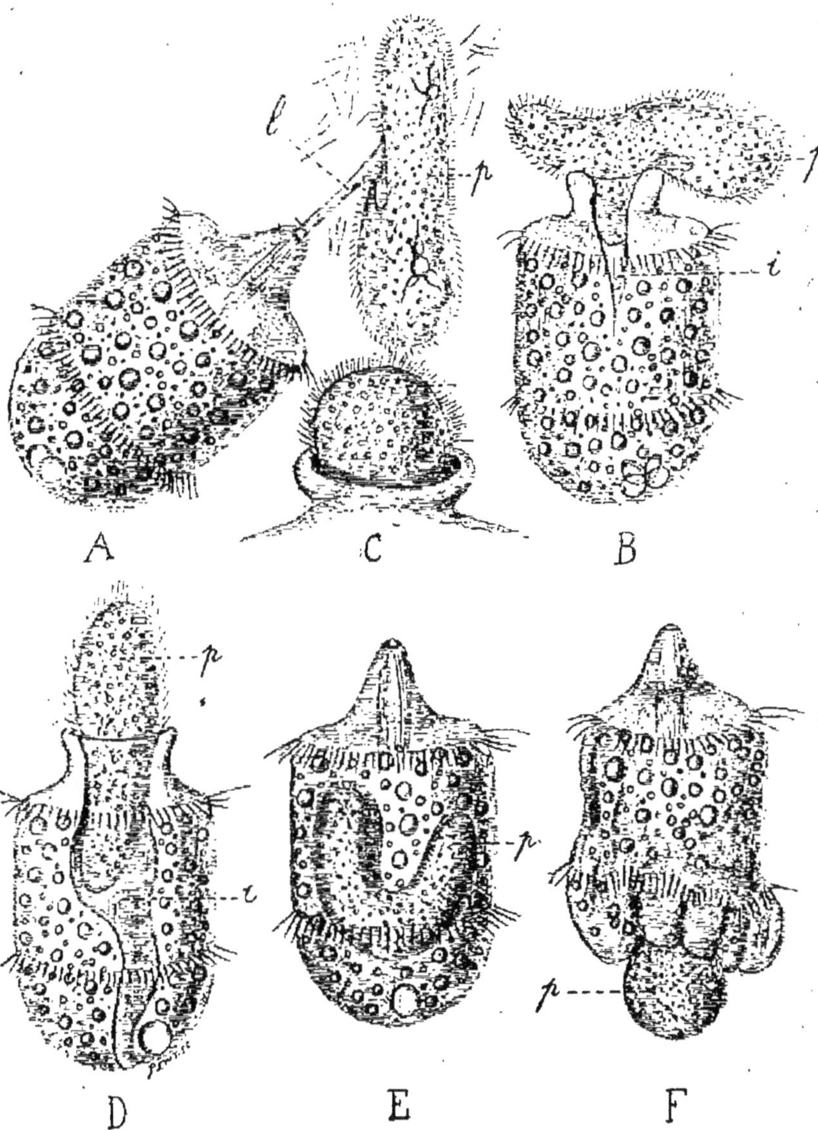

Fig. 153. — A, Didinium capturant une Paramœcie *p*, on voit en *l*, la trompe. — B et C, montrant l'ingestion de la proie. — D, individu tué au moment où il vient d'avaler une proie et montrant une rétraction longitudinale de son plasma. — E, individu montrant une paramœcie. — Défécation.

celle-ci sa membrane et sa collerette ciliaire, puis creusant par une contraction volontaire la face inférieure de son disque, elle se transforme en véritable ventouse comparable à ces bougeoirs adhésifs bien connus que l'on colle contre une glace ou à un suçoir de Poulpe. » (Fabre-Domergue.)

Les *Urceolaria* et les *Liemophora* (fig. 152) sont d'autres types de Trichodines.

Trichodinopsis paradoxa (Clap. et Lach.). — Trichodinopsis paradoxale.

Cet Infusoire a les faces du corps recouvertes de cils courts, fins, pressés les uns contre les autres ; il vit dans le tube digestif et le poumon d'un Mollusque terrestre très commun en France : le *Cyclostoma elegans*.

Didinium nasutum (Stein.). — Didinium à long nez.

La forme de cette espèce (fig. 153) est celle d'un petit tonnelet cylindrique terminé postérieurement par une calotte sphérique et antérieurement par un plan au centre duquel s'élève un petit cône percé d'une ouverture, la bouche.

Ce *Didinium* n'est pas très répandu et on ne le rencontre qu'accidentellement dans les macérations d'Algues et de feuilles mortes au milieu desquelles vivent des myriades d'Infusoires dont il se nourrit.

FAMILLE DES VORTICELLIDÉS.

Les Vorticellidés ont le corps contractile, la spirale buccale dirigée vers la gauche, entourant un disque cilié en forme de couvercle.

Vorticella citrina (Duj.). — Vorticelle citrine.

Le corps de cette Vorticelle (fig. 154) est de forme variable, conique ou campanuliforme, à bord élargi, saillant, diversement contourné et qui, à la partie inférieure, se continue en un long pédoncule, grêle, très transparent, au moyen duquel l'animal se fixe sur les Algues ou toute autre plante aquatique.

« Lorsqu'on examine la Vorticelle pendant un instant, on voit, dans sa région élargie, une sorte de mouvement très actif ; ce mouvement se communique à l'eau ambiante et l'on voit deux tourbillons de matières étrangères qui viennent apporter de la nourriture à la Vorticelle. Mais vienne une particule plus grosse, ou encore l'animal est-il effrayé, aussitôt, avec la rapidité de l'éclair, le pédoncule se contracte en formant un ressort à boudin et rapproche de l'Algue le corps de la Vorticelle.

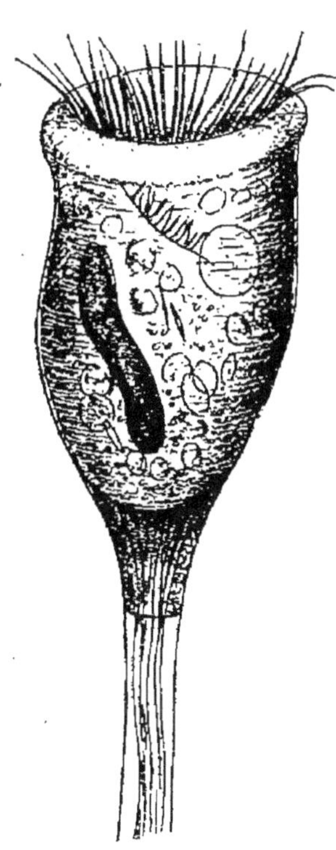
Fig. 154. — Vorticella citrina.

Mais attendons un instant, les faits inverses vont se passer : le ressort va se dérouler lentement, l'animal va s'épanouir et de nouveau va se mettre à manger. » (Coupin, *l'Aquarium d'eau douce*.)

Les Vorticelles sont communes dans nos eaux douces, où elles constituent fréquemment des colonies.

5ᵉ *Ordre*. — SUCEURS.

Les Suceurs ou *Infusoires tentaculifères* sont caractérisés par un corps dépourvu de cils à l'état adulte et par des suçoirs en forme de tentacules presque toujours rétractiles. Ces Protozoaires vivent en parasites sur divers animaux ou sur d'autres Infusoires. « La vie, a dit Humboldt, est répandue dans la nature avec une telle abondance que de très petits Infusoires s'établissent en parasites sur d'autres Infusoires un peu plus grands et servent à leur tour de demeure et de pâture à d'autres animalcules encore plus petits. »

FAMILLE DES ACINÉTRIDÉS.

Ces Infusoires sont pourvus de cils dans leur jeune âge, mais ils les perdent lorsqu'ils sont fixés. Leur forme est celle d'une petite boule ou d'un petit fuseau muni de suçoirs.

Sphærophrya Paramœciorum (Clap. et Lach.). — Sphérophrye des Paramœcies.

Cette espèce (fig. 155) est ainsi nommée parce qu'elle vit en parasite dans des Infusoires flagellés du genre *Paramœcium*. Elle est munie de suçoirs courts, terminés en boutons au moyen desquels elle absorbe le contenu de l'Infusoire dans lequel elle a pénétré. Toujours à l'affût d'une Paramœcie, elle l'attaque, se laisse emporter par elle et s'enfonce dans sa chair. « Commodément installé dans cette confortable et nutritive habitation, le parasite perd ses cils, absorbe le contenu de son hôte, s'accroît, se goberge, puis, devenu suffisamment replet, se divise en deux, quatre, huit jeunes individus. Ce parasitisme des Acinétiens sur les Paramœcies n'est pas un fait très rare et l'on trouve souvent au milieu des Algues de nos fossés des légions de *Paramœcium* infestés par leurs ennemis. Il est à remarquer que ce fléau sévit

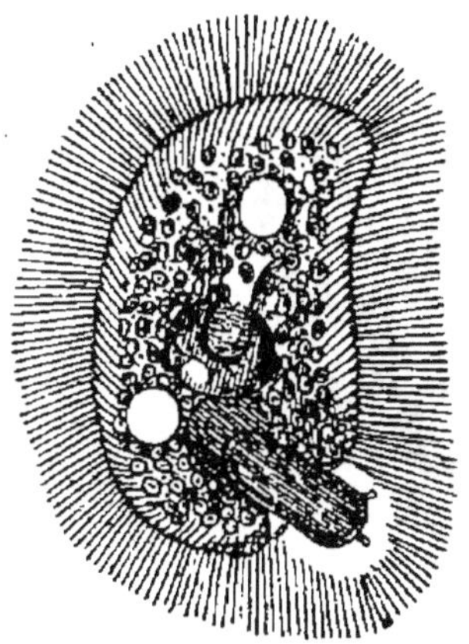

Fig. 155. — Sphœrophrya paramœciorum pénétrant dans un Paramœcium.

toujours à l'état épidémique et que jamais on ne rencontre un individu atteint sans être certain d'en trouver à côté beaucoup d'autres dans le même état. » (Fabre-Domergue.)

Podophrya gemmipara (Ehr.) — Podophrye gemmipare.

Le corps de cette espèce est pédonculé, avec des faisceaux de tentacules capités et des filaments préhensifs terminés par une extrémité effilée. « Si un Infusoire passe à portée de ses filaments de préhension on les voit se tordre en enserrant leur proie. Leur contact paralyse et finit par tuer peu à peu l'Infusoire ; ces bras préhensifs, en se raccourcissant, rapprochent ce butin du corps même du Podophrye et l'amènent au contact des suçoirs qui sont plus courts. Ceux-ci se renflent à leur extrémité et se fixent comme autant de ventouses à la surface du corps capturé. » (O. Schmidt.)

Cette espèce est marine et sert de pâture à de nom-

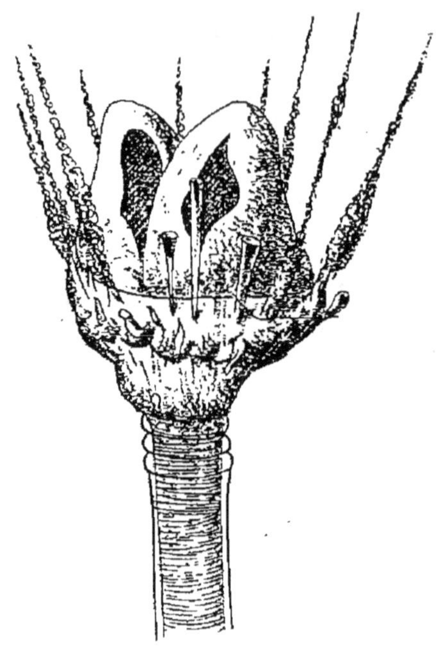

Fig. 156. — Podophrya gemmipara.

breux ennemis, principalement à de petits Crustacés amphipodes du genre *Caprella*.

6ᵉ *Ordre*. — FLAGELLÉS OU FLAGELLATES.

Ces Protozoaires doivent leur nom à un ou deux prolongements filiformes dont ils sont munis et auxquels on donne le nom de *Flagellum*.

Ces animalcules sont des formes incertaines qui ont une certaine affinité avec les Algues inférieures et réunissent les caractères des Végétaux et des Infusoires ; mais les travaux les plus récents concluent à leur animalité basée sur l'existence de vésicules contractiles et souvent d'un orifice, ordinairement désigné sous le nom de bouche, servant à l'introduction des matières nutritives.

Plusieurs familles appartenant à cet ordre ont été rattachées par certains naturalistes aux Infusoires Holotriches. On les divise en *Flagellés proprement dits* et *Cilio-Flagellés;* ces derniers sont caractérisés par une couronne de cils vibratiles située sous la peau.

FAMILLE DES PÉRIDINIENS.

Les Péridiniens ont pour la plupart une forme bizarre

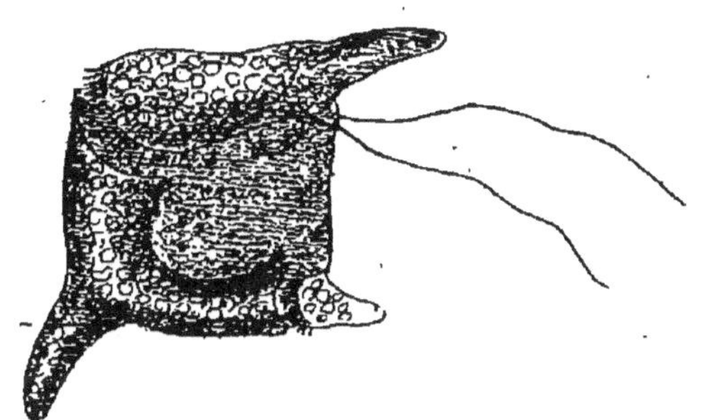

Fig. 157. — Ceratium cornutum.

et portent sur le test des espèces de cornes recourbées; ils possèdent une rangée de cils vibratiles portés sur le bord antérieur d'un sillon tracé sur le corps et sont généralement défendus par une cuirasse armée.

Ceratium cornutum (Clap.). — Cératium cornu.

Ce Flagellé (fig. 157) présente une forme quadrangulaire; sa partie inférieure est prolongée en une sorte de queue; sa partie antérieure est munie de deux cornes; deux flagellum s'articulent à la base de l'une d'elles.

FAMILLE DES VOLVOCIENS.

Ces Infusoires n'ont pas d'organisation interne appréciable : ce sont des masses gélatineuses sphéroïdales ; aussi quelques naturalistes les ont-ils considérés comme des colonies d'Algues unicellulaires réunies dans une masse gélatineuse commune. Ils se reproduisent par scission et nagent en colonies, roulant et tournoyant

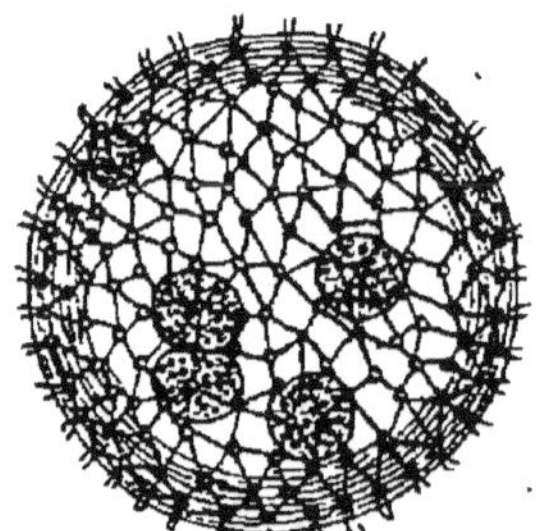

Fig. 158. — Volvox globator.

constamment sur eux-mêmes. On les trouve dans l'eau douce et l'eau de mer corrompue, dans les marais au printemps et à l'automne, à la surface des étangs couverts d'une pellicule d'un vert sombre en septembre et même durant les derniers mois de l'année, dans les mares couvertes de *Lemna*, dans l'infusion de Chènevis, etc...

Volvox globator (Müll.). — Volvoce tournoyant.

Cette espèce (fig. 158) est constituée par des globules verts ou jaunâtres formés d'animalcules, réunis dans une masse gélatineuse et armés chacun de deux flagellum saillants au dehors et au moyen desquels ils opèrent leur mouvement continuel de rotation. Quand on a mis dans un flacon de l'eau contenant des Volvoces, on voit leurs globules monter et descendre en tournoyant lentement. Müller décrit ainsi leur mode de reproduction : « La membrane enveloppante se fend, les globules qu'elle contenait sortent par la déchirure et la mère ou la membrane elle-même se divise. Ainsi cette mère, par suite d'un admirable emboîtement de sa race, contient ses fils, ses petits-fils et ses arrière-petits-fils. »

Le Volvoce tournoyant est commun en France, on le trouve dans les eaux douces des environs de Paris, principalement à Meudon.

FAMILLE DES PARAMŒCIDÉS.

Les Paramœcidés ont généralement le corps allongé et recouvert de cils ; mais la bouche latérale n'a ni lèvres membraneuses, ni soies faisant saillie à l'extérieur. On les trouve dans les fossés, parmi les Lentilles d'eau, en juin, novembre et décembre dans les mares couvertes de matières vertes ; en automne, ils abondent dans l'eau de mer et dans celle des marais ; ils se développent aussi en trois ou quatre jours dans plusieurs infusions. Enfin on les rencontre également dans l'estomac des Ruminants et dans certains organes de l'Homme.

Paramœcium Aurelia (Müll.). — Paramœcie Aurélie.

Cette espèce (fig. 159) a la forme d'un fuseau dont l'extrémité antérieure légèrement aplatie porterait un sillon oblique descendant jusqu'au tiers inférieur du corps et au fond duquel se trouve la bouche. On remarque sous le derme de nombreux bâtonnets fusiformes (*trichocystes*), qui, sous l'empire d'une vive excitation, sont susceptibles de jaillir au dehors en minces filaments et jouent le rôle d'organes urticants d'attaque et de défense.

Cette espèce est commune, surtout dans les eaux contenant des matières organiques en décomposition.

Paramœcium bursaria (Focke). — Paramœcie en forme de bourse.

Cet Infusoire, long d'un dixième de millimètre et légèrement aplati, présente une extrémité antérieure fortement tronquée obliquement et une extrémité postérieure arrondie ; sa face dorsale est convexe, sa face ventrale est plane et porte un sillon qui va en diminuant graduellement jusqu'à une ouverture ovalaire, la bouche.

On trouve communément cette espèce dans les marais et les fossés remplis d'Algues vertes.

Paramœcium coli (Malmot). — Paramœcie du côlon.

Cette espèce (fig. 160), qui est parasite de l'intestin de l'Homme, atteint une longueur de 0 mm. 40 ; elle est douée d'une mobilité et d'une vivacité assez grandes ; on trouve de 20 à 25 individus dans une seule gouttelette de mucus ; ils meurent très vite hors de l'intestin. On a observé cette espèce dans le gros intestin de l'Homme

Fig. 159. — Paramœcium Aurelia..

pendant la durée de certaines formes de la diarrhée.

Plusieurs autres Paramœcies se rencontrent dans la masse alimentaire des premiers estomacs des Ruminants.

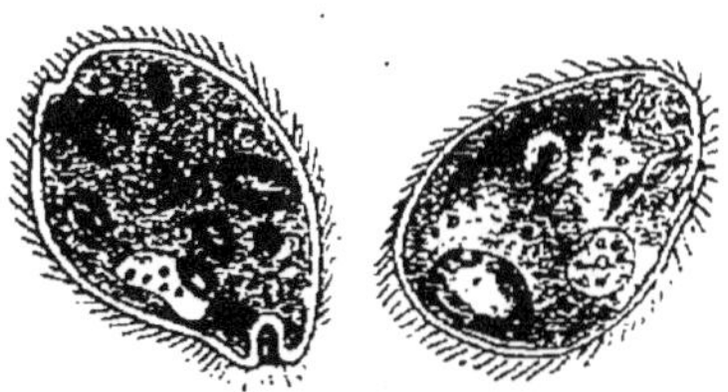

Fig. 160. — Paramœcium coli.

« On peut les étudier à volonté en pressant les matières ramenées à la bouche lors de la rumination ; ils continuent à vivre plusieurs heures dans les matières de l'estomac maintenus à la température du corps. » (G. Colin.)

Les *Colpodes*, qui appartiennent à la famille des Pa-

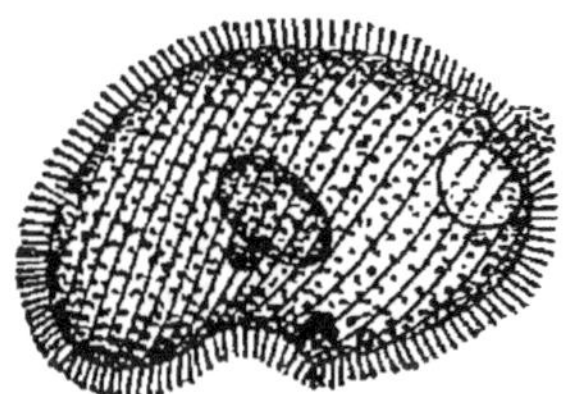

Fig. 161. — Colpoda cucullus individu un peu comprimé pour montrer le noyau et le nucléole.

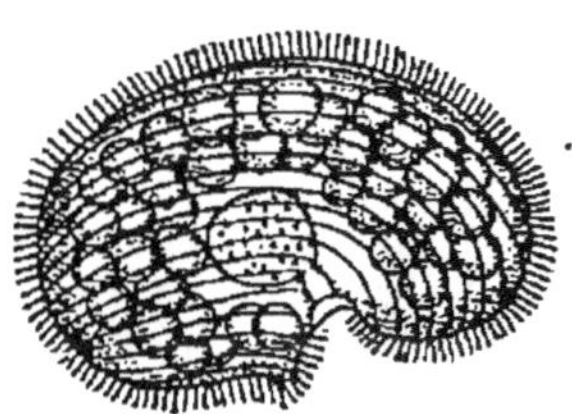

Fig. 162. — Colpoda cucullus bourré de bols alimentaires.

ramœcidés, varient beaucoup dans leurs formes extérieures et dans leurs dimensions, mais leur longueur ne dépasse pas quelques centièmes de millimètre. On les reconnaît à leur forme ovoïde et à une échancrure latérale au fond de laquelle se trouve la bouche. Ils vivent dans l'eau salée, les Lentilles d'eau, les infusions de foin et de chènevis, les intestins du Cheval et notamment dans le cæcum et les parties antérieures du côlon transverse. Ils ont été étudiés avec soin par G. Colin (*Traité de physiologie comparée des animaux*). L'espèce la plus connue est le Colpode du Foin, *Colpoda cucullus* (fig.161 et 162).

FAMILLE DES ASTASIÉES.

Les Astasiées sont des Flagellates unicellulaires et

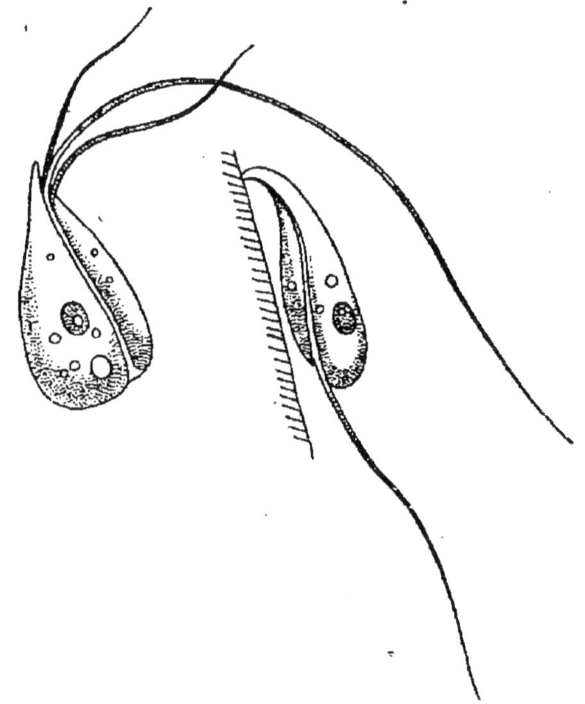

Fig. 163. — Bodo nageant. — Bodo fixé.

très contractiles ; ils contiennent une matière colorante verte comme les végétaux et sont tantôt colorés, tantôt incolores selon les âges.

L'espèce la plus connue est l'*Euglena viridis* (Ehr.), Euglène verte que l'on trouve [dans les eaux stagnantes et à la surface de la vase qu'elle colore en vert.

Les *Bodo*, qui appartiennent à la même famille, sont très voisins des Euglènes : le *Bodo viridis* mange les Vibrions et se trouve dans plusieurs Algues ; le *Bodo necator* (fig. 164) vit en parasite sur l'épiderme des Truites et

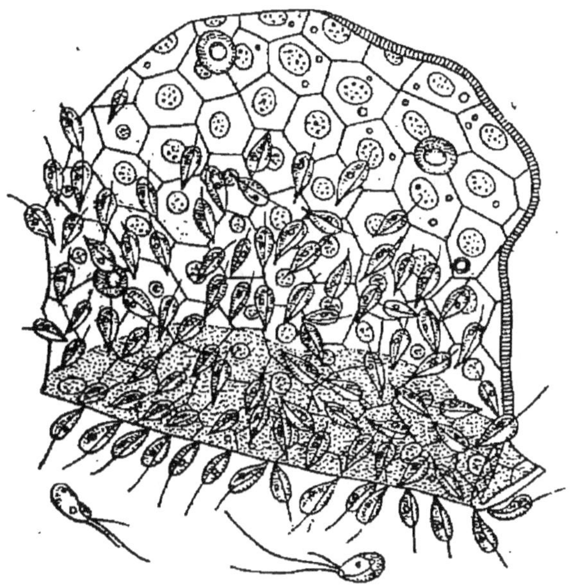

Fig. 164. — Lambeau d'épiderme de truite couvert de Bodo necator.

cause souvent la mort de ces poissons en altérant les cellules qui, en perdant leurs divisions, entravent les fonctions de la peau.

FAMILLE DES MONADIENS.

Les Monadiens sont des animalcules unicellulaires consistant en un corps globuleux ou ovoïde, pourvu d'un ou de plusieurs flagellum sans téguments ; ils sont formés d'une substance gélatineuse susceptible de s'étirer plus ou moins.

« Les Monades, ces petits des petits, semblent n'être

que des molécules de substance absorbante, des atomes agités, des points qui se meuvent. Ces délicates créatures n'ont environ qu'un trois-millième de millimètre de grand diamètre ! » (Moquin-Tandon.)

Les espèces de Monadiens sont innombrables ; on les trouve dans les eaux croupissantes ou vivant en parasites dans les différents organes ou les liquides qu'ils contiennent.

Monas elongata (Duj.). — Monade allongée.

Cette espèce a le corps allongé, flexible, long de deux millimètres et porte un filament à sa base. Elle abonde dans l'eau de marais putréfiée.

Monas lens (Duj.). — Monade lentille.

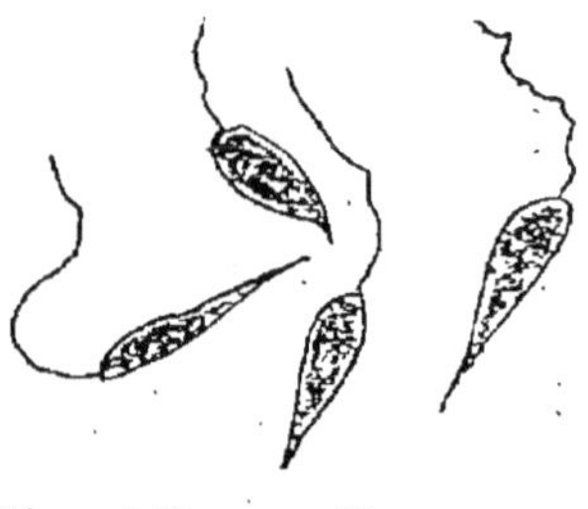

Fig. 165. — Cercomonas urinarius.

Cette Monade est pourvue d'un flagellum extérieur ; la bouche n'est qu'un orifice dépourvu de cils ou de poils.

Les *Cercomonades*, très voisins des Monadiens, sont pourvus d'un grand cil locomoteur et d'un prolongement postérieur formé par la substance même du corps qui s'étire plus ou moins, de manière à n'être tantôt qu'un tubercule aminci, tantôt une queue allongée et transparente, tantôt un filament très fin. Leur développement est encore complètement inconnu. Les différentes espèces : *Cercomonas urinarius*, (fig. 165) *C. intestinalis*, etc., vivent en parasites sur le corps de l'Homme et dans les mucus en voie d'altération.

Les *Trichomonades* sont caractérisés par leur corps ovoïde ou globuleux susceptible de s'étirer en une sorte de prolongement caudal. Ils sont munis d'un flagellum plus long que le corps, dirigé en avant pendant la marche et accompagné à sa base d'un groupe de cils vibratiles très courts. Les Trichomonades se rencontrent dans les mucus, souvent en groupes de 5 à 6 individus, et se liquéfient dès que le mucus est refroidi.

FAMILLE DES NOCTILUQUES.

Parmi les Flagellés les Noctiluques sont les organismes les plus intéressants et les plus remarquables. C'est M. de Quatrefages qui fit connaître le premier, en 1850, l'organisation de ces animalcules que Cuvier a oubliés dans son *Règne animal*.

Les Noctiluques doivent leur nom à la propriété qu'elles ont d'être phosphorescentes pendant la nuit, propriété qu'elles partagent avec de nombreux animaux marins : les *Méduses*, les *Pyrosomes*, les *Pholades*, etc. Elles paraissent, au premier abord, comme des globules de gelée transparente, ayant 1/5 à 1/3 de millimètre de diamètre; avec un grossissement un peu fort, on distingue leur forme sphérique plus ou moins régulière et légèrement déprimée en dessous.

« Dans certaines conditions favorables les Noctiluques montent à la surface de la mer en si grand nombre que la mer prend sur de vastes étendues un aspect gélatineux et rougeâtre et, après le coucher du soleil, surtout lorsque le ciel est voilé, présente le splendide phénomène de la phosphorescence. » (Claus.)

La propriété lumineuse des Noctiluques a été l'objet de nombreux travaux : on admet aujourd'hui que cette lumière est le résultat d'une oxydation effectuée dans le corps même de l'animal ; mais cette oxydation est loin d'être constante. Le Dr Henneguy a constaté, en effet, que la lumière extérieure empêchait la production de la

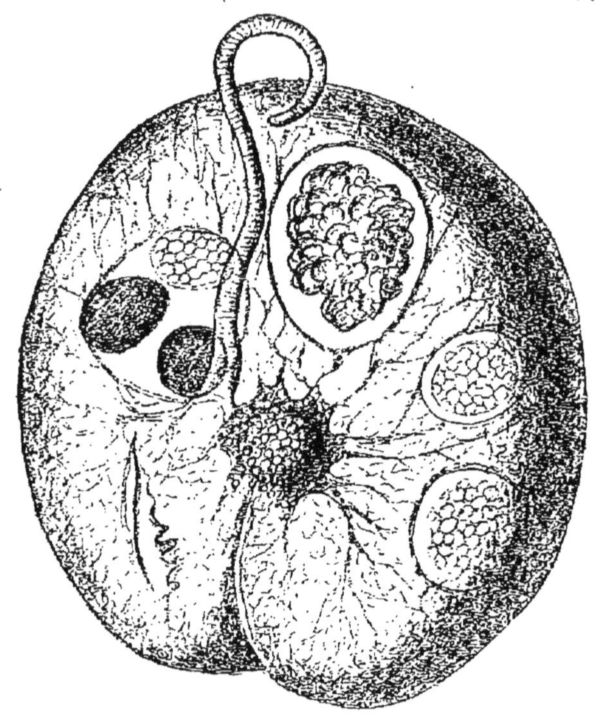

Fig. 166. — Noctiluca miliaris, vue de face.

phosphorescence chez les Noctiluques et que celles-ci ne commençaient à luire qu'après un séjour de trois quarts d'heure dans l'obscurité ; transportées brusquement des rayons solaires dans le cabinet noir, elles y sont d'abord complètement invisibles. On a remarqué également que les points lumineux paraissaient ou disparaissaient avec rapidité et que l'agitation de la mer déterminait leur éclat.

Noctiluca miliaris (Lam.). — Noctiluque miliaire.

Cette espèce (fig. 166) est la plus connue ; c'est un petit organisme ayant la forme d'une boule un peu aplatie et présentant à l'une de ses extrémités un sillon qui va en s'atténuant. Ce corps paraît plus ou moins transparent ; mais, réunies en grandes masses, ces Noctiluques présentent une teinte jaune orangé.

La nourriture de ces animalcules se compose de tous les petits organismes qui vivent avec eux dans les eaux de la mer et qui, absorbés par la bouche, sont englués dans le protoplasma où ils forment parfois, avant d'être digérés, des bourrelets qui déforment l'animal qui les renferme.

Deuxième classe. — RHIZOPODES.

Ces Protozoaires dont le test était désigné, longtemps avant qu'on les connût, sous les noms de *Foraminifères* et de *Polythalames*, ont généralement le corps formé d'une substance composée de sarcode libre, sans aucune membrane d'enveloppe ; quelquefois ils possèdent une vésicule pulsatile et une coquille calcaire ou un squelette siliceux. Cette coquille est percée de trous qui livrent passage à des filaments capillaires (*pseudopodes*), servant à faire mouvoir l'animal et à lui procurer sa nouriture ; ces filaments qui ressemblent au chevelu des racines ont fait donner à ces animalcules le nom de Rhizopodes (*pieds-racines*). Les Rhizopodes vivent principalement dans la mer et contribuent par l'accumulation de leurs coquilles à la formation du sable marin et au dépôt d'assises épaisses que l'on retrouve dans les diverses couches du globe.

On divise les Rhizopodes en trois ordres :

Radiolaires,
Foraminifères.
Lobulaires.

1er *Ordre*. — RADIOLAIRES.

Les Radiolaires sont caractérisés par un corps consistant en une capsule enveloppée d'une membrane résistante et contenant une masse sarcodique, des vésicules et des noyaux. Un petit nombre d'espèces seulement sont dépourvues de parties dures ; chez toutes les autres le sarcode sécrète des formations calcaires ou siliceuses solides, représentées tantôt par de fines aiguilles ou des piquants creux formant autour du centre des rayons réguliers qui ont fait donner à ces animaux le nom de *Radiolaires*, tantôt par un squelette treillissé, hérissé de piquants et d'épines.

Les Radiolaires sont des animaux marins qui nagent à la surface de la mer, mais peuvent aussi s'enfoncer dans les couches profondes.

« Les Radiolaires se comportent quelque peu différemment des Foraminifères au point de vue de leur distribution. Quand le filet est jeté en mer à une profondeur de 1000 brasses, on constate que le nombre des Radiolaires s'accroît et que les individus des espèces qui vivent aussi à la surface sont plus grands. Beaucoup de types, d'autre part, n'habitent qu'à la profondeur que nous venons de citer et manquent totalement à la surface. On peut admettre que les Radiolaires vivent dans toutes les profondeurs, même dans les plus considérables qui peuvent atteindre parfois 5 milles anglais. On conçoit alors que les êtres qui vivent ainsi contribuent notamment à la formation des couches sur le fond de la mer. » (Wyville Thomson.)

Recherche des Radiolaires. — Ces animalcules frêles et transparents se tiennent par millions, à certaines heures, à la surface de la mer où ils nagent et oscillent sans cesse ; leur apparition dépend beaucoup des courants et des vents. Pour leur capture on emploie un petit filet, mais les parties molles de ces animaux sont tellement sensibles que le simple écoulement de l'eau à travers le filet suffit pour amener leur mort.

Le Dr Joeger (de Stuttgard) a donné le procédé suivant pour les recueillir : « On emploie un filet de soie très fin et non pas de coton sur lequel ces animalcules pourraient se coller. On doit éviter des mouvements trop rapides en tirant le filet, pour ne pas détériorer ces êtres fragiles. Lorsque le temps est clair et la mer calme, on peut espérer une bonne récolte.

« On doit répéter cette pêche à différentes heures, attendu que chaque espèce apparaît à un moment déterminé. Après avoir tiré le filet on en plonge le bas dans un vase à demi rempli d'eau de mer ; on fait tomber les animalcules attachés au filet, en le lavant avec beaucoup de précaution dans le vase ; autrement on pourrait les endommager. Puis on ajoute à l'eau de mer un dixième d'alcool que l'on verse par intervalles de quelques minutes. Si l'on agissait autrement, les animalcules se contracteraient et deviendraient méconnaissables en se roulant en petites masses. Lorsque ces animaux sont morts, ils tombent au fond du vase ; le lendemain on fait écouler le liquide qui les recouvre et on le remplace par de l'alcool plus concentré (1 partie d'alcool pour 5 parties d'eau),ou bien on ajoute au premier liquide :

1 partie d'alcool,
10 parties d'eau de mer,
1 partie de glycérine.

Mais on rejette cette formule lorsqu'il s'agit d'animalcules revêtus d'enveloppes calcaires qui se dissolvent dans la glycérine. »

Classification des Radiolaires. — On divise les Radiolaires en :

Acanthomètres,
Thalassicoles,
Clathrulinidés.

ACANTHOMETRES.

Leur squelette est composé de piquants disposés en rayons suivant un ordre déterminé ; ces piquants percent la capsule centrale et se réunissent dans son intérieur où leurs ramifications donnent à l'extérieur de la coquille une apparence treillissée.

Acanthometra Mulleri (Hœck). — Acanthomètre de Müller.

Cette espèce (fig. 167) est formée d'une capsule centrale ronde traversée par quatre piquants disposés en croix, autour desquels rayonnent des piquants plus courts.

On classe également parmi les Acanthomètres les

Spongurides dont le squelette est spongieux en entier ou en partie, et les *Discides* dont le squelette représente un

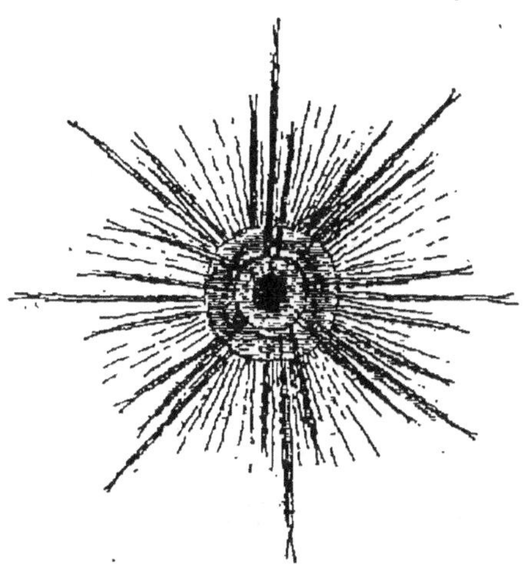

Fig. 167. — Acanthometra Mulleri.

disque aplati et lenticulaire formé de deux faces percées de trous.

THALASSICOLES.

Chez ces Radiolaires les animaux sont isolés, le squelette manque ou se compose de quelques spicules épars autour de la capsule centrale ou de bâtonnets unis irrégulièrement entre eux.

Thalassicola pelagica (Hœck). — Thalassicole pélagique

Dans cette espèce (fig. 168), la capsule centrale est sphérique avec une vésicule interne et une couche extérieure d'autres vésicules ; les spicules rayonnent de toute part.

Les Thalassicoles, comme l'indique leur nom, se rencontrent exclusivement dans la mer.

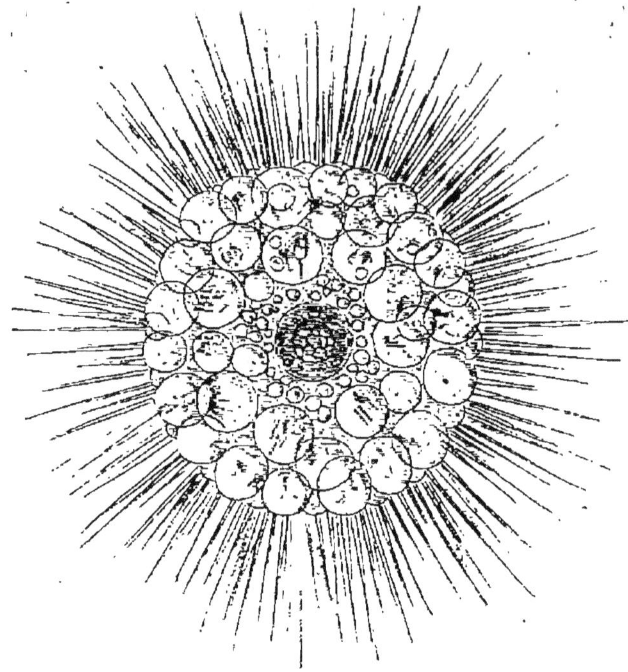

Fig. 168. — Thalassicola pelagica.

CLATHRULINIDÉS.

Les Clathrulinidés ont le corps pédonculé ; leur co-quille est siliceuse et treillissée ; ils habitent les eaux douces.

Clathrulina elegans (Cienk.). — Clathruline élégante.

Cette espèce (fig. 169) a le corps mou, pourvu de son noyau et de ses prolongements ; la coquille est sphé-rique et se termine par un pédoncule au moyen duquel l'animal se fixe.

Cette Clathruline se rencontre généralement dans les eaux stagnantes et ombragées qui, à l'automne, sont remplies par les feuilles tombées.

On peut classer dans la famille des Clathrulinidés le

genre *Ciliophrys* qui semble établir une transition naturelle entre les Flagellés et les Rhizopodes. Le corps de ces animaux est une petite sphère de protoplasma re-

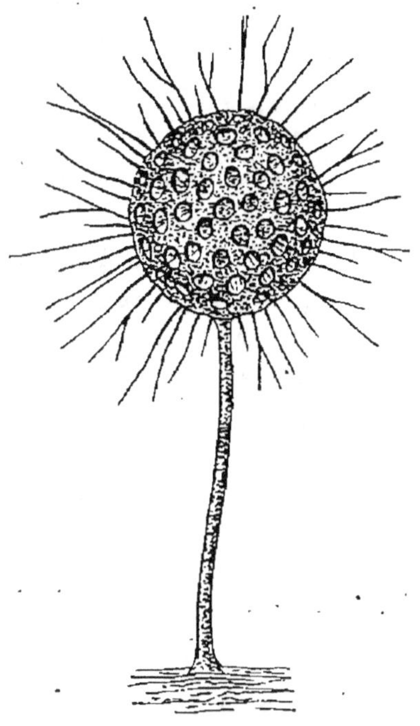

Fig. 169. — Clathrulina elegans.

couverte de pseudopodes très nombreux et très fins. « Rien n'est plus curieux, dit M. Dangeard, que d'assister à la transformation en Flagellé de ce Rhizopode : en un point qui sera la partie antérieure du Flagellé pousse rapidement un long flagellum, les pseudopodes se raccourcissent en s'épaississant et en même temps que le contour du corps se nivelle, souvent même avant, le Flagellé part d'un mouvement assez vif et le flagellum dirigé en avant ; sa forme normale, à ce stade, est ovalaire. »

Les deux principales espèces sont :

Ciliophrys marina (Danj.). — Cette espèce habite

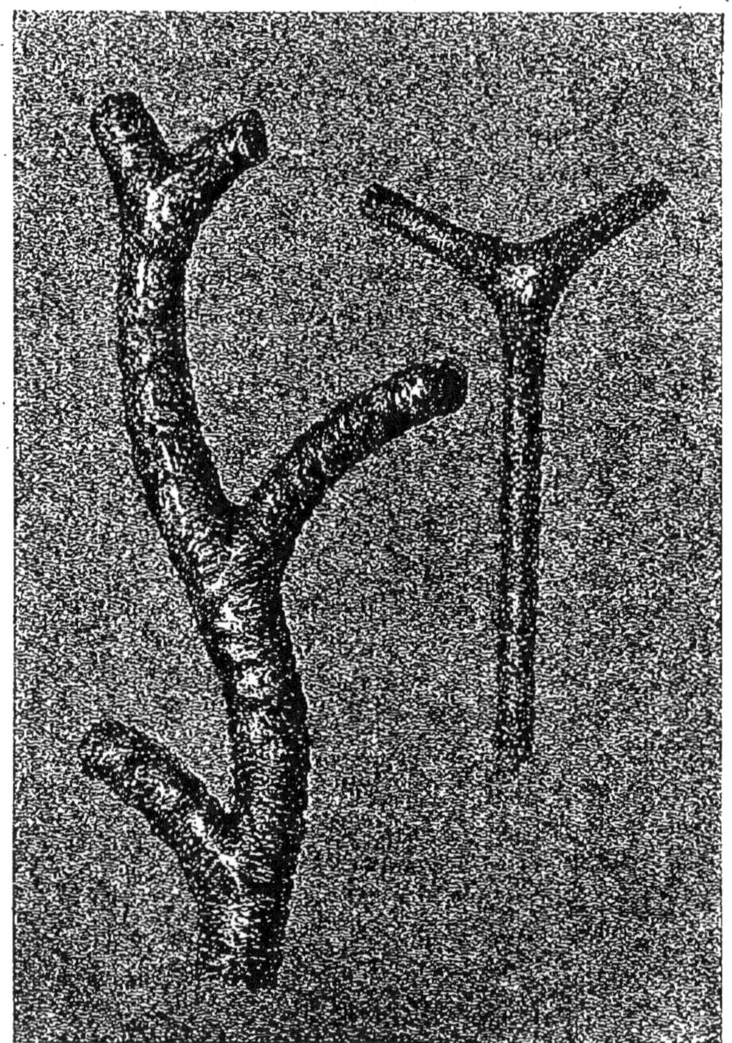

Fig 179. — Tribu des Arénacés (Rhabdamina abyssorum et major).

la mer et se nourrit de débris d'Algues : on peut recueillir dans un vase, avec de l'eau salée, les Ulves qui
tapissent les rochers et que l'on rencontre en abon-

dance sur toutes les côtes. Si l'on abandonne la culture à elle-même, l'Algue se décolore plus ou moins vite et l'eau se peuple d'organismes divers, parmi lesquels on est certain de rencontrer des individus de cette espèce.

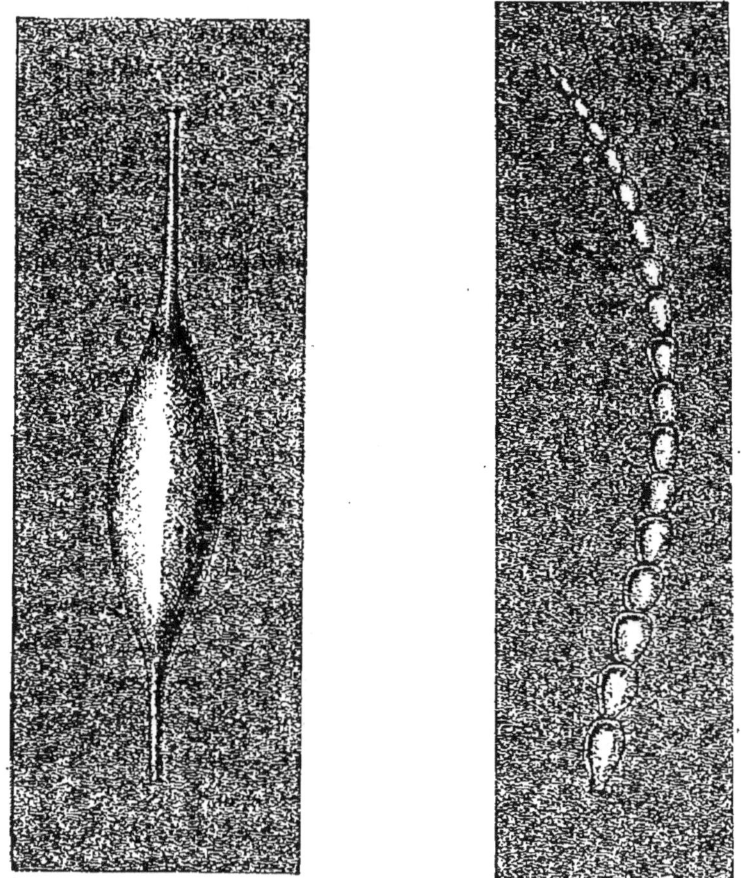

Fig. 171 et 172. — Tribu des Vitreux.

Ciliophrys infusionum (Cienk.) — Elle habite les eaux douces et subit les mêmes transformations que la précédente.

2e *Ordre*. — FORAMINIFÈRES.

Les Foraminifères sont des Rhizopodes rarement nus;

quelquefois pourvus d'une coquille calcaire percée de
pores qui donnent passage aux pseudopodes. La nature
de ces animalcules a été longtemps méconnue et la

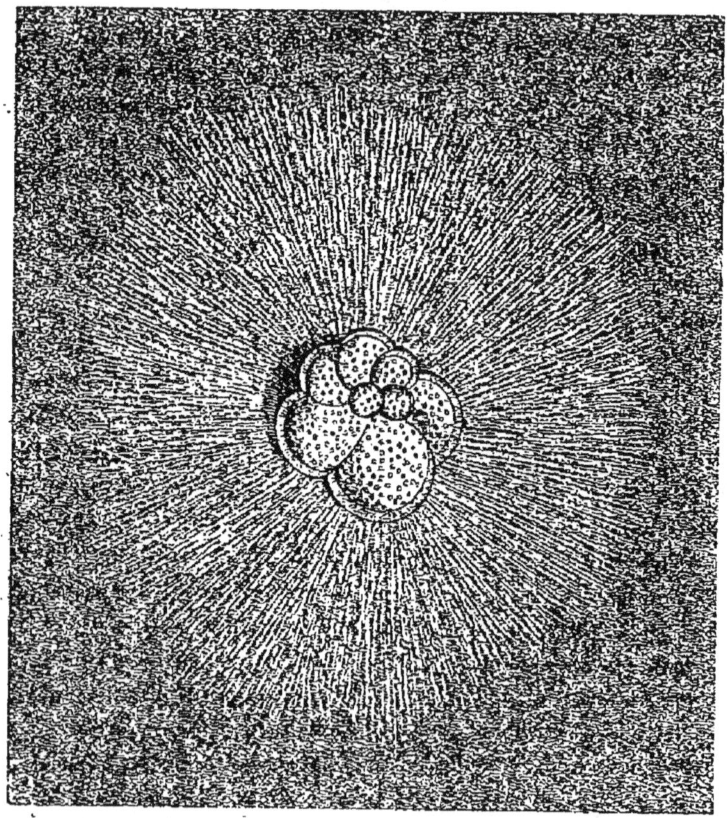

Fig. 173. — Tribu des Porcelanés.

forme de leur coquille offrant une certaine ressemblance avec celle des Nautiles fit croire que ces animaux étaient voisins des Mollusques Céphalopodes ;
aussi quelques naturalistes les considérèrent-ils
comme des Nautiles microscopiques et dégradés.

« Lorsqu'on examine au microscope le sable de la
mer, on y distingue un grand nombre de corpuscules
solides, réguliers, souvent géométriques. Ces petites

coquilles varient beaucoup dans leurs figures ; les micrographes y ont constaté plus de deux mille organisations différentes, symétriques ou non symétriques, souvent remarquables par leur bizarrerie et presque toujours par leur élégance. Il y en a de globulaires, de discoïdes, d'étoilées, de festonnées, de contournées en limaçon, d'allongées en massue, de façonnées en amphore. Les unes ont une ouverture très élargie, les autres un orifice très étroit. Elles offrent aussi des pores qui s'ouvrent à l'extérieur : de là le nom de *Foraminifères*, c'est-à-dire de *porte-trous* donné par d'Orbigny aux animalcules auxquels appartiennent ces dépouilles. » (Moquin-Tandon.)

Les Foraminifères qui constituent le groupe des *Rhizopodes réticulaires* ont été classés d'après la forme, la disposition ou la composition de leurs coquilles : les *Monothalames* sont caractérisés par

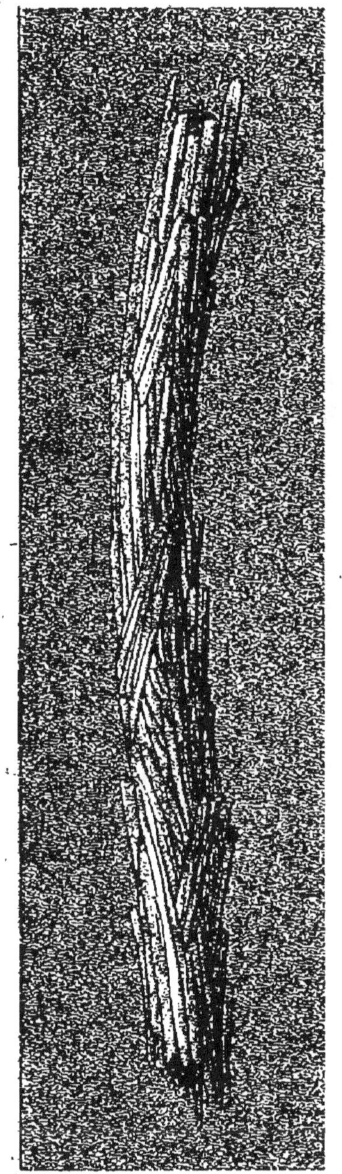

Fig. 174. — Tribu des Spiculacés.

une coquille à une seule chambre et à une grande ou-

verture. Les *Polythalames* ont une coquille divisée en
plusieurs chambres placées à la suite les unes des
tres et communiquant entre elles par des trous per-

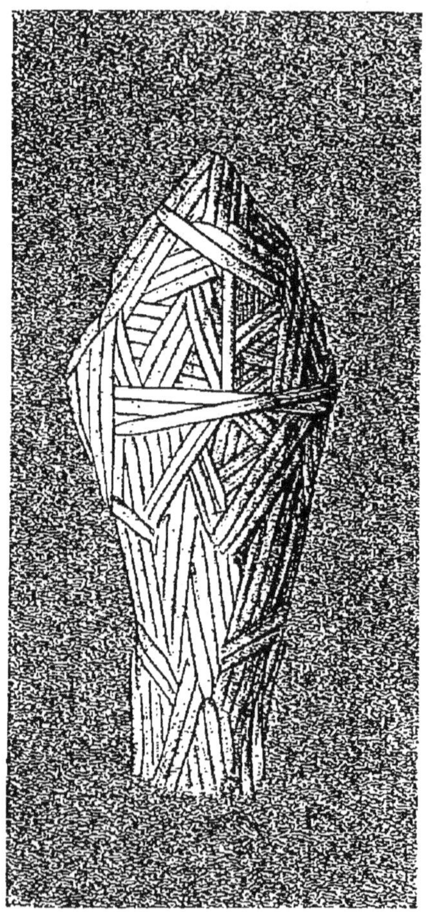

Fig. 175. — Tribu des Spiculacés.

cés à travers les cloisons. Quelquefois la coquille ne
présente pas de pores, mais une grosse ouverture en
forme de crible (*Foraminifères imperforés*), ou la coquille
est percée d'une infinité de petits pores (*Foraminifères
perforés*).

Ces Rhizopodes, que leur fragilité expose à de nom-breux dangers, commencent par imprégner leur sub-stance de corps étrangers, puis construisent une coquille

Fig. 176. — Tribu des Globigérinacés.

qui varie selon les lieux et les climats et qui est com-posée de grains de sable, de particules de quartz et de fragments de spicules amalgamés par une sécrétion mé-langée de vase. L'aspect varié des coquilles a fait diviser ces *Rhizopodes* en *Arénacés*, *Vitreux*, *Porcelanés*, *Spiculacés*, *Pâteux*, *Vaseux*, *Nus* et *Demi-Nus*. Les nombreuses fi-gures ci-contre (pages 339 à 349 montrent les formes principales de ces Rhizopodes réticulaires.

La quantité de coquilles de Foraminifères est tellement prodigieuse qu'elles composent en grande partie
le sable de la mer dans le voisinage de certaines côtes.
« Les recherches de d'Orbigny relativement à ces or-

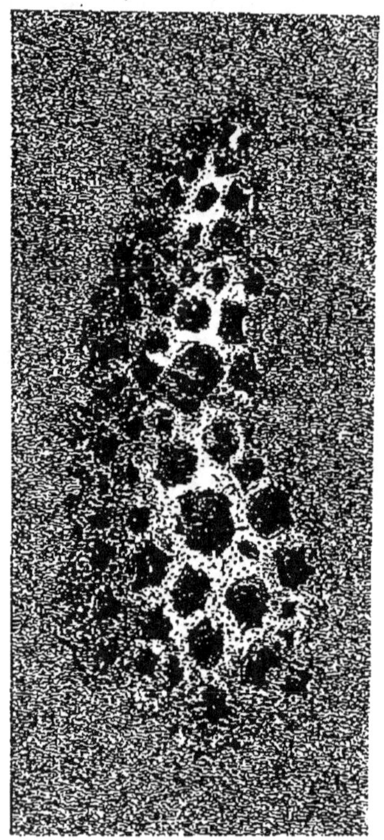

Fig. 177. — Tribu des Globigérinacés.

ganisations microscopiques tendent à prouver que les
débris des Foraminifères constituent en grande partie
les bancs sous-marins qui, par leur accumulation avec
les Polypiers, interrompent les courses des navigateurs,
comblent les ports, ferment les baies et les détroits et
donnent naissance à ces récifs et à ces îles qui s'élèvent

dans les régions chaudes de l'océan Pacifique. » (Mó-
quin-Tandon.)

Les coquilles des Foraminifères se rencontrent très
souvent à l'état fossile ; elles sont accumulées en nombre
incalculable dans diverses formations du globe, principalement dans la craie blanche et dans les couches ter-

Fig. 178. — Tribu des Pâteux. — (*a*, ovulida; *b*, ouverture;
c, grandeur naturelle).

tiaires, où elles ont contribué pour une grande part à la
formation des roches. « Le calcaire grossier des environs
de Paris est, dans certains endroits, tellement rempli de
ces dépouilles qu'un centimètre cube des carrières de
Gentilly, carrières d'une grande épaisseur, en renferme
au moins 20.000, ce qui fait par mètre cube le chiffre
énorme de 20 milliards. Quand nous passons près d'une
maison en démolition ou d'un édifice que l'on construit

et que nous sommes enveloppés par un nuage de poussière qui pénètre dans notre gosier, nous avalons souvent, sans nous en douter, des centaines de ces infiniment petits. Comme tous les édifices de Paris, et une
grande partie des maisons des départements voisins,
sont bâtis avec des pierres extraites des carrières des en-

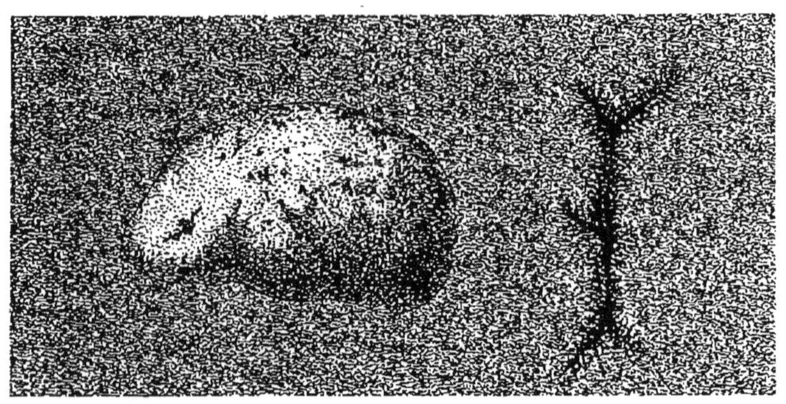

Fig. 179. — Tribu des Vaseux (Mallopola et sarcode dénudé).

virons, il est évident que, sans exagération, la capitale
de la France et beaucoup de villages et de villes envi-
ronnantes sont construits avec des squelettes de Foraminifères. » (Moquin-Tandon.)

Enfin le *tripoli*, si utilisé dans l'industrie, est composé
uniquement de myriades de Rhizopodes dont le test siliceux procure le poli et le brillant aux corps sur lesquels
on l'applique.

Recherche des Foraminifères. — Les Foraminifères proprement dits sont tous marins ; leurs coquilles sont généralement libres ; il en est qui flottent à la surface de la
mer, d'autres qui rampent sur les Algues et les rochers,
d'autres passent toute leur vie à la même place au point

de plier leur coquille à la forme de leur support sans y être réellement fixés, d'autres enfin qui attachent leur coquille aux corps sous-marins ; il en est qui empruntent aux coquilles et aux roches auxquelles ils se sont

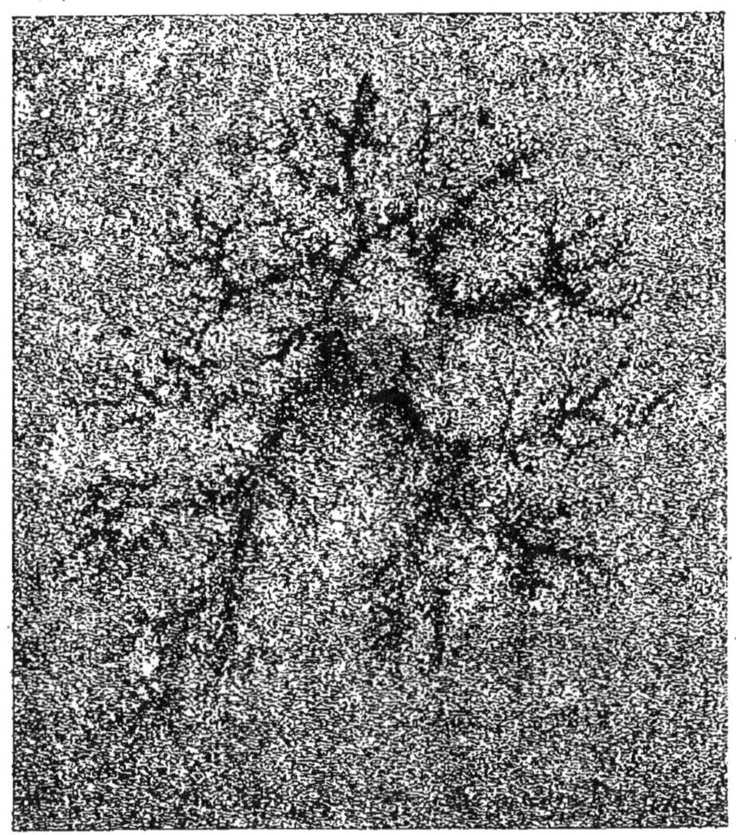

Fig. 180. — Tribu des Nus.

soudés une partie de leur paroi, sans doute pour économiser les matériaux, et ne construisent alors que des demi-loges. On rencontre les Foraminifères dans la vase, le sable provenant du fond de la mer, les rameaux des petites Algues qui croissent au bord de la mer et d'autres détritus marins, tels que le sable produit par le lavage d'une éponge brute. Pour se procurer du sable ou de la vase renfermant des Foraminifères on emploie la drague ; on peut aussi se servir de la sonde que l'on recouvre de suif sur lequel la vase ou le sable s'attache ; enfin on peut recueillir du sable à la marée basse et en emporter un approvisionnement pour y faire des recherches. Voici le procédé indiqué par M. Tempère pour séparer les petites espèces contenues dans la vase des terrains d'alluvion :

« Les terrains d'alluvion à l'embouchure] des fleuves et la vase provenant des sondages contiennent une assez grande quantité d'espèces intéressantes mélées à la masse. La vase que l'on se sera procurée, soit par le sondage, soit à marée basse, devra être bien séchée, puis divisée en petits fragments que l'on placera dans une terrine ; on ajoutera alors assez d'eau

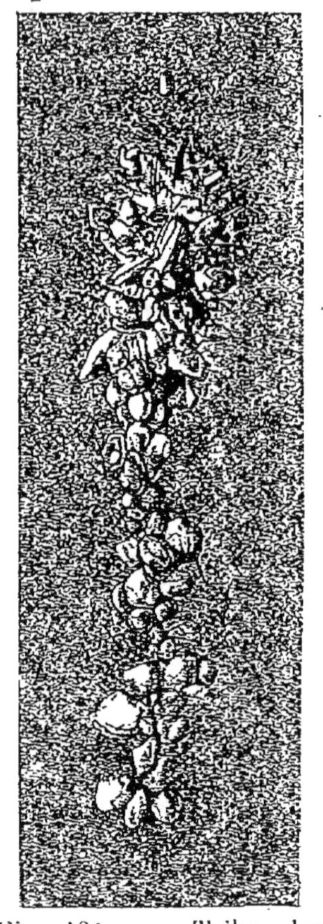

Fig. 181. — Tribu des Demi-Nus.

pour les recouvrir complètement. Aussitôt que la masse se sera suffisamment ramollie, on agitera vivement le tout avec une cuiller ; il se formera alors à la surface et contre les parois du vase une espèce d'écume qu'on enlèvera avec soin après avoir laissé reposer le mélange pendant environ cinq minutes. Cette opération devra être répétée jusqu'à ce qu'il ne se forme plus d'écume. Celle-ci contiendra la plus grande partie des Diatomées et des Foraminifères qui se trouvaient dans la vase ; on la fera bouillir en y ajoutant un peu d'eau afin de chasser l'air et de précipiter la partie dense. Si l'on désire recueillir les Foraminifères, on agitera le tout avec un peu d'eau que l'on décantera aussitôt que ceux-ci, qui sont beaucoup plus lourds que les Diatomées, se seront déposés au fond du vase. »

Les Foraminifères sont faciles à recueillir à l'état fossile : on les trouve en quantité innombrable dans la pierre à bâtir, la craie, la calcaire grossier etc.

Classification des Foraminifères. — Nous divisons ces Rhizopodes en deux sections :

1° PERFORÉS { *Nummulidés.*
{ *Globigérinidés.*

2° IMPERFORÉS { *Miliolidés.*
{ *Gromidés.*

FORAMINIFÈRES PERFORÉS.

FAMILLE DES NUMMULIDÉS.

Cette famille renferme les plus grands de tous les Foraminifères, à coquille solide et à squelette interne dans lequel serpente un système de canaux.

Ces Rhizopodes ont une forme aplatie et discoïde semblable à une pièce de monnaie, ce qui leur a fait donner le nom de *Nummulites*. Les Nummulites sont fossiles et sont désignées vulgairement sous le nom de *Pierres nummismales*. Quelques espèces sont petites, mais d'autres atteignent la taille d'une lentille ; d'autres ont le volume d'une pièce de un franc.

« Ces animaux ont aussi joué un grand rôle à diverses époques géologiques. On les rencontre en quantité prodigieuse dans les terrains secondaires et tertiaires et ils ont tellement abondé parmi les mers qui recouvrirent quelques-uns de nos continents que par leur simple agrégation leurs carapaces calcaires forment d'imposantes montagnes. Les immenses assises des Pyramides d'Égypte sont uniquement formées de Nummulites. Celles-ci ressemblent absolument à des lentilles par la forme et par la taille ; cette coïncidence a donné lieu à d'étranges méprises. Les siècles, en rongeant la surface de ces gigantesques monuments, en ont rassemblé d'énormes masses à leur base où elles entravent la marche des visiteurs. A l'époque de Strabon on prétendait que ces débris n'étaient que des restes de la semence alimentaire abandonnés par les anciens ouvriers, qui s'en nourrissaient, et fossilisés par l'action du temps. » (Pouchet.)

Les différentes espèces de Nummulites : *Nummulites lævigata, distans, planulata,* etc. constituent souvent des assises puissantes désignées sous le nom de *Calcaire nummulitique.* On les trouve dans les Pyrénées, principalement aux environs de Biarritz, et dans le département de la Gironde. Plusieurs espèces de Nummulites sont communes dans le bassin de Paris. La pierre dite de Laon est formée d'un amas de ces Foraminifères.

FAMILLE DES GLOBIGÉRINIDÉS.

Les *Globigérines* ont une coquille hyaline, percée de gros pores, à ouverture simple et en forme de fente. On trouve les restes de leurs coquilles sur des milliers de milles carrés, dans la vase au fond de la mer ; ils s'y trouvent en telles masses qu'ils forment un des principaux éléments de cette vase.

Fig. 182. — Globigériné.

Cette famille comprend les genres *Globigerina* (d'Orb.) (fig. 182), *Orbulina* (d'Orb.), *Spirilina* (Ehr.), *Rotalia* (d'Orb.), *Textularia* (d'Orb.), *Planorbulina* (d'Orb.) etc. Plusieurs espèces de ces genres sont représentées dans le sable de nos côtes.

FORAMINIFÈRES IMPERFORÉS.

FAMILLE DES MILIOLIDÉS.

Les Miliolidés ont une coquille à une ou plusieurs chambres et ayant l'apparence de la porcelaine. Les *Milioles* doivent leur nom à ce que leur volume ne dépasse pas celui d'un grain de millet. Elles étaient tellement nombreuses dans les mers qui baignaient notre continent qu'elles ont formé par leur accumulation des montagnes exploitées aujourd'hui pour la construction de nos villes. La plupart des pierres des maisons de Paris ne sont composées que de petites carapaces de ces Rhizopodes.

« Dujardin a constaté dans les Milioles que lorsqu'un individu veut grimper sur les parois d'un vase, il se compose à l'instant, aux dépens de sa substance, une sorte de pied *provisoire* qui s'allonge et qui fonctionne comme un membre permanent. Puis le besoin satisfait, ce pied temporaire rentre dans la masse commune et se confond avec le corps. » (Moquin-Tandon.)

Cette famille comprend les genres :

Miliola (M. Sch.). — On trouve sur notre littoral de l'Océan les *M. trigonula* (Lam.), *seminulum* (Lam.), *M. oblonga* (Mont.), etc.

Spiroculina (d'Orb.), commune dans les sables de nos côtes.

Alveolina (d'Orb.). — L'*Alveolina cretacea* (d'Orb.) constitue des bancs puissants dans la formation crétacée. L'*A. oblonga* (d'Orb.) est commune dans les terrains éocènes des environs de Paris. *Orbitolités* (d'Orb.), *Peneroplis* (Ficht.), etc.

Chez les *Polystomella* les parois de toutes les chambres sont percées de trous que traversent les prolongements protoplasmiques ; le sable de nos côtes renferme des *Polystomella umbilicata* et *crispa*.

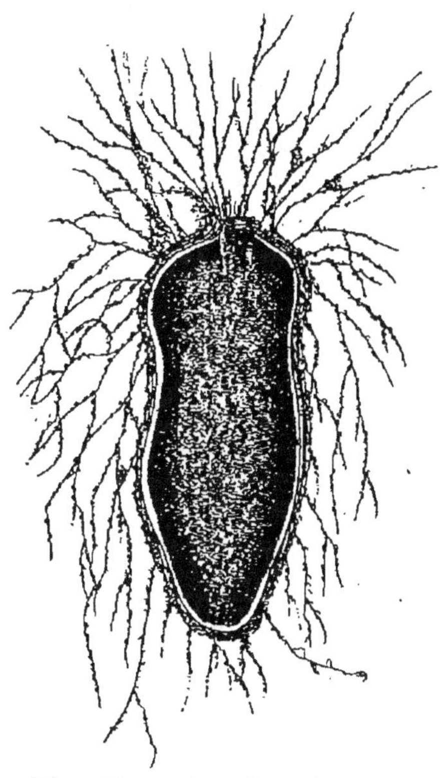

Fig. 183. — Gromia oviformis.

FAMILLE DES GROMIDÉS.

Cette famille est caractérisée par une coquille membraneuse avec une large ouverture, simple ou en forme de crible.

Gromia oviformis (Duj.). — Gromie oviforme.

Cette espèce (fig. 183) vit dans les fonds vaseux. « Si l'on place dans un vase de l'eau et de la vase de mer, après un certain temps de repos complet on voit sortir de la grande ouverture unique qui existe sur la coquille des filaments fins d'une substance incolore, transparente et très finement granulée. » (Schultze.) L'ani-

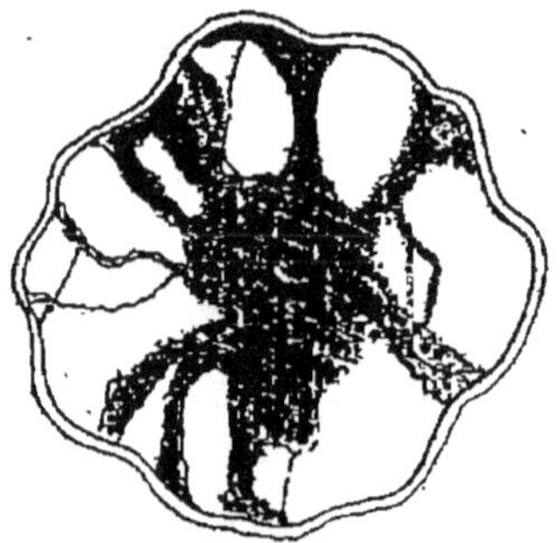

Fig. 184. — Arcella vulgaris.

mal projette successivement un grand nombre de ces filaments et revêt toute la surface externe de la coquille d'un réseau de cette masse mobile.

Arcella vulgaris (Ehr.). — Arcella vulgaire.

Dans cette espèce (fig. 184) la coquille est opaque, brune, à surface chagrinée ; la face ventrale déprimée offre une ouverture centrale circulaire ; la face dorsale est bombée ; l'ensemble a l'aspect d'une petite tabatière très délicate. On trouve l'Arcella dans nos eaux douces.

3e *Ordre*. — LOBULAIRES.

Les Lobulaires, qui ont été aussi désignés par Hœckel sous le nom de *Monères*, sont les animaux dont l'organisme est le plus simple. Leur corps n'est composé que d'une substance fluide, granuleuse, entourée d'une couche périphérique transparente et visqueuse, émettant des pseudopodes digités ou ramifiés.

« Un grumeau de gelée, voilà tout ce que montrent en eux nos plus forts instruments d'optique, nos microscopes les plus perfectionnés.

« Mais cette gelée est vivante ; on la voit à chaque instant changer de forme, s'emparer d'animaux d'ordre élevé, les dissoudre et les incorporer dans sa propre substance. Ce grumeau de gelée grandit et se reproduit ; parfois il est entièrement transparent, entouré de prolongements grêles et de formes variées, d'autres fois sa masse est parsemée de très fines granulations presque toujours entraînées par une sorte de mouvement circulaire désigné sous le nom de *circulation protoplasmique*. » (Perrier.)

Classification des Lobulaires. — On réunit sous le nom général d'*Amibes* les *Actinophryens* et les *Amibiens*.

ACTINOPHRYENS.

Certains naturalistes ont placé ces Rhizopodes dans le groupe des Radiolaires ; ils ont une vésicule contractile et une capsule centrale renfermant de nombreux noyaux.

Le type de ce groupe est l'Actinophrys à petits pieds (*Actinophrys tenuipes* Müll.). Le corps de cette espèce (fig. 185), qui vit dans les eaux douces, n'est qu'une masse protoplasmique émettant tout autour d'elle des pseudopodes très grêles.

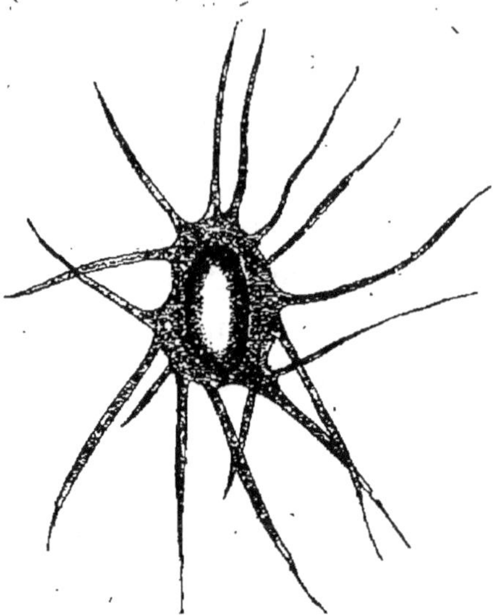

Fig. 185. — Actinophrys tenuipes.

AMIBIENS.

Les Amibes sont les formes les plus simples du groupe des Lobulaires. Leur corps n'est qu'une substance gélatineuse, sans organisation apparente.

« Imaginez-vous une gouttelette de matière, demi-solide, demi-transparente, homogène, douée de mouvement volontaire : elle s'agite dans divers sens, se dilate ou se resserre, adopte les figures les plus irrégulières et les plus inattendues. Quand on place l'animalcule sur le porte-objet d'un microscope, il glisse comme une gouttelette d'huile, se déforme et se reforme. Véritable protée, il est, suivant les moments, circulaire, oblong, échancré, sinueux, lobé, étoilé et même tout à fait rameux. » (Moquin-Tandon.)

On trouve les Amibes non seulement dans les eaux douces et salées, mais encore dans la terre et le sable ;

dans ce dernier cas leur couche extérieure hyaline présente une plus grande consistance. Dans les eaux stagnantes les Amibes absorbent les corpuscules avoisinants, se colorent ainsi et se distendent jusqu'à présenter une largeur de 0 mm 5.

L'espèce la plus connue est l'Amibe diffluente (*Amœba*

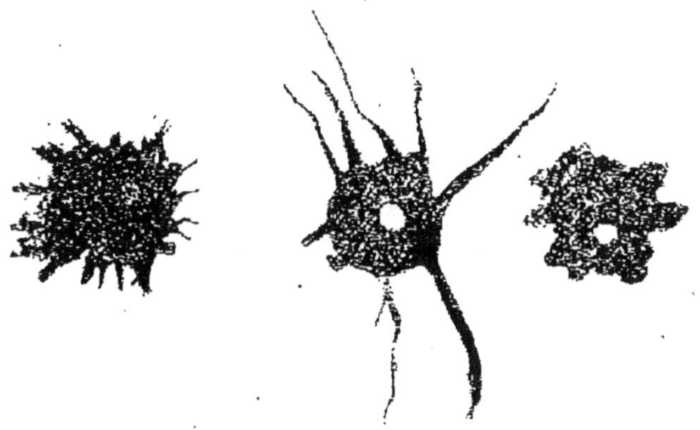

Fig. 186. — Amœba diffluens.

diffluens Clap.) dont le corps nu est remarquable par l'instabilité de ses formes qui se modifient continuellement (fig. 186).

Troisième classe. — GRÉGARINES et SCHIZOMYCÈTES.

Si les Amibes étonnent le naturaliste par la simplicité de leur organisme, les Grégarines et les Schizomycètes le conduisent aux derniers degrés de l'échelle animale ; aussi réunissons-nous ces deux types parce qu'ils établissent une transition entre le règne animal et le règne végétal et qu'ils sont des *êtres intermédiaires*, comme les a nommés M. le professeur Perrier.

GRÉGARINES.

Les Grégarines sont des organismes cellulaires qui vivent en parasites dans le tube digestif et les organes internes d'animaux inférieurs. On les trouve généralement par petits amas (de là leur nom de *Grégarines*) dans les intestins d'Insectes, de Crustacés et dans certains Vers. « Le corps des Grégarines, que l'on a longtemps pris pour des vers intestinaux en voie de développement, est en général vermiforme, mais d'une organisation très simple : une membrane délicate, qui ne présente d'ouverture d'aucune sorte, entoure une masse granuleuse, visqueuse et faiblement contractile, dans laquelle est enfoncé un corps transparent, rond ou ovale, le noyau. » (Claus.)

L'espèce la plus connue, la Grégarine du Spio (*Gregarina Spionis* Kollik), vit dans l'intestin d'un Annélide tubicole, le *Spio calcarea*, qui se creuse un logement en double tube dans les calcaires des côtes de la Manche.

SCHIZOMYCÈTES ou BACTÉRIES.

Ce sont les plus petits de tous les êtres vivants et ils ont également la faculté de se multiplier pour ainsi dire à l'infini. Les Bactéries apparaissent soit comme des cellules rondes ou cylindriques, soit en forme de bâtonnet, de tire-bouchon, ou plus rarement de fuseau. Elles sont toujours très petites : leur diamètre atteint le plus souvent un millième de millimètre. On a donné à ces corpuscules le nom de *cellules*, parce qu'ils s'accroissent et se partagent comme les cellules végétales avec lesquelles leur structure paraît avoir une certaine analogie. La plupart des Bactéries, non seulement quand on les voit au microscope, mais aussi quand elles forment des masses plus visibles, ont un aspect blanc sale ou blanc pur.

Les Bactéries sont en grande partie composées de protoplasma ; ce protoplasma est entouré d'une enveloppe ou membrane cellulaire gélatineuse. Beaucoup de Bactéries sont mobiles quand elles se trouvent dans un liquide ; elles ont quelquefois un mouvement d'oscillation qui les porte, souvent avec vivacité, tantôt en avant, tantôt en arrière.

Lorsque les Bactéries ont atteint dans leur accroissement une certaine grandeur, elles se multiplient par des bipartitions successives. Elles cessent ensuite de s'accroître et de se diviser, et c'est alors que commence la formation des organes de reproduction ou *spores*. « Autant qu'on a pu suivre ce phénomène, il commence par l'apparition dans le protoplasma d'une cellule jusque-là purement végétative, d'un noyau relativement très petit ressemblant d'abord à un point. Ce noyau grossit et se montre bientôt sous la forme d'un corpuscule rond ou allongé qui atteint très vite, souvent dans l'espace de quelques heures, sa grosseur définitive et qui forme dès lors une spore. » (De Bary.)

Les Bactéries de forme ronde portent aujourd'hui les noms de *Microcoques* ou *Macrocoques* suivant leur grosseur, de *Diplocoques* quand on les trouve encore réunies, au moment où elles sont en train de se diviser. Les anciens auteurs les rangeaient parmi les Monades.

Les Bactéries droites ont reçu le nom de *Bâtonnets* ou de *Bacilles* ; les formes en tire-bouchon portent le nom de *Spirillum* et de *Spirochæte*. Les formes intermédiaires, contournées dans une partie seulement de leur spire, ont été décrites par Cohn sous le nom de *Vibrions*.

A côté des types précédents on rencontre aussi toute une série de groupements ou d'agrégats ; les masses un peu volumineuses et compactes sont désignées aujourd'hui sous le nom de *zooglées*.

Recherche des Bactéries. — Les Bactéries se rencontrent partout, dans l'air aussi bien que dans l'eau ; mais elles ne se développent en masses que lorsque la matière organisée se décompose et lorsqu'elle devient le siège d'une fermentation. Elles exercent sur l'Homme et les animaux une action des plus fatales : ainsi l'Homme, qui soumet tous les animaux à sa domination, est terrassé à son tour par les animalcules les plus infimes qui pénètrent dans ses organes et y causent des maladies qui amènent souvent sa mort !

M. Miquel, qui a fait des observations régulières sur l'air recueilli au sud de Paris, dans l'intérieur du Parc Montsouris, a constaté que l'air relativement pur de cette partie de la banlieue, tient en suspension de 150 à 1000 germes vivants par mètre cube. Dans une salle d'hôpital, au centre de la capitale, chaque mètre cube d'air en renferme 5,000 et jusqu'à 30,000 suivant la saison. Les fermentations proprement dites sont aussi dues à des Bactéries ; toutes les substances qui font partie de notre alimentation ne peuvent se conserver que peu de jours ; elles fermentent, se gâtent, mais ces décompositions ne se produisent pas sans que la matière soit remplie d'un nombre incommensurable de Microbes. Comment ces légions d'animalcules ont-elles pénétré dans un liquide dépourvu de tout germe étranger, tel que du lait ou du bouillon ? On avait d'abord admis que ces corpuscules naissaient de la décomposition : c'était la théorie de la *génération spontanée*. Un des plus grands mérites de M. Pasteur est d'avoir réfuté un à un tous les arguments de cette théorie et d'avoir prouvé que les fermentations sont produites par les Microbes et que ceux-ci dérivent tous, par une propagation extraordinairement rapide, de quelques germes apportés par l'air ou restés adhérents aux vases dans lesquels on a placé les liquides fermentescibles.

Mais, pour étudier ces corpuscules, il fallait trouver un procédé pour les recueillir. La méthode de M. Pasteur pour reconnaître la présence des germes dans l'air consiste à faire arriver l'air à l'aide d'un aspirateur et à le faire passer dans un tube fermé par un épais bouchon de fulmicoton ; le fulmicoton laisse un libre passage à l'air qui se débarrasse en même temps des parties solides et, en particulier, des germes qu'il tient en suspension.

Le procédé de M. Koch consiste à faire passer l'air à l'aide d'un aspirateur dans des tubes de verre qu'on a enduits à l'intérieur d'une mince couche de gélatine ; les germes contenus dans l'air viennent en grande partie tomber sur la gélatine et s'y fixer pour se développer ensuite ; on obtient ainsi une *culture*. C'est au moyen des cultures que l'on peut acquérir la certitude qu'une Bactérie est dangereuse ou inoffensive pour l'organisme de l'Homme et des animaux.

Pour s'assurer qu'une Bactérie donnée est l'agent principal d'une maladie, il faut arriver à des résultats précis par des expériences bien faites ; pour cela il faut séparer tout d'abord l'organisme pathogène et l'obtenir avec la plus grande pureté ; puis on l'inoculera à cet état à un animal, auquel il devra communiquer la maladie que l'on étudie ; le tout devra être suivi du contrôle le plus rigoureux et de la critique sérieuse des résultats obtenus.

Pour les cultures on emploie ordinairement des produits formés par les animaux ou les plantes, comme de l'extrait de viande, des bouillons, des décoctions de fruits. Mais avant d'y introduire la Bactérie à étudier, il faut maintenir le liquide de culture à l'abri de tout germe ou faire périr tous ceux qui ont pu s'y introduire ; on dit alors que le liquide est *stérilisé.*

Le procédé le plus pratique pour obtenir la stérilisation consiste dans l'emploi d'une température extrêmement élevée qui peut atteindre 150°. quand il s'agit de la destruction des spores. Les bouillons stérilisés sont ensuite ensemencés avec des parcelles homœopathiques de substances contenant les microbes à étudier et l'on obtient des cultures qui renferment l'espèce intéressante à l'exclusion de toute autre.

Pour détruire les Bactéries nos vêtements ne pourraient supporter une chaleur aussi élevée que celle employée pour la stérilisation des liquides, mais M. Koch a découvert que les germes ne résistent pas à l'action d'un courant continu de vapeur d'eau à la température de 100 degrés.

On peut obtenir également la destruction des germes par l'emploi des désinfectants et principalement par l'usage des *antiseptiques.* Les travaux de M. Koch ont montré que, parmi les désinfectants et les antiseptiques connus, le bichlorure de mercure, le chlore et le brome sont les seules substances qui détruisent complètement les germes.

Mais si la plupart des maladies contagieuses sont causées par des Microbes, ces maladies ne récidivent dans le même organisme qu'à de longs intervalles. « Les personnes et les animaux qui en ont éprouvé une forme bénigne sont protégés contre de plus graves atteintes. C'est là le principe de la vaccine qui n'est, en somme, probablement qu'une variole sans gravité. Par une admirable généralisation, qui est l'une des plus grandes découvertes de la médecine moderne, M. Pasteur a prouvé que les propriétés virulentes d'un certain nombre de Microbes, ordinairement mortels, pouvaient être atténuées artificiellement au point que ces Microbes deviennent de véritables vaccins propres à préserver des suites de l'invasion de leurs analogues non modifiés. » (Perrier.)

Classification des Bactéries. — On admet dans les Bactéries deux divisions : on nomme *Saprophytes* les espèces qui se nourrissent aux dépens des substances mortes et *Parasites* celles qui habitent dans l'intérieur des êtres vivants ou à leur surface et qui, dans tous les cas, vivent à leurs dépens.

Le cadre de cet ouvrage ne nous permet pas d'indiquer toutes les Bactéries qui ont été observées en France ; nous citons les plus connues en renvoyant le lecteur aux ouvrages spéciaux de Médecine et de Bactériologie.

BACTÉRIES SAPROPHYTES.

Crenothrix Kühniana (Zopf.). — Cette espèce se présente sous forme de filaments dont l'une des extrémités se fixe aux corps étrangers; elle est répandue dans les eaux de toute provenance et même dans les eaux d'infiltration jusqu'à une profondeur de vingt mètres. Dans les réservoirs ses filaments s'étendent en couches qui peuvent avoir plusieurs pieds d'épaisseur; l'eau est ainsi rendue impropre à l'usage domestique; il n'est guère possible de la boire, bien que la *Crenothrix* ne semble pas avoir d'effet directement nuisible à la santé de l'Homme.

Cladothrix dichotoma (Cohn). — On la rencontre dans les eaux d'égout, les détritus d'usines et dans les ruisseaux, sur les bords desquels elle forme de longues traînées floconneuses d'un gris blanchâtre.

Beggiatoa alba (Cohn), espèce très répandue dans les eaux stagnantes, les eaux d'égout et les sources thermales. Les diverses espèces de *Beggiatoa* vivent sur les débris d'organismes et principalement sur les plantes en décomposition et préfèrent, pour ce motif, le fond des eaux où les détritus abondent.

Leuconostoc mesenteroïdes (Van Tiégh.). — Cette Bactérie, connue sous le nom de *gomme de sucrerie*, produit une fermentation dans les sucres; elle est capable de transformer, dans un temps très court, des cuves entières de jus de betteraves en une masse gélatineuse compacte, dont la formation est une cause de pertes considérables dans les sucreries.

Micrococcus prodigiosus (Cohn). — Ce Micrococcus produit le singulier phénomène des *taches de sang* que l'on observe sur les substances riches en amidon, comme les pommes de terre, le pain, le riz, les hosties. On voit apparaître subitement des taches humides d'un rouge de sang qui ont donné lieu à des superstitions de toutes sortes. Cette Bactérie peut être desséchée et rester néanmoins vivante pendant des mois entiers.

Micrococcus aceti (Cohn).—On sait que dans tout liquide nutritif acide contenant une certaine proportion d'alcool et exposé à l'air à une température un peu élevée il se forme du vinaigre; le liquide se trouble en même temps et sa surface se couvre d'un voile mince, incolore, augmentant peu à peu d'épaisseur; ce voile est formé d'un organisme auquel on a donné les noms de *mère de vinaigre*, de *fleurs de vinaigre* et qui est le *Micrococcus aceti*. Il y a trente ans que M. Pasteur a démontré que cette Bactérie, qu'il nommait *Mycoderma aceti*, vit aux dépens des composés organiques et minéraux contenus dans le liquide et que l'alcool est transformé en acide acétique après absorption de l'oxygène de l'air.

Micrococcus ureæ (Cohn). — Le Micrococcus de l'urée est l'agent principal de la décomposition de l'urine de l'Homme et des Carnivores exposée à l'air.

Micrococcus lacticus (Van Tiégh.)—Parmi les nombreuses Bactéries qui se trouvent dans le lait c'est le *Micrococcus lacticus* qui se développe le premier à une basse température. « Dans les étables les vases employés pour recueillir le lait sont à tel point infestés des germes du *M. lacticus* que ce dernier existe toujours dans un milieu propre à son développement; c'est là qu'il faut chercher la cause de l'altération du lait, due à une fermentation lactique agissant sur le sucre contenu dans le lait. » (De Bary.)

La cuisson le tue en épargnant les spores du Bacille de l'acide butyrique, le *Bacillus amylobacter*, qui se trouve également dans le lait. C'est alors que ce dernier y pro-

duit une fermentation qui donne au lait un goût d'a-
mertune.

Bacillus amylobacter (Van Tiégh.).— Ce Bacille qui contribue, comme nous l'avons déjà dit, à la décomposition
du lait, se présente en forme de bâtonnets étroits, cylindriques, réunis le plus souvent en filaments courts et
ordinairement très mobiles. Il joue un rôle important
dans l'économie domestique en produisant, en grande
partie, la fermentation du fromage et en achevant sa
préparation nécessaire avant qu'il ne soit prêt pour l'u-
sage de la table.

Bacterium termo (Cohn). — Ce Bacille est le ferment ordinaire des matières albuminoïdes. M. Cohn
affirme qu'il est le premier agent de la putréfaction et
qu'aucune putréfaction ne commence sans le concours
du *Bacterium termo* et ne se continue sans amener la multiplication de cet organisme.

BACTÉRIES PARASITES

Sarcina ventriculi (Goodsir). — Cette espèce est composée de cellules arrondies, réunies en masses ayant à
peu près la forme d'un cube ; ces cellules sont rangées
en assises régulières et agglutinées par une membrane
gélatineuse. On trouve cette espèce dans l'estomac des
Ruminants, où son développement ne paraît pas donner
naissance à une maladie quelconque.

Leptothrix buccalis (Robin). — « En prenant un peu de
salive sur une dent on voit que la matière légèrement
visqueuse qu'elle contient est en grande partie formée
par un organisme particulier désigné par Robin sous le
nom de *Leptothrix buccalis*. Ce sont des filaments longs,

volumineux, roides, réunis en faisceaux épais. » (De Bary.) — En ajoutant un peu de liquide pour délayer la salive visqueuse que l'on observe on y découvre une autre Bactérie : le *Spirochæte buccalis* ou *dentium*, formé de filaments très ténus, contournés en spirale et quelquefois animés d'un léger mouvement de rotation. M. Miller attribue la carie des dents à la présence de ces organismes qui pénétreraient dans la pulpe sur un point où l'émail aurait été enlevé.

Bacillus anthracis (Cohn). — Ce Bacille occasionne la maladie connue sous les noms de *Charbon, Anthrax*, ou *Sang de rate*, qui attaque de préférence les Mammifères et principalement les Herbivores, les Ruminants et les Rongeurs. Il est composé de cellules cylindriques qui, dans le sang des animaux, forment des bâtonnets droits et assez courts.

« Si l'on examine le sang d'un animal charbonneux aussitôt ou peu de temps après sa mort, on le trouve rempli de bâtonnets du *Bacillus anthracis*. Chez les gros animaux, tels que les Bœufs, leur nombre paraît être assez variable suivant les cas. On en trouve toujours dans les capillaires des organes internes, en particulier dans la rate. Chez les Cobayes toute la masse sanguine est bourrée de bâtonnets ; les petits vaisseaux et les capillaires du foie, de la rate surtout, en renferment en abondance. Tels sont les faits que l'on observe quand on examine un animal charbonneux peu de temps après la mort. Plus tard, lorsque la rigidité cadavérique a disparu, il en est autrement : on peut prendre du sang dans les gros vaisseaux, dans le cœur même, en quantité considérable, sans y trouver un seul bâtonnet ; on en trouve cependant dans les caillots où ils sont parfois agglutinés en masse. » (De Bary.)

C'est un fait acquis aujourd'hui que le Charbon, par inoculation ou par blessure, peut être occasionné en introduisant dans l'organisme des spores ou des bâtonnets vivants du *Bacillus anthracis* qui s'y multiplient et pénètrent dans le sang. A mesure que leur nombre augmente la maladie fait des progrès rapides et se termine ordinairement par la mort.

Une grave objection a été faite à la théorie de M. Pasteur sur la dissémination de la Bactérie charbonneuse ; on sait que certaines contrées sont décimées par la maladie du sang de rate. M. Pasteur, après un examen minutieux des contrées infectées, avait remarqué que les Moutons paissant à certaines places étaient pris en grande proportion et que c'étaient des places où des animaux charbonneux avaient été enfouis. L'examen microscopique de l'herbe et du sol y a fait découvrir de nombreuses Bactéries et des germes mangés par les Moutons. Or on sait que si leur ingestion est le plus souvent innocente, il n'en est plus de même lorsqu'à l'herbe contaminée on ajoute des pointes de chardons qui produisent de petites blessures de la muqueuse buccale à travers lesquelles l'ennemi pénètre dans la place. C'est ce qui arrive aux Moutons qui vont toujours flairant le sol et mâchant avec l'herbe des corps plus durs. M. Colin, d'Alfort, n'avait trouvé dans le sol ni Bactéries ni germes : comment y en aurait-il, puisque la putréfaction fait périr la Bactérie, et comment cette Bactérie pourrait-elle arriver à la surface du sol, puisqu'il lui faudrait traverser une couche de deux mètres d'é-

paisseur, profondeur à laquelle sont enfouis les cadavres d'animaux charbonneux? M. Pasteur a prouvé que
si les germes ne sont pas faciles à trouver dans le sol,
la putréfaction qui tue les Bactéries n'a aucune action
sur les germes. Après l'enfouissement d'un animal charbonneux les Bactéries arrivent à la surface du sol par
un service de facteurs bien organisé ; elles se résolvent
en germes indestructibles qui sont absorbés par les vers
de terre qui les apportent à la surface et les y déposent
dans leurs excréments ; la pluie, le vent, la culture les
disséminent et les Moutons les mangent. L'examen des
vers de terre et de leurs excréments a fait toujours
trouver de nombreux germes cultivables. Cette découverte de M. Pasteur a reçu une éclatante consécration par
les recherches faites ultérieurement par la Société générale de Médecine vétérinaire de Paris. On peut en conclure
que l'enfouissement des bêtes charbonneuses est une
mesure insuffisante ; s'il préserve l'Homme de la conta-
gion, il est au contraire une cause de propagation de la
maladie aux animaux; la crémation est donc le seul
moyen de destruction de ces Bactéries et de leurs
germes.

Microbe du Choléra des Poules. — La maladie connue
tous ce nom attaque de préférence la volaille des basses-
cours ; les symptômes caractéristiques sont un état d'a-
hurissement profond et de sommeil prolongé ; l'animal
repose à terre les yeux fermés, les plumes hérissées,
immobile et insensible ; cet état se complique souvent
d'inflammations et d'ulcérations profondes de l'intestin. Le Microcoque de cette maladie se reconnaît à
l'autopsie des animaux par la présence d'une grande

quantité de petites cellules rondes dans le sang, dans les abcès, dans la muqueuse intestinale.

Microbe de la fièvre récurrente ou typhus. — L'agent de cette maladie, qui est contagieuse et se communique par le contact d'objets ayant servi au malade, est un Bacille en spirale : le *Spirochæte Obermeieri*. Pendant la durée de la fièvre le sang du malade, qui est alors d'un rouge noirâtre, contient un grand nombre de ces Bacilles qui disparaissent en même temps que la fièvre.

Microbe de la tuberculose. — C'est à M. Koch que l'on doit la découverte du Bacille de la tuberculose, maladie ainsi nommée parce qu'elle est caractérisée par la formation de tubercules dans le tissu de l'organe où se développe le Bacille. La tuberculose la plus connue est celle qui a son siège dans le poumon et que l'on nomme *phtisie* ; les tubercules qui se forment, surtout au commencement de la maladie, contiennent un Bacille en forme de bâtonnet étroit, souvent un peu arqué ou tordu.

Microbe de l'érysipèle. — C'est un *Micrococcus* qui pénètre dans les vaisseaux lymphatiques de la peau et produit cette maladie bien connue.

Microbe du Rouget des porcs. — M. Pasteur a reconnu que le *Rouget* est produit par un Microbe spécial très ténu, en forme de 8 et se rapprochant de celui des Poules.

On n'a pas de données très exactes sur les Bactéries qui paraissent être la cause de la fièvre typhoïde, de la diphtérie et du choléra chez l'Homme. M. Koch, qui a étudié un Bacille qu'il a trouvé dans l'intestin des cholériques, lui attribue la cause de cette maladie ; cet organisme est devenu populaire sous le nom de *Bacille-virgule*. Toutefois il est nécessaire que des recherches nouvelles viennent contrôler les observations faites jusqu'à ce jour relativement à certains Bacilles.

Enfin les Bactéries peuvent provoquer des maladies même chez les Insectes : la maladie des vers à soie connue sous le nom de *Flacherie* est due, d'après M. Pasteur, à l'action simultanée d'un Bacille et d'un Micrococoque (*Micrococcus Bombycis* Cohn) qui est avalé par les vers avec les aliments. « Les vers deviennent paresseux, lourds, perdent l'appétit, sont mous et meurent assez rapidement. Leurs cadavres, sans consistance, sont colorés en brun sombre ou en brun sale et tombent vite en pourriture, en prenant l'aspect d'une masse puante et informe, sous l'action des Bactéries de la putréfaction qui les envahissent aussitôt ! » (Le Bary.)

Nous terminons le chapitre des Protozoaires en citant pour mémoire les *Myxomycètes* que Claus et quelques zoologistes ont admis parmi les Protozoaires, mais qui sont revendiqués généralement par les Botanistes. Ce sont en réalité des Champignons muqueux, dont l'espèce la plus connue est la *Tannée fleurie* ou *fleur de tan* (*Fuligo septica*), qui forme à la surface du tan des masses gélatineuses semblables à du jaune d'œuf vivement coloré. Avec les Myxomycètes nous passons insensiblement du règne animal au règne végétal.

TABLE GÉNÉRALE

TABLE ALPHABÉTIQUE

ÉCHINODERMES

CŒLENTÉRÉS

SPONGIAIRES

PROTOZOAIRES

PARIS. — IMPRIMERIE F. LEVÉ, RUE CASSETTE, 17.

INSTRUMENTS
POUR LA RECHERCHE ET LA PRÉPARATION
DES CŒLENTÉRÉS, ÉCHINODERMES, ETC.

Extrait
du Catalogue général de la Maison Émile DEYROLLE
LES FILS D'ÉMILE DEYROLLE, Naturalistes, Successeurs

46, RUE DU BAC. PARIS.

Aiguilles droites montées pour dissection (fig. 1)................ 1 50
— courbes (fig. 2)................................ 1 50

Fig. 1.

Fig.

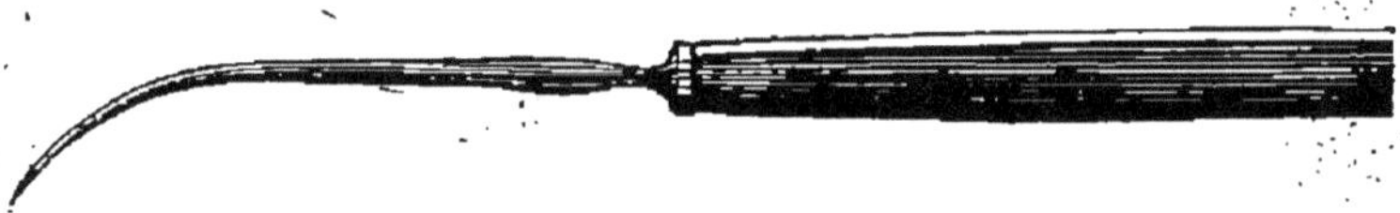

Baume du Canada, pour les préparations microscopiques, le
flacon... 0 75
Bitume de Judée, pour les préparations microscopiques, le
flacon... 0 90

Fig. 3.

Boîte à épingles (fig. 3) en acajou, pouvant contenir six grosseurs
sans que les épingles puissent se mélanger, même en voyage.. 1 75
La même avec 500 épingles nickel assorties................ 3 25
La même avec 500 épingles ordinaires assorties............ 2 50
La même avec 1,000 épingles nickel assorties............. 4 50
La même avec 1,000 épingles ordinaires assorties.......... 3 25
Boîtes en acajou pour préparations microscopiques posées à plat :
Pour 12 préparations.... 4 » | Pour 72 préparations..... 7 50
— 24 — .... 4 50 | — 144 — ... 12 »
— 36 — ... 5 50 |

LES FILS D'ÉMILE DEYROLLE, NATURALISTES
46, rue du Bac, PARIS.

Ciment-lut pour luter les bocaux à pieds à disques obturateurs en verre, flacons à bouchons en liège, donnant une fermeture hermétique. Les 250 gr., 3 fr. 50; les 500 gr., 6 fr.; le kilo......... 11

Pour l'emploi, on fait chauffer dans un récipient en cuivre étamé ou en fer émaillé *Le Ciment Lut*; dès qu'il est liquide, on l'applique avec un pinceau sur le verre, puis on fait chauffer légèrement le disque obturateur en verre, que l'on applique ensuite sur le ciment-lut, la fermeture est immédiate. On peut de même rendre hermétique la fermeture avec les bouchons en liège en recouvrant ceux-ci d'une couche de ciment-lut; dans toutes ces opérations on doit avoir soin de ne procéder que sur des parties bien sèches.

Ciseaux droits fixes pour dissection.......................... 2 50

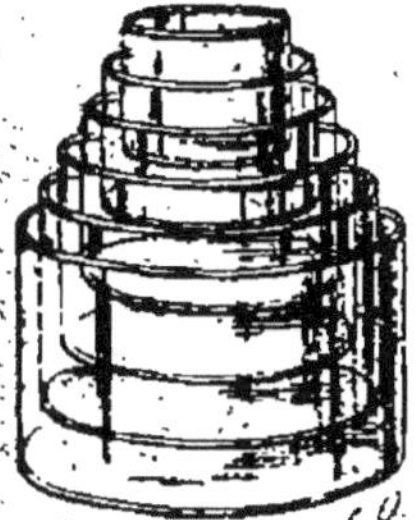

Fig. 4

Cristallisoirs en verre (fig. 4) :

De 40 millimètres de diamètre			0 30
50	—	—	0 40
65	—	—	0 55
70	—	—	0 65
80	—	—	0 75
105	—	—	1 »

Cuvettes de dissection en verre à fond liégé (fig. 5).

De 60 millimètres de diam.			0 75
80	—	—	0 90
90	—	—	1 10
100	—	—	1 20
110	—	—	1 25
120	—	—	1 50
140	—	—	1 75
160	—	—	2 »
180	—	—	2 20
200	—	—	2 40
220	—	—	2 60
240	—	—	3 »
260	—	—	5 25
280	—	—	6 »
300	—	—	7 »

Fig. 5.

Drague (fig. 6) pour recueillir au fond de la mer les coquilles, coraux, etc. Nous pouvons construire des dragues de toutes dimensions et de tous genres.

Nous prions les personnes désireuses de nous demander des modèles spéciaux de nous envoyer des croquis ou dessins avec tous les renseignements; nous pouvons avant l'exécution, adresser les plans avec prix approximatifs :

Petit modèle 0.75 × 0.30.. 40 »
Grand — 0.95 × 0.35.. 70 »

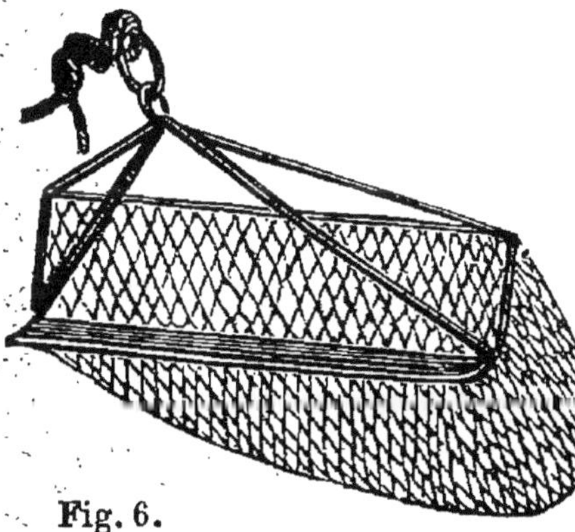

Fig. 6.

Boîtes cartonnage à rainures pour préparations microscopiques :

Pour 6 préparations........ 0 50 | Pour 18 préparations........ 1 »
— 12 — .... 0 75 | — 24 — 1 25

Boîtes en bois blanc à rainures pour préparations microscopiques, pour 50 préparations placées dos à dos, soit 25 rainures de chaque côté... 2 »

Bocaux ronds (fig. 7) avec pieds, pour collections de Vers conservés dans l'alcool ou autre liquide conservateur :

Hauteur en centimètres	Diamètres en centimètres		
	3 cent.	4 cent.	5 cent.
50	1.40	1.75	2 »
45	1.10	1.35	1 75
40	1 »	1.20	1.60
35	» 85	1 »	1.25
30	» 75	» 90	1 05
25	» 60	» 65	» 85
20	» 50	» 55	» 75
15	» 40	» 45	» 55
10	» 30	» 35	» 45
	6 cent.	7 cent.	8 cent.
50	2.20	2.60	3.25
45	2.05	2.45	3 »
40	1.90	2.10	2.75
35	1.55	1.85	2 »
30	1.20	1.45	1.75
25	1 »	1.20	1.55
20	» 85	1.05	1.35
15	» 65	» 90	1 »
10	» 55	» 65	» 85

Fig. 7.

Ces bocaux se bouchent à l'aide de disques en verre, rodés d'un côté; on obtient l'adhérence complète et une fermeture absolument hermétique de ce disque sur le bord supérieur des bocaux également rodés à l'aide du **Ciment-Lut.**

Le prix des disques ajustés est de 0.20 cent. pièce.

Capsule (fig. 8) forme verre de montre avec boc.

De 40 millimètres de diamètre........... » 30
50 — — .... » 40
65 — — .... » 55
70 — — .... » 65
80 — — .... » 75
100 — — .... 1 »

Fig. 8.

Epingles longues perfectionnées, fabrication française, de 36 à 42 millimètrss de longueur :

Nº 1, le cent » 25 ; le mille..........................	2 25
» 2, — » 25 : —	2 »
» 3, 4, 5, 6, 7, 8, 9, le cent » 20 ; le mille............	1 75
» 10, le cent » 25 ; le mille........................	2 »

Epingles frbrication supérieure d'Autriche, de 36 millimètres de longueur (les numéros 1 et 2 ne se vendent que par 500) noires ou blanches :

Nº 1, 2, le mille 4 » ; les 500......................	2 20
» 3, — 3 50 ; le cent.........................	» 45
» 4, — 3 25 ; —	» 40
» 5, 6, 7, 8, le mille 3 » ; le cent...................	» 40

Epingles nickel, de 36 à 42 miliimètres de longueur :

Nº 1, 2, 3, 4, le mille...........................	3 25
» 5, 6, —	3 50
» 7, 8, —	3 75
» 9, 10 —	4 »

Fig. 9.

Filet troubleau (fig.   , fort cercle en fer plat, poche en toile claire avec canne en rotin d'environ 1 m. 40 et virole à l'extrémité......................... 11 50

Le même, avec pique en fer à l'extrémité............................ 14 »

Les pièces séparées se vendent :

Canne sans douille.....................	2 »
Douille seule.........................	2 50
Cercle sans poche.....................	5 »
Poche seule..........................	2 »
Pique...............................	2 50
Virole...............................	» 25

Glycérine, le litre 5 fr. ; le flacon........................... 1 »

Lames pour préparations microscopiques (format 76 × 26), le cent, 6 »

Lamelles couvre-objets, le cent de 2 25 à................... 6 »

Loupes diverses de 2 francs à............................ 15 »

Loupes sur pied porte-doublets, sans les doublets......... 15 »

Doublets pour loupe sur pied, 7 », 9 », 10 » et........ 14 »

Outils pour dissections et préparations microscopiques : ces petits instruments de précision sont montés sur manches en ivoire ou ébène.

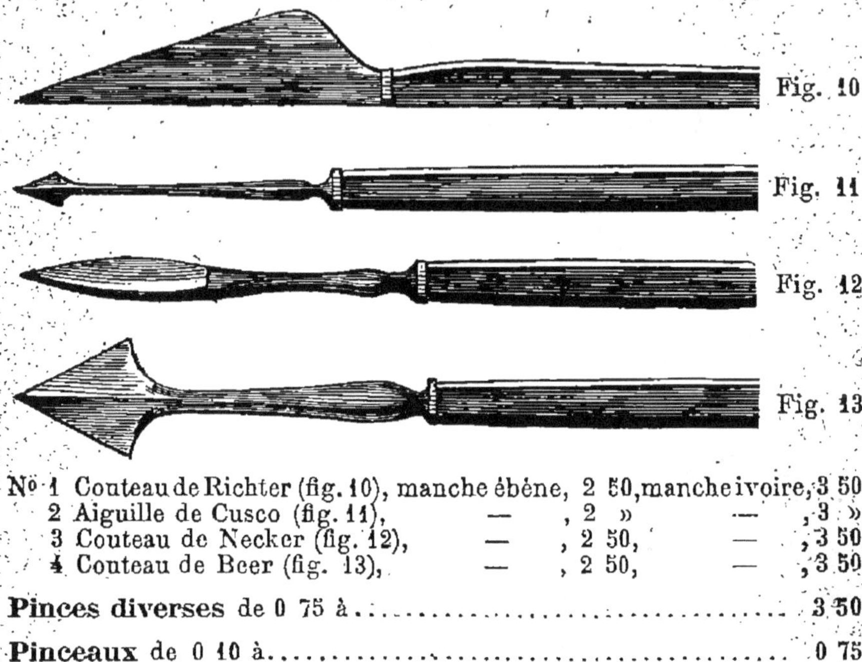

Fig. 10

Fig. 11

Fig. 12

Fig. 13

N° 1 Couteau de Richter (fig. 10), manche ébène, 2 50, manche ivoire, 3 50
  2 Aiguille de Cusco (fig. 11),   —   , 2 »   —   , 3 »
  3 Couteau de Necker (fig. 12),   —   , 2 50,   —   , 3 50
  4 Couteau de Beer (fig. 13),   —   , 2 50,   —   , 3 50

Pinces diverses de 0 75 à.................................. 3 50

Pinceaux de 0 10 à.................................. 0 75

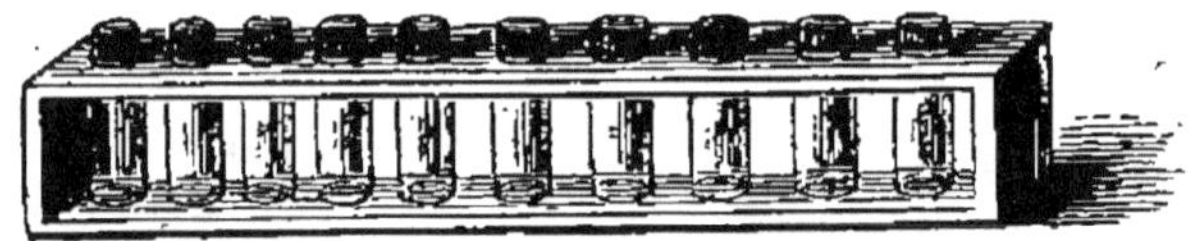

Fig. 14

Porte-tubes (fig. 14) en chêne pour collections de Vers.

Pour les collections d'objets qui doivent être conservés dans les tubes, nous fabriquerons dans nos ateliers, aux meilleures conditions, tous les modèles qui nous seront demandés.

Dimensions des tubes en millimètres	Prix des portes-tubes pour					
	10 tubes		20 tubes		30 tubes	
	sans tubes	avec tubes	sans tubes	avec tubes	sans tubes	avec tubes
40 × 17	1.75	2.55	3 »	4.60	3.45	5.85
70 × 13	1.85	2.55	3.30	4.70	3.75	5.85
80 × 16	1.90	2.90	3.40	5.40	3.95	6.95
100 × 18	2. »	3.70	3.50	6.90	4. »	9.10
12. × 22	2.20	3.40	3.75	8.15	4.50	11.10

Porte-tubes (fig. 15) en fil de fer, monté sur planchette en chêne ciré, maintenant les tubes dans la position verticale :

Petit modèle ...... » 15
Modèle moyen ..... » 20
Grand modèle ..... » 25

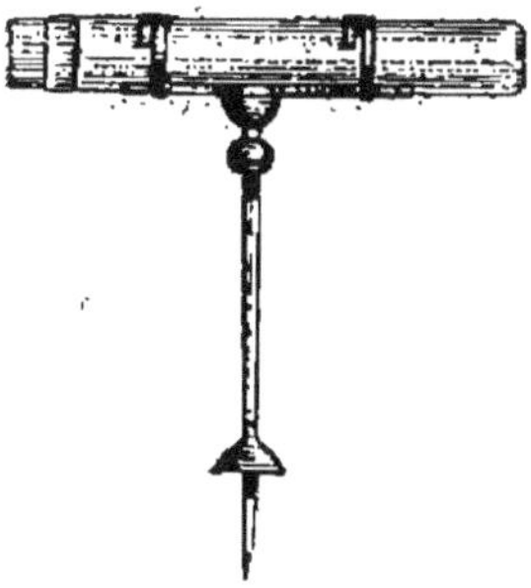

Porte-tubes (fig. 16) en cuivre pour tenir les tubes en verre dans la position horizontale :

Fig. 15

Fig. 16

Le cent .... 40 »
La pièce .... » 50
Scalpels (fig. 17 à 20) petit modèle 1 25

Fig. 17

Fig. 18

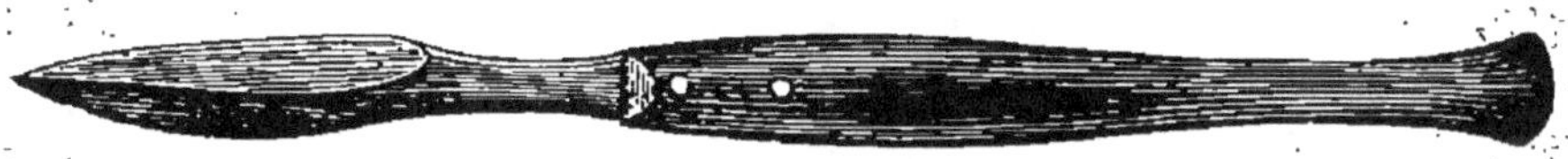

Fig. 19

Fig. 20

Scalpels (fig. 17 à 20) lame fixe manche ébène, modèle ordinaire
1 ou 2 tranchants .... 1 »
Les mêmes grand modèle, 1 ou 2 tranchants 1 20
Scalpels-pliants avec arrêt à ressort 2 50
— sans arrêt .... 2 »

Fig 21

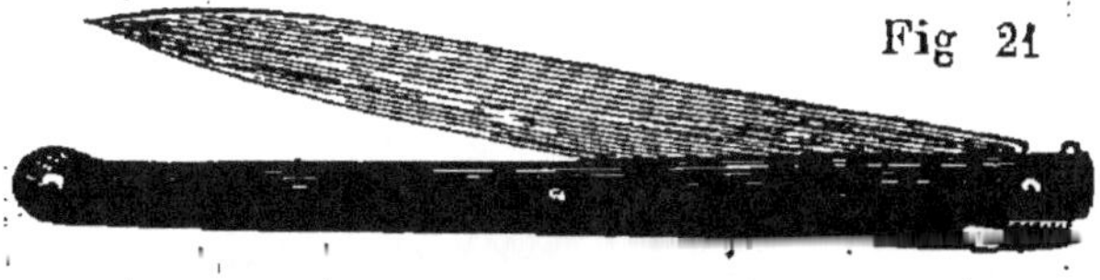

Fig. 21

Scalpels à coulisse (fig. 21) .... 3 »
Scalpels lancette .... 1 »

Seringues à injections fines avec deux canules-aiguilles creuses,
le tout renfermé dans une boîte en gainerie (contenance 1 gr. 10 »
Contenance 2 grammes....................................... 15 »

Seringues à injections ordinaires, avec une canule.

N° 1, contenance 15 grammes........................... 8 »
2, — 20 — .... 10 »
3, — 60 — .... 15 »
4, — 120 — .... 20 »

Canules de différents calibres pour seringues à injections, n°s 1 et 2,
chaque... 1 75

Canules de différents calibres à oreilles pour seringues à injections
n°s 3 et 4, chaque..................................... 3 25

Trousse de micrographie dans une boîte en gainerie. contenant les
instruments indispensables à tout étudiant micrographe.

Comprenant :

1 microtome.	1 aiguille droite.
1 tranchoir.	1 aiguille courbe.
2 pinces.	1 couteau de Ritchter.
1 paire de ciseaux pour dissec-tions fines.	1 — de Beer.
	1 aiguille de Cusco.

Prix : 50 francs.

Trousses de tubes en forme de portefeuille, avec fermoirs en mail-
lechort, contenant :

24 tubes de 50 millimètres de haut. 9 millimètres de diamètre. 9 »
12 — 50 — — 9 — — 7 »
6 — 40 — — 17 — — 6 »
12 — 40 — — 17 — — 8 »

Tubes en verre, bouchés. La douzaine assortie............... 1 25

Tubes en verre, avec bouchon en liége fin, à fond plat ou à fond rond.

Long. 35 mil. de diam., 10 mil. Le cent 6 fr. la douz. 0 80
— 40 — 17 — — 8 — 1 10
— 50 — 7 — — 3 — 0 50
— 70 — 13 — — 7 — 1 »
— 80 — 16 — — 10 — 1 50
— 100 — 18 — — 17 — 2 25
— 120 — 22 — — 25 — 3 »

Les deux derniers modèles sont en verre très épais, ces tubes se font
à fond plat pouvant se tenir debout ou à fond rond.

LES FILS D'EMILE DEYROLLE, ÉDITEURS
46, RUE DU BAC, PARIS

HISTOIRE NATURELLE
DE LA FRANCE

Cette collection comprendra vingt-six volumes, qui paraîtront successivement et qui formeront une histoire naturelle complète de la France.

Nous donnons ci-après la nomenclature des diverses parties de l'ouvrage :

Quatorze volumes sont déjà parus : nous les indiquons ci-dessous en caractères gras, la plupart des autres sont en préparation.

1re PARTIE. Généralités.

2e — **Mammifères**. 360 pages et 143 fig. dans le texte. Br. 3 fr. 50, franco 3 fr. 95 ; cart. 4 fr. 25, franco 4 fr. 75.

3e — **Oiseaux**. 27 planches en couleur et 132 figures dans le texte, br. 5 fr. 50, franco 6 fr. ; cart. 6 fr 25, franco 6 fr. 75.

4e — **Reptiles et Batraciens**. 55 figures dans le texte. Br. 2 fr., franco 2 fr. 50 ; cart. 2 fr. 75, franco 3 francs.

5e — Poissons.

6e — **Mollusques**. *Céphalopodes, Gastéropodes*. 272 pages, 19 planches. Br. 4 fr., franco 4 fr. 40 ; cart. 4 fr. 75, franco 5 fr. 20.

7e — **Mollusques**. *Bivalves* Tuniciers, Bryozoaires. 256 pages, 18 planches. Br. 4 fr., franco, 4 fr. 40 ; cart. 4 fr. 75, franco 5 fr. 20.

8e — **Coléoptères**. 336 pages, 27 planches. Br. 4 fr., franco, 4 fr. 45 ; cart. 4 fr. 75, franco 5 fr. 25.

9e — Orthoptères, Névroptères.

10e — Hyménoptères.

11e — **Hémiptères**. 206 pages et 9 planches. Br. 3 fr., franco 3 fr 35 ; cart. 3 fr. 75, franco 4 fr. 15.

12e — **Lépidoptères**. 236 pages, 27 planches en couleur. Br. 5 fr., franco, 5 fr. 45 ; cartonné, 5 fr. 75, franco 6 fr. 25.

13e — Diptères, Aptères.

14e — Arachnides.

15e — **Acariens, Crustacés, Myriapodes**. — 18 planches, br. 3 fr. 50, franco 3 fr. 90 ; cart. 4 fr. 25, franco 4 fr. 75.

16e — **Vers**, avec 203 fig. dans le texte, br. 3 fr. 50, franco 3 fr. 90 ; cart., 4 fr. 25, franco, 4 fr. 75.

17e — **Cœlentérés, Echinodermes, Protozoaires**. 392 pages, 187 figures dans le texte. Br. 3 fr. 50, franco, 3 fr. 95 ; cart. 4 fr. 25, franco, 4 fr. 75.

18e — **Plantes vasculaires** (Nouvelle flore de MM. Bonnier et de Layens). 2145 figures. Br. 4 fr. 50, franco 4 fr. 90 ; cart. 5 fr. 25, franco 5 fr. 70.

19e — **Mousses et Hépatiques** (Nouvelle flore des Muscinées, par M. Douin). 1288 figures. Br. 5 fr., franco 5 fr. 30 ; cart. 5 fr. 75, franco 6 fr. 25.

20e — **Champignons** (Nouvelle flore de MM. Costantin et Dufour). 3542 figures. Br. 5 fr. 50, franco 5 fr 90 ; cart. 6 fr. 25, franco 6 fr. 75.

21e — Lichens.

22e — Algues.

23e — Géologie.

24e — Paléontologie.

25e — **Minéralogie** (à paraître fin 1896).

26e — Technologie (*Application des sciences naturelles*).

PARIS. — IMPRIMERIE F. LEVÉ, RUE CASSETTE, 17.